U0168786

图书在版编目(CIP)数据

中沙群岛海洋生物多样性 / 林强等编著 . —北京：海洋出版社，2022.3
ISBN 978-7-5210-0943-9

Ⅰ.①中…　Ⅱ.①林…　Ⅲ.①中沙群岛-海洋生物-
生物多样性　Ⅳ.①Q178.53

中国版本图书馆 CIP 数据核字（2022）第 048851 号

丛书策划：林峰竹
责任编辑：杨传霞　程净净
责任印制：安　森

海洋出版社　出版发行

http：//www.oceanpress.com.cn
北京市海淀区大慧寺路 8 号　邮编：100081
鸿博昊天科技有限公司印刷　新华书店北京发行所经销
2022 年 3 月第 1 版　2022 年 12 月第 1 次印刷
开本：787 mm×1092 mm　1/16　印张：27
字数：480 千字　定价：280.00 元
发行部：010-62100090　总编室：010-62100034
海洋版图书印、装错误可随时退换

《中沙群岛海洋生物多样性》
编著者名单

主要编著者： 林　强　秦　耿

参与编著者： （按姓氏拼音排序）

陈泽林	陈志云	董　栋	黄德练	黄红伟
黄凯旋	黄林韬	江　雷	蒋　维	李春燕
李　刚	练健生	刘会莲	刘帅帅	刘雅莉
马少博	潘红苗	曲　朦	王　信	王艳荣
肖　宁	肖旺红	谢　航	徐　磊	杨剑辉
殷建平	袁梓铭	张　华	张辉贤	张树乾
张　旭	张艳红	张　媛	张志新	

前　言

中沙群岛地处我国南海中部，覆盖海域面积达 60 多万平方千米，其岛礁散布范围之广仅次于南沙群岛。其中，中沙大环礁是中沙群岛的主体部分，长 140 km，宽 60 km，是南海中最大的环礁，另外包含黄岩岛以及 30 多个暗滩和暗沙。除黄岩岛环礁礁坪个别礁石露出海面外，其他暗沙和暗礁均隐伏于海水中。

中沙群岛及其附近海域以其独特的地理位置、复杂的气候特征、多变的生态环境，孕育了丰富的生物多样性，成为重要的海洋生物资源宝库。中沙群岛以珊瑚礁地貌为主，以造礁珊瑚为核心的珊瑚礁生态系统具有极高的生产力、快速的物质循环和丰富多样的生物群落，是海洋生物地球化学循环的重要组成部分，同时也是十分关键的海洋生命支持系统。

我国早在 20 世纪 70 年代即开展了中沙群岛海域的综合调查，取得了一批珍贵历史资料；然而，之后的一系列大规模海洋调查项目却均未能对中沙群岛及其邻近海域开展进一步的集中系统调查。尤其是相对于邻近的南沙群岛、西沙群岛，我国对中沙群岛及其邻近海域的实际调查及资料储备是极其薄弱的。因此，开展中沙群岛及其邻近海域全面的科学考察，获取系统的基础资料，对国家今后深度经略南海具有极其重要的战略意义。

在此背景下，中国科学院南海海洋研究所牵头，汇集了在南海科学考察和研究方面具有优势的 9 家科研院所或高校的科研人员，首次对中沙群岛全域进行了综合科学考察，于 2019—2021 年连续开展了 3 个航次调查任务，系统性获得了中沙群岛海域的生物多样性调查数据、资料图片、生物标本等。结合历史资料与此次科考数据资料，科考团队对中沙群岛海域的海洋生物的种类多样性进行了梳理，编著此书。

本书涵盖了此次中沙群岛科考任务中发现的共计 382 种海洋生物种类，其中具体包含珊瑚 43 种，鱼类 83 种，鱼卵仔鱼 104 种，甲壳类 71 种，贝类 26 种，苔藓虫 3 种，棘皮类 14 种，浮游植物 31 种，微生物 7 种。本书对每个物种的分类阶元、形态特征、生态生境、地理分布、保护等级等信息进行了整理，同时提供了每个物种的生态照和多数物种的 DNA 条形码。

　　本书是由国家科技基础资源调查专项"中沙群岛综合科学考察"项目科考团队骨干人员联合撰写而成。总体框架设计、章节内容简介、前言和整体内容把关与校订由林强等负责；造礁石珊瑚章节主要由练健生、杨剑辉、黄林韬、江雷负责撰写；鱼类章节主要由殷建平、王信、黄德练、张艳红、张辉贤、张媛、张旭、黄红伟负责撰写；鱼卵仔鱼章节主要由黄德练、杨剑辉、徐磊、曲朦、刘雅莉负责撰写；甲壳类章节主要由蒋维、秦耿、马少博、董栋、王艳荣、袁梓铭负责撰写；贝类章节主要由张华、陈志云、张树乾、张志新、李春燕负责撰写；苔藓虫章节主要由刘会莲负责撰写；棘皮类章节主要由陈泽林、肖宁、刘帅帅、肖旺红负责撰写；浮游植物章节主要由李刚、黄凯旋、谢航负责撰写；微生物章节主要由潘红苗负责撰写。

　　中沙海域水文气象条件较为恶劣，缺少出水岛礁和潟湖的庇护，珊瑚礁区域水深普遍在 15 m 以上，因此在该区域进行海洋生物多样性调查的作业难度很大。尤其是，我们的科考队员克服了大水深、水下暗流、大风浪等各种困难，进行了近 400 人次的潜水作业调查，并针对中沙海域特点自创了多种水下调查作业方案，最终获得了较为理想的数据资料和生物样本。过程虽然艰辛，但同时也收获了喜悦。特别是每当发现一个新记录种时，我们都非常兴奋，因为我们对中沙群岛的生物多样性又有了进一步的理解和认识。在此，向所有参与中沙群岛生物多样性调查的科研前辈和本次科考任务的队员们表示感谢。

　　本书的资料收集、编撰和出版得到了国家科技基础资源调查专项"中沙群岛综合科学考察"项目（2018FY100100）、南方海洋科学与工程广东省实验室（广州）人才团队引进重大专项项目（GML2019ZD0407）等资助，在此一并致谢。

　　由于标本及数据资料收集尚有不足，以及著者水平有限，本书不足之处，敬请同仁和读者批评指正。

林　强
2022 年 3 月

目　录

三、鱼卵仔鱼

五、贝 类

一、造礁石珊瑚

全球的珊瑚礁生态系统主要分布在南北纬30°之间的热带、亚热带海域。造礁石珊瑚是珊瑚礁生态系统的主要建构者和框架生物。珊瑚礁生态系统是地球上生产力和生物多样性最高的海洋生态系统之一，被名副其实地誉为海洋中的"热带雨林"或者"海底花园"，在海洋生物多样性维护、生物、生态和渔业资源供给等方面发挥着极其重要的作用。记录造礁石珊瑚的种类和物种多样性是研究、认识与保护珊瑚礁生态系统的基础。

世界上的造礁石珊瑚种类主要分布在两大区系：印度洋—太平洋区系约有1 000种；而大西洋-加勒比区系仅有约70种。我国的造礁石珊瑚是印度洋—太平洋区系的重要组成部分。我国的珊瑚礁主要分布在华南大陆沿岸、台湾岛及南海的东沙群岛、西沙群岛、中沙群岛和南沙群岛等海域，南海珊瑚礁位于世界海洋生物多样性最高的"珊瑚金三角区"（coral triangle）的北缘，种类非常丰富，黄林韬等（2020）最新整理、记录的我国造礁石珊瑚达445种。

造礁石珊瑚是生态学意义上的一个类群，一般指体内有共生虫黄藻因而可以通过光合作用在钙化造礁方面具有重要功能的类群。虽然造礁石珊瑚不是严格意义上的分类学概念，但主要指珊瑚虫纲石珊瑚目的种类。我国造礁石珊瑚分类系统主要是由邹仁林（2001）出版的《中国动物志（腔肠动物门-珊瑚虫纲-石珊瑚目-造礁石珊瑚）》所奠基，里面收录了我国造礁石珊瑚174种，还同时参考Veron（2000）的 *Corals of the World*，陈乃观等（2005）的《香港石珊瑚图鉴》，台湾学者戴昌凤和洪圣雯（2009）编著的《台湾石珊瑚志》，黄林韬等（2020）的《中国造礁石珊瑚分类厘定》。

以往对中沙群岛造礁石珊瑚的资源调查很少，邹仁林（1995）、潘子良（2017）分别记录了黄岩岛造礁石珊瑚46种和64种；佟飞等（2015）报道了中沙群岛漫步暗沙与中北暗沙海域的造礁石珊瑚共30种。本书介绍的造礁石珊瑚是我们于2019—2021年进行的三个调查航次中，在中沙群岛的中沙大环礁、神狐暗沙、一统暗沙所记录的部分种类，分类系统依据黄林韬等（2020）。

珊瑚礁生态系统正受气候变化和人类活动的双重压力而不断退化。近几十年来，珊瑚的天敌长棘海星的暴发也是对珊瑚礁健康的严重威胁。我们在2020年和2021年两个航次中均在中沙大环礁的鲁班暗沙、安定连礁、中北暗沙、排波暗沙、乐西暗沙等海域发现有大量长棘海星或者近几年曾经被长棘海星吃过的痕迹，并导致这些区域珊瑚大量死亡。希望管理部门重视。

刺胞动物门 Cnidaria

六放珊瑚纲 Hexacorallia

石珊瑚目 Scleractinia

芽枝鹿角珊瑚 *Acropora gemmifera*

鹿角珊瑚科 Acroporidae；鹿角珊瑚属 *Acropora*

形态特征：群体生活，群体形态为指形或伞房状，群体以中央或边缘部位固着于基底；颜色通常为棕色、奶油色、绿色或黄色；群体的分枝直径为 10~25 mm，最长可达 6 cm；分枝上的珊瑚杯可分为轴珊瑚杯与辐射珊瑚杯，其中轴珊瑚杯第一轮隔片长达 3/4 内半径，第二轮隔片可达 2/3 内半径，其外周直径为 2.8~4.2 mm，辐射珊瑚杯均呈现两种类型，大的珊瑚杯短管状，开口二分且外杯壁加厚，小的珊瑚杯亚浸埋状亚浸埋型，两种辐射珊瑚杯常纵向成列而布，而且自上而下逐渐变大，第一轮隔片长达 3/4 内半径，第二轮不发育或仅仅可见；珊瑚杯壁和共骨上为密集排列的侧扁小刺，有时排列成不规则的沟槽状珊瑚肋。

生态生境：多生于海浪强劲的礁坪和上礁坡。

地理分布：广泛分布于印度洋—太平洋海区。

DNA 条形码：MG383839。

保护等级：Least Concern（无危）。

物种图片：

灌丛鹿角珊瑚 *Acropora microclados*

鹿角珊瑚科 Acroporidae；鹿角珊瑚属 *Acropora*

形态特征：群体生活，群体形态为伞房状，有时形成厚板状或桌状；颜色多为浅红棕色，灰白色的触手常常白天伸出；群体的小分枝直径为3~9 mm，长可达8 cm；分枝上的珊瑚杯可分为轴珊瑚杯与辐射珊瑚杯，轴珊瑚杯第一轮隔片长达2/3内半径，第二轮部分发育，约1/4内半径，其外周直径为1~2.9 mm；辐射珊瑚大小均匀，鼻形或管鼻形，外壁斜向上伸展呈唇瓣状，第一轮隔片长约1/3内半径，第二轮部分发育，约1/4内半径；珊瑚杯壁为沟槽状珊瑚肋，共骨网状，其上有简单或成列分布的小刺。

生态生境：多生于上礁坡。

地理分布：分布于印度洋—太平洋海区，不常见。

DNA 条形码：MG383846。

保护等级：Vulnerable(易危)。

物种图片：

穗枝鹿角珊瑚 *Acropora secale*

鹿角珊瑚科 Acroporidae；鹿角珊瑚属 *Acropora*

形态特征：群体生活，群体形态为灌丛状或伞房状，由中央或边缘固着于基底上；群体颜色多变，为奶油色、黄色、棕色或蓝色；群体分枝逐渐变细，直径为 7~20 mm，长可达 7 cm；分枝上的珊瑚杯可分为轴珊瑚杯与辐射珊瑚杯，其中轴珊瑚杯紫色或黄色，第一轮隔片长达 3/4 内半径，第二轮隔片部分发育，约 1/3 内半径，外周直径为 1.4~3.3 mm；辐射珊瑚杯稍拥挤，或者为长管状，开口圆形或鼻形，或者为短鼻形，两种形态常各自成竖列分布，自上而下辐射珊瑚杯逐渐变大，第一轮隔片长达 1/3 内半径；珊瑚杯壁为致密的小刺，共骨网状，上有均匀分布的小刺。

生态生境：可见于多种珊瑚礁生境。

地理分布：广泛分布于印度洋—太平洋海区。

DNA 条形码：KX664149。

保护等级：Near Threatened（近危）。

物种图片：

花柄鹿角珊瑚 *Acropora anthocercis*

鹿角珊瑚科 Acroporidae；鹿角珊瑚属 *Acropora*

形态特征：群体生活、多为低矮的伞房状或板状，由其上长出向上的小枝，小枝末端常有多个新生轴珊瑚杯；颜色为淡蓝色、粉红色、棕色或杂色；轴珊瑚杯大而明显；辐射珊瑚杯大小基本相同，内壁几乎不发育，外壁加厚并向上伸展呈唇瓣状；杯壁为沟槽状珊瑚肋或成排的小刺，杯间网状共骨散布有小刺。

生态生境：多分布于礁坡、潮间带等风浪强劲的生境。

地理分布：广泛分布于印度洋—太平洋海区。

DNA 条形码：MG383836。

保护等级：Vulnerable(易危)。

物种图片：

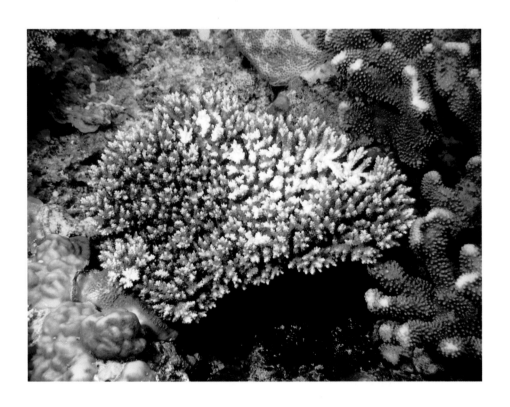

美丽鹿角珊瑚 *Acropora muricata*

鹿角珊瑚科 Acroporidae；鹿角珊瑚属 *Acropora*

形态特征：群体为分枝树状，分枝末端变细，颜色为棕色、奶油色、绿色或棕黄色。轴珊瑚杯外周直径为 1.5~3 mm，第一轮隔片长达 1/2 内半径，第二轮为 1/3 内半径；辐射珊瑚杯大小均一或变化较大，管状或紧贴管状，开口圆形至倾斜圆形，第一轮隔片长达 1/2 内半径，第二轮刺状；杯壁为沟槽状珊瑚肋或整齐分布的小刺，杯间共骨网状，上点缀有小刺。*Acropora formosa* 是该种珊瑚的同物异名，由于美丽鹿角珊瑚这一学名(即中文名)被广泛使用，拉丁名 *Acropora formosa* 作同物异名处理，但保留其学名。

生态生境：多生于礁坡和潟湖。

地理分布：广泛分布于印度洋—太平洋海区。

DNA 条形码：KX664142。

保护等级：Near Threatened(近危)。

物种图片：

细枝鹿角珊瑚 *Acropora nana*

鹿角珊瑚科 Acroporidae；鹿角珊瑚属 *Acropora*

形态特征：群体生活，群体形态为伞房状，群体颜色为奶油色、绿色或棕色，分枝末端为紫色；轴珊瑚杯外周直径为 1.3~2.0 mm，第一轮隔片几乎和内半径相等，第二轮部分发育，约 3/4 内半径；辐射珊瑚大小均匀，紧贴管状，卵圆形开口或卵圆形，外壁向上伸展有时呈现为鼻形，第一轮隔片长约 1/2 内半径，第二轮部分发育，约 1/4 内半径；珊瑚杯壁和共骨上为致密网状或成列分布的小刺。

生态生境：多生于受海流、风浪影响大的礁坪外缘。

地理分布：广泛分布于印度洋—太平洋海区。

DNA 条形码：MN061592。

保护等级：Near Threatened（近危）。

物种图片：

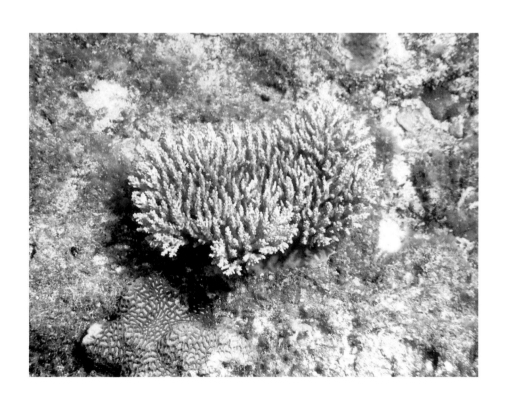

谷鹿角珊瑚 *Acropora cerealis*

鹿角珊瑚科 Acroporidae；鹿角珊瑚属 *Acropora*

形态特征：群体生活，群体形态为灌木丛状或伞房状，以中央或边缘固着于基底；分枝相互交联；群体颜色为淡棕色、奶油色或淡紫色。轴珊瑚杯外周直径为 1~2.2 mm，第一轮隔片长达 2/3 内半径；辐射珊瑚杯大小均匀且分布整齐，鼻形管状或紧贴管状，开口延长，外壁向上延伸，有时呈钩状，第一轮隔片长达 1/3 内半径，第二轮无或仅可见；珊瑚杯壁和共骨为珊瑚肋或整齐排列的侧扁小刺。

生态生境：多生于外礁坪和礁坡。

地理分布：广泛分布于印度洋—太平洋海区。

DNA 条形码：KX664116。

保护等级：Least Concern（无危）。

物种图片：

楔形同孔珊瑚 *Isopora cuneata*

鹿角珊瑚科 Acroporidae；同孔珊瑚属 *Isopora*

形态特征：群体生活，具有长楔形或刀片状分枝，长为 1.5~15 cm，高可达 15 cm，长楔形分枝边缘常有多个新生小分枝；群体颜色多为奶油色或棕色；群体无轴珊瑚杯或者在分枝边缘有多个轴珊瑚杯；若有轴珊瑚杯，则其第一轮隔片长几乎等于内半径，第二轮约2/3内半径，第三轮约1/3内半径，外周直径为 1.5~3.1 mm，辐射珊瑚杯大小均匀，圆锥状，第一轮隔片长约1/3内半径，第二轮约1/4内半径；珊瑚杯壁和共骨上迂回弯曲的小刺致密排列，小刺末端结构复杂。

生态生境：可见于多种珊瑚礁生境，尤其是上礁坡和礁坪。

地理分布：广泛分布于印度洋—太平洋海区。

DNA 条形码：LT631082。

保护等级：Vulnerable(易危)。

物种图片：

结节蔷薇珊瑚 *Montipora tuberculosa*

鹿角珊瑚科 Acroporidae；蔷薇珊瑚属 *Montipora*

形态特征：群体亚团块状、皮壳状或板状，表面通常光滑，有时也可见不规则的丘突；颜色通常为暗棕色或绿色，有时也为亮色，如紫色、蓝色或黄色。珊瑚杯小，浸埋或突出，分布均匀；群体表面布满乳突，乳突表面布满精细的小刺，乳突大小约等于一个珊瑚杯直径，有时乳突也发生融合而形成更大的结节，珊瑚杯位于乳突之间，乳突上无珊瑚杯分布；共骨粗糙海绵状。

生态生境：多生于多种珊瑚礁生境。

地理分布：广泛分布于印度洋—太平洋海区，较为常见。

DNA 条形码：AY722779。

保护等级：Least Concern（无危）。

物种图片：

翼形蔷薇珊瑚 *Montipora peltiformis*

鹿角珊瑚科 Acroporidae；蔷薇珊瑚属 *Montipora*

形态特征：群体生活，群体形态为亚团块状或平板状，表面平整或有节瘤状突起，突起大小形状通常不规则，有时呈柱状；颜色为浅棕色，珊瑚虫多呈蓝色或紫色。珊瑚杯多数为浸埋，在突起之间的凹陷处分布尤其密集，板状群体的背面通常也有小而分散的珊瑚杯；扁平部位的珊瑚杯多为浸埋，而瘤突上的珊瑚杯则突出，其周边的杯壁乳突不规则且围成边框，瘤突上的杯壁乳突和共骨乳突稍有些不同。

生态生境：多生于浅水礁坡。

地理分布：广泛分布于印度洋—太平洋海区。

DNA 条形码：AY722777。

保护等级：Near Threatened(近危)。

物种图片：

浅窝蔷薇珊瑚 *Montipora foveolata*

鹿角珊瑚科 Acroporidae；蔷薇珊瑚属 *Montipora*

形态特征：群体生活，群体形态为团块状或厚板状，群体表面有瘤状突起，边缘皮壳状，多游离；群体颜色为淡棕色、奶油色或蓝色，白天有时可见亮蓝色或绿色的触手部分伸展出，漏斗的边沿颜色较浅。珊瑚杯大，浸埋状浸埋型，呈浅窝-漏斗形，珊瑚杯开口位于漏斗的基部；共骨上无乳突或瘤突，共骨网状结构上的小刺结构相对简单，因此显得光滑且多孔。

生态生境：可见于多种珊瑚礁生境。

地理分布：广泛分布于印度洋—太平洋海区。

DNA 条形码：MN413828。

保护等级：Near Threatened（近危）。

物种图片：

细柱滨珊瑚 *Porites cylindrica*

滨珊瑚科 Poritidae；滨珊瑚属 *Porites*

形态特征：群体生活，群体形态为分枝状，分枝或松散开阔或紧凑灌丛状，有时具有皮壳状或团块状的基部，可形成直径约 10 m 的大群体；群体颜色多变，常见有黄色、棕色和绿色等；群体分枝的长度通常小于 30 cm，基部直径小于 4 cm；分枝柱状，末端或钝圆或扁平或锥状；珊瑚杯多边形或亚圆形，直径约 1.5 mm，杯浅，因此分枝表面很光滑；隔片内缘共有 7 个围栅瓣，背直接隔片有 1 个围栅瓣，4 对侧隔片上各有 1 个围栅瓣，腹直接隔片三联式，两侧腹隔片各有 1 个围栅瓣；轴柱明显且和围栅瓣等高。

生态生境：可见于各种珊瑚礁生境，尤其是潟湖或礁后区边缘。

地理分布：广泛分布于印度洋—太平洋海区。

DNA 条形码：FJ423996。

保护等级：Near Threatened(近危)。

物种图片：

澄黄滨珊瑚 *Porites lutea*

滨珊瑚科 **Poritidae**；滨珊瑚属 *Porites*

形态特征：群体生活，群体形态为团块形、半球形或钟形，表面常有不规则的块状突起，往往常会形成直径达数米的大群体；群体常呈棕黄色或奶油色，浅水生境时颜色较为鲜亮。珊瑚杯呈多边形，杯浅且壁薄，直径为 1.0~1.5 mm；共有 5 个高的围栅瓣，背直接隔片短且不形成围栅瓣，侧隔片边缘的围栅瓣最大，腹直接隔片三联式，仅有 1 个围栅瓣；轴柱发育良好，有 5 个桡骨突和围栅瓣相连。

生态生境：多生于各种珊瑚礁生境，如潟湖、礁后区和岸礁。

地理分布：广泛分布于印度洋—太平洋海区。

DNA 条形码：AB441244。

保护等级：Least Concern（无危）。

物种图片：

团块滨珊瑚 *Porites lobata*

滨珊瑚科 Poritidae；滨珊瑚属 *Porites*

形态特征：群体生活，群体形态为团块形或半球形，表面通常光滑但偶尔也形成丘状或柱状突起；群体常呈棕黄色、奶油色、蓝色、亮紫色或绿色，浅水生境时颜色较为鲜亮；珊瑚杯多边形，直径为 1.5 mm，每个隔片上边缘有两个小齿；隔片内缘共有 8 个发育不良的小围栅瓣，3 个腹直接隔片边缘游离，各有 1 个围栅瓣；轴柱发育良好，有 5 个桡骨突和围栅瓣相连。

生态生境：多生于潟湖、礁后区和岸礁。

地理分布：广泛分布于印度洋—太平洋海区。

DNA 条形码：MN005655。

保护等级：Near Threatened（近危）。

物种图片：

梅氏滨珊瑚 *Porites mayeri*

滨珊瑚科 **Poritidae**；滨珊瑚属 *Porites*

形态特征：群体生活，群体形态为半球状，群体表面多起伏不平，有许多突起因此呈多叶状；多为棕色或奶油色，有时也呈紫色或蓝色；珊瑚杯直径为 0.8~1.1 mm；隔片内缘共有 5 个围栅瓣，背隔片和 4 对侧隔片各有 1 个围栅瓣，腹直接隔片边缘游离，通常无围栅瓣发育；轴柱小。

生态生境：多生于礁后区边缘、潟湖、岸礁及海水清澈的浅水礁坪。

地理分布：广泛分布于印度洋—太平洋海区，不常见。

DNA 条形码：暂无。

保护等级：Least Concern(无危)。

物种图片：

标准厚丝珊瑚 *Pachyseris speciosa*

菌珊瑚科 Agariciidae；厚丝珊瑚属 Pachyseris

形态特征：群体生活，群体形态为叶状，表面通常不规则，有起伏，有叠生的次生叶；群体颜色为灰色、单棕色或深棕色、黄色，边缘为白色。珊瑚杯以谷的形式分布于脊塍之间，脊塍复瓦状平行排列，脊塍以群体中部为中心大致呈同心圆致密排列；隔片–珊瑚肋两轮且交替排列；无轴柱发育。

生态生境：可见于多种珊瑚礁生境。

地理分布：广泛分布于印度洋—太平洋海区。

DNA 条形码：AB441222。

保护等级：Least Concern（无危）。

物种图片：

肾形纹叶珊瑚 *Fimbriaphyllia ancora*

真叶珊瑚科 Euphylliidae；**纹叶珊瑚属** *Fimbriaphyllia*

形态特征：群体生活，群体形态为扇形–沟回形，可形成不超过 1 m 的圆顶状大型群体；群体的触手为灰蓝色、橘黄色或棕色，触手末端呈灰白色或灰绿色。谷长而连续，或直或弯曲；隔片的排列和轮数随着大小和环境变化，通常有 3 轮，第一轮尤其突出且到达杯中心，隔片一般较为光滑或有细颗粒；水螅体大，肉质，触手白天也伸出，圆柱状，末端通常不分枝，呈肾形、"T"形或锚形。

生态生境：可见于各种珊瑚礁生境。

地理分布：分布于印度洋—太平洋海区，不常见。

DNA 条形码：MN690346。

保护等级：Vulnerable(易危)。

物种图片：

花散纹叶珊瑚 *Fimbriaphyllia divisa*

真叶珊瑚科 Euphylliidae；纹叶珊瑚属 *Fimbriaphyllia*

形态特征：群体生活，群体形态为扇形-沟回形，可形成直径达 1 m 的大型群体；群体颜色为奶油色、棕色或绿色；珊瑚谷宽度可达 3 cm；隔片较突出，长短不一，最长几乎到达谷中央位置后垂直下降至杯底；杯壁上边缘尖锐，轴柱通常不发育。白天可见触手伸出，触手管状且有小分枝，末梢末端均为球形。

生态生境：多生于水体浑浊的珊瑚礁生境。

地理分布：广泛分布于印度洋—太平洋海区。

DNA 条形码：KU233271。

保护等级：Near Threatened（近危）。

物种图片：

丛生盔形珊瑚 *Galaxea fascicularis*

真叶珊瑚科 Euphylliidae；盔形珊瑚属 *Galaxea*

形态特征：群体生活，群体形态多变，常根据生境的不同呈现为团块状、圆顶状、柱状、皮壳状或板状；群体单色为棕色、绿色或红色，复色为咖啡色加白色。珊瑚杯管状，隔片 4 轮，前两轮非常突出，常发生不规则扭曲，第三轮隔片长约 1/2 杯半径，第四轮隔片发育不全，刺状；珊瑚杯外形不规则，依据珊瑚杯排列的紧凑程度而变化，常见为圆形、椭圆形、长方形等，群体内珊瑚杯大小变化较大。

生态生境：可见于各种珊瑚礁生境。

地理分布：广泛分布于印度洋—太平洋海区，常见。

DNA 条形码：MN689063。

保护等级：Near Threatened（近危）。

物种图片：

埃氏杯形珊瑚 *Pocillopora eydouxi*

杯形珊瑚科 Pocilloporidae；杯形珊瑚属 Pocillopora

形态特征：群体生活，群体形态为分枝状，为粗壮、直立向上的分枝，群体直径常大于 1 m 且可形成大片的单种群；群体颜色多为绿色、棕色或浅粉色。群体分枝主枝末端接近圆柱形，末端变宽变扁；分枝表面有密集且均匀分布的疣状突起，分枝末端通常少疣突；分枝末端的珊瑚杯圆形，无内部结构发育，再往下的珊瑚杯多内有复杂的微细结构，如隔片和刺状轴柱，珊瑚杯壁周围多小刺。

生态生境：可见于多种珊瑚礁生境，尤其是海流或风浪强劲的礁前区。

地理分布：广泛分布于印度洋—太平洋海区。

DNA 条形码：KY887487。

保护等级：Near Threatened（近危）。

物种图片：

赫氏叶状珊瑚 *Lobophyllia hemprichii*

叶状珊瑚科 Lobophylliidae；叶状珊瑚属 *Lobophyllia*

形态特征：群体生活，群体形态为半球形或扁平的团块状，常形成直径数米的大群体；群体颜色多变；珊瑚杯笙形，单口道到沟回形的多口道；隔片大小交替排列，可辨认出明显的4轮或轮次不明显，其中约有一半的隔片属于第一轮；其中第一轮隔片非常突出，有2~10个大的叶状或棘刺状突起，高轮次隔片上的齿突通常细且多；轴柱由小梁缠绕交织而成；珊瑚肋排列成平行脊状，上有尖齿。

生态生境：多生于上礁坡和潟湖。

地理分布：广泛分布于印度洋—太平洋海区。

DNA 条形码：AB117240。

保护等级：Least Concern（无危）。

物种图片：

棘星珊瑚 *Acanthastrea echinata*

叶状珊瑚科 Lobophylliidae；棘星珊瑚属 *Acanthastrea*

形态特征：群体为皮壳状或团块状，有时呈球状；颜色多为棕色和灰色形成的复合杂色，口道和共肉的颜色常明显不同；珊瑚杯多角形到亚融合状排列，杯壁厚；隔片间距基本等大，从边缘到中心逐渐变薄，隔片边缘有 3~8 个叶状或刺状的齿突，上部 2 个尖而大，相邻珊瑚杯的隔片膨大相对排列；珊瑚肉质组织较厚，常折叠形成同心圆状的结构，且掩盖住其下的骨骼。

生态生境：生于各种珊瑚礁生境。

地理分布：广泛分布于印度洋—太平洋海区。

DNA 条形码：MN413781。

保护等级：Least Concern（无危）。

物种图片：

薄片刺孔珊瑚 *Echinopora lamellosa*

裸肋珊瑚科 Merulinidae；刺孔珊瑚属 *Echinopora*

形态特征：群体生活，群体形态为薄片状或叶状，边缘常发生不规则卷曲，或层层水平或螺旋搭叠，偶尔卷成烟囱状或漏斗形；群体颜色为浅棕色或深棕色，口盘部位常呈绿色，边缘颜色较浅；珊瑚杯圆形，矮锥状；隔片3轮，第一轮和第二轮与轴柱相连，第一轮厚而突出，第二轮发育良好，但相对较薄，第一轮和第二轮隔片底部加厚形成围栅瓣，第三轮发育不全，仅为1/2内半径；隔片、珊瑚肋边缘和共骨上均有相似的刺花，共骨上的刺花连成平行的线状。

生态生境：多生于海流不强劲的浅水礁坪和礁坡，可形成优势种。

地理分布：广泛分布于印度洋—太平洋海区。

DNA 条形码：FJ345419。

保护等级：Least Concern(无危)。

物种图片：

小叶刺星珊瑚 *Cyphastrea microphthalma*

裸肋珊瑚科 Merulinidae；刺星珊瑚属 *Cyphastrea*

形态特征：群体生活，群体形态为皮壳状、团块状或亚团块状；群体颜色为奶油色、棕色或绿色，隔片呈白色；珊瑚杯融合状到多角状，突出的圆锥状；具有两轮对称的隔片，该种珊瑚的识别特征为多数成熟的珊瑚杯第一轮隔片 10 个；第一轮隔片稍突出，边缘布满不规则的复杂刺突，第二轮隔片短刺状；珊瑚肋等大，轴柱仅由几个扭曲的小梁组成。

生态生境：可见于各种珊瑚礁生境。

地理分布：广泛分布于印度洋—太平洋海区。

DNA 条形码：KY653222。

保护等级：Least Concern（无危）。

物种图片：

梳状菊花珊瑚 *Goniastrea pectinata*

裸肋珊瑚科 Merulinidae；菊花珊瑚属 *Goniastrea*

形态特征：群体生活，群体形态为亚团块状或皮壳状，表面粗糙不平；群体颜色多为浅棕色、粉红色或深棕色，围栅瓣有时呈鲜明的荧光黄色；珊瑚杯不规则，为多边形或亚沟回形，单口道到三口道；多数情况下珊瑚杯隔片为可分辨的两轮，第一轮稍突出，边缘具有细齿，底部加厚围绕轴柱形成明显的冠状围栅瓣，有时第二轮隔片几乎不发育；相邻珊瑚杯的隔片在杯壁顶端交错排列。

生态生境：多生于浅水珊瑚礁生境。

地理分布：广泛分布于印度洋—太平洋海区，常见。

DNA 条形码：FJ345434。

保护等级：Least Concern（无危）。

物种图片：

曲圆星珊瑚 *Astrea curta*

裸肋珊瑚科 Merulinidae；圆星珊瑚属 *Astrea*

形态特征：群体生活，群体形态为团块状，半球形或扁平或柱状；群体颜色为奶油色或淡橘黄色；珊瑚杯融合状，圆形，同一群体内珊瑚杯大小均一；无性生殖方式为外触手芽；珊瑚杯的隔片 3 轮，长短交替排列，第一轮和第二轮隔片基本相同无法分辨，第三轮隔片很短，不与轴柱相连且不形成围栅瓣，隔片和珊瑚肋均有细刻齿，相邻珊瑚杯的珊瑚肋不相连。

生态生境：可见于各种珊瑚礁生境，尤其是礁坪浅水区域。

地理分布：广泛分布于印度洋—太平洋海区，常见。

DNA 条形码：EU371706。

保护等级：Least Concern（无危）。

物种图片：

华伦角蜂巢珊瑚 *Favites valenciennesii*

裸肋珊瑚科 Merulinidae；角蜂巢珊瑚属 *Favites*

形态特征：群体生活，群体形态为亚团块状或皮壳状；群体颜色多为黄绿色、棕色或白色，口盘为深绿色；珊瑚杯近圆形到多边形，通常为六边形，沟槽–结节发育良好；隔片3~4轮，长短交替排列，第一轮隔片厚且长，尤为明显，第一轮隔片底部的突起加厚围成王冠状的围栅瓣，第二轮隔片有时也与轴柱相连但不形成围栅瓣，第三轮隔片更短，稍伸出。

生态生境：可见于多种珊瑚礁生境，尤其是风浪强劲的生境。

地理分布：分布于印度洋—太平洋海区，不常见。

DNA条形码：EU371720。

保护等级：Near Threatened（近危）。

物种图片：

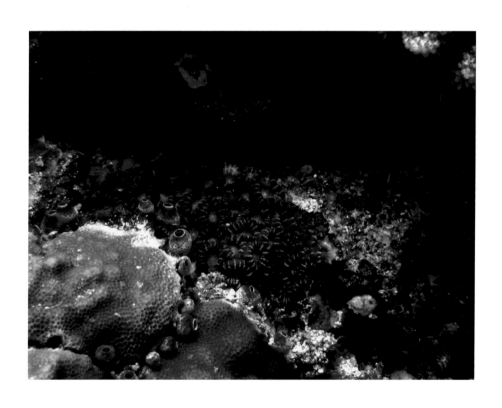

卷曲耳纹珊瑚 *Oulophyllia crispa*

裸肋珊瑚科 Merulinidae；耳纹珊瑚属 *Oulophyllia*

形态特征：群体生活，群体形态为团块状、半球形或厚板状，单个群体直径可超过 1 m；群体颜色为灰色、奶油色或棕色；珊瑚杯沟回形，其中常有多个口道，谷相对较短，呈"V"字形，宽度可达 20 mm；隔片薄，2~3 轮，排列规整紧凑，隔片边缘有细齿，底部有时形成围栅瓣；珊瑚杯壁厚度不一，轴柱发育不良。

生态生境：可见于多种珊瑚礁生境，尤其是潟湖。

地理分布：分布于印度洋—太平洋海区，虽不常见，却是水下最容易识别的珊瑚之一。

DNA 条形码：EU371721。

保护等级：Near Threatened（近危）。

物种图片：

粗糙腔星珊瑚 *Coelastrea aspera*

裸肋珊瑚科 Merulinidae；腔星珊瑚属 *Coelastrea*

形态特征：群体生活，群体形态为团块状或扁平皮壳状；颜色为棕色，口盘有时呈灰色或绿色；珊瑚杯多角形排列，呈较深的多边形，以五边形为主，杯壁相对较薄，顶端尖；新生珊瑚杯由外触手芽无性生殖形成；隔片两轮，等大或大小交替排列，隔片稍突出，间距相等，排列规则，相邻珊瑚杯的隔片在杯壁上汇合，围栅瓣发育良好；轴柱小，海绵状。

生态生境：可见于各种珊瑚礁生境。

地理分布：广泛分布于印度洋—太平洋海区。

DNA 条形码：MK510004。

保护等级：Least Concern（无危）。

物种图片：

标准盘星珊瑚 *Dipsastraea speciosa*

裸肋珊瑚科 Merulinidae；盘星珊瑚属 *Dipsastraea*

形态特征：群体团块状、球形或皮壳状；颜色为浅灰色、绿色或棕色，通常口盘颜色明显不同；珊瑚杯不规则多边形到近圆形，在浅水生境分布拥挤，而深水时珊瑚杯则较为分散，珊瑚杯之间有明显的沟槽；隔片细而密，排列规则，大小不等，边缘有均匀的细齿；围栅瓣发育不良。

生态生境：可见于各种类型的珊瑚礁生境。

地理分布：广泛分布于印度洋—太平洋海区。

DNA 条形码：MN413734。

保护等级：Least Concern（无危）。

物种图片：

翘齿盘星珊瑚 *Dipsastraea matthai*

裸肋珊瑚科 Merulinidae；盘星珊瑚属 *Dipsastraea*

形态特征：群体生活，群体形态为圆形、皮壳状或扁平的团块状；颜色为棕色、灰色或杂色，珊瑚杯壁和口盘部位的颜色明显不同。珊瑚杯融合状，圆形或椭圆形，突起；隔片厚且突出，在杯壁位置明显加厚，边缘有上翘的长齿因而显得粗糙；隔片3轮，长短大小不一，第一轮隔片和轴柱相连，内缘底部的齿突围成围栅瓣，隔片边缘细齿状，第一轮和第二轮隔片突出而成的珊瑚肋基本等大；轴柱由小梁交缠成海绵状。

生态生境：多生于上礁坡。

地理分布：广泛分布于印度洋—太平洋海区。

DNA 条形码：MN413797。

保护等级：Near Threatened（近危）。

物种图片：

海孔角蜂巢珊瑚 *Favites halicora*

裸肋珊瑚科 Merulinidae；角蜂巢珊瑚属 *Favites*

形态特征：群体生活，群体形态为皮壳状或亚团块状，表面常有丘状突起；群体颜色为均一的浅棕色或黄绿色。珊瑚杯多角形排列，第一轮隔片等大，第二轮稍短且和第一轮长短交替排列；隔片边缘具有规则的细齿，隔片最内缘的齿稍微加厚变大形成围栅瓣，轴柱海绵状。

生态生境：多生于浅水礁区。

地理分布：分布于印度洋—太平洋海区，不常见。

DNA 条形码：HQ203270。

保护等级：Near Threatened（近危）。

物种图片：

小扁脑珊瑚 *Platygyra pini*

裸肋珊瑚科 Merulinidae；扁脑珊瑚属 *Platygyra*

形态特征：群体生活，群体形态为圆形或扁平的团块状，有时也呈皮壳状；群体颜色为棕灰色、灰绿色或棕黄色，谷为奶油色或灰色。珊瑚杯弯曲形成短谷，通常只有1~2个中心，杯壁较厚，但变化较大；隔片有时也加厚，隔片边缘有细齿，隔片齿有时形成水平的小板；轴柱通常发育良好，围栅瓣有时发育。

生态生境：多生于浅水礁区。

地理分布：分布于印度洋—太平洋海区，不常见。

DNA 条形码：MK509995。

保护等级：Least Concern（无危）。

物种图片：

不规则肠珊瑚 *Leptoria irregularis*

裸肋珊瑚科 Merulinidae；肠珊瑚属 *Leptoria*

形态特征：群体生活，群体形态为亚团块状或薄板状，颜色为浅蓝灰色或浅棕色。隔片不规则，边缘有不规则且较大的齿突；轴柱无中心且非薄片状。珊瑚群体具谷，群体边缘的谷常平行排列且和边缘垂直，中央部分的谷则弯曲连续。

生态生境：多生于上礁坡。

地理分布：分布于印度洋—太平洋海区，不常见。

DNA 条形码：MG383839。

保护等级：Vulnerable（易危）。

物种图片：

锯齿刺星珊瑚 *Cyphastrea serailia*

裸肋珊瑚科 Merulinidae；**刺星珊瑚属 *Cyphastrea***

形态特征：群体生活、群体形态为团块状或亚团块状，有时也呈皮壳状，颜色为灰色、棕色或奶油色。群体表面或光滑或起伏形成瘤突；珊瑚杯融合排列，圆形而且突出；隔片两轮，大小不等交替排列，各 12 个，第一轮基本等大，与轴柱相连，第二轮隔片很小，短刺状，隔片的边缘和两侧布满明显的颗粒；轴柱不明显，仅为简单的小梁。

生态生境：可见于多种珊瑚礁生境。

地理分布：广泛分布于印度洋—太平洋海区。

DNA 条形码：MN690387。

保护等级：Least Concern（无危）。

物种图片：

绕石珊瑚 *Herpolitha limax*

石芝珊瑚科 Fungiidae；绕石珊瑚属 *Herpolitha*

形态特征：群体生活，群体整体呈长梭形，末端圆形或尖弧，营自由生活，形态多样；颜色为浅棕色、深棕色到棕绿色。群体中央有 1 线形口道中心沟，有时分叉状，此外还有与中央沟大致平行的次级口道中心；由于多口道中心，隔片排列不规则，边缘有小而规则的三角齿；轴柱由松散小梁组成，多发育不全；背面边缘多孔且布满刺突或瘤突。

生态生境：多生于礁坡和潟湖，伴生于石芝珊瑚周围。

地理分布：广泛分布于印度洋—太平洋海区。

DNA 条形码：LC191478。

保护等级：Least Concern（无危）。

物种图片：

石芝珊瑚 *Fungia fungites*

石芝珊瑚科 **Fungiidae**；石芝珊瑚属 *Fungia*

形态特征：单体生活，珊瑚骨骼圆形到卵圆形，或扁平或稍弓形；颜色为白色或杂色；中央窝短而深，底部有交错的小颗粒或小条状的小梁；正面凸，背面凹，除附着柄痕迹之外，还有缝隙布满整个背面；隔片数目多，排列紧密，齿小而尖，三角形，且有发育良好的中肋；珊瑚肋长得尖锥状，光滑。

生态生境：多生于礁坡和潟湖中。

地理分布：广泛分布于印度洋—太平洋海区，较常见。

DNA 条形码：LC484536。

保护等级：Near Threatened（近危）。

物种图片：

颗粒侧石芝珊瑚 *Pleuractis granulosa*

石芝珊瑚科 Fungiidae；侧石芝珊瑚属 *Pleuractis*

形态特征：珊瑚单体生活，颜色多为棕色；珊瑚骨骼圆盘状，直径可达 13.5 cm，中央部分扁平或形成拱起，中央沟狭且长；隔片数目多，厚且呈波纹状，边缘部分有细小的不规则钝颗粒或角状齿；触手耳垂较长；珊瑚肋细而不明显，通常仅有低轮次相对明显，其间有浅孔，此外背面还有小乳突或棘刺排列成的珊瑚肋状结构。

生态生境：多生于礁斜坡和潟湖中。

地理分布：分布于印度洋—太平洋海区，不常见。

DNA 条形码：MW278138。

保护等级：Least Concern（无危）。

物种图片：

健壮履形珊瑚 *Sandalolitha robusta*

石芝珊瑚科 **Fungiidae**；履形珊瑚属 *Sandalolitha*

形态特征：群体生活，群体形态不规则，呈不规则圆形或椭圆形，中央高拱呈圆顶状；成体大且营自由生活，但背面中央有附着基痕迹，群体颜色为绿色或棕色。群体具有多个中心，且有 1 明显的中央窝；珊瑚杯隔片 3 轮，前两轮粗大，第三轮薄而矮，珊瑚肋边缘布满不规则的尖齿，呈圆形或卵圆形，无杯壁，且多沿着中轴方向密集分布。

生态生境：可见于各种珊瑚礁生境。

地理分布：广泛分布于印度洋—太平洋海区。

DNA 条形码：EU149917。

保护等级：Least Concern（无危）。

物种图片：

变形牡丹珊瑚 *Pavona explanulata*

菌珊瑚科 Agariciidae；**牡丹珊瑚属** *Pavona*

形态特征：群体生活，群体形态为皮壳状或仅上表面有珊瑚杯分布的薄板状，有时也呈亚团块状；颜色多为深棕色、浅棕色或灰色，水螅体白天可见。珊瑚杯深凹状，间距大，分布不规则，而边缘部位的珊瑚杯多向外倾斜；隔片-珊瑚肋两轮，交替排列，第一轮加厚且明显突出，隔片-珊瑚肋排列紧密，常和周边珊瑚杯的隔片-珊瑚肋汇合交联；轴柱由小梁融合成细柱状，无明显的杯壁。

生态生境：可见于多种珊瑚礁生境。

地理分布：广泛分布于印度洋—太平洋海区。

DNA 条形码：MN413841。

保护等级：Least Concern（无危）。

物种图片：

西沙珊瑚 *Coeloseris mayeri*

菌珊瑚科 Agariciidae；西沙珊瑚属 *Coeloseris*

形态特征：群体生活，群体形态为团块状或皮壳状，整体可呈圆形或山丘状；群体为黄色、淡绿色或棕色，隔片边缘呈白色。珊瑚杯多边形或多角形，直径约6 mm；珊瑚杯壁通常薄而尖，有时较厚，由合隔桁形成；隔片3轮，第一轮和第二轮隔片突出程度相当，第三轮短而不明显，相邻珊瑚杯的隔片相连或稍错开排列，轴柱不发育。

生态生境：多生于浅水上礁坡和潟湖。

地理分布：广泛分布于印度洋—太平洋海区。

DNA 条形码：LT631023。

保护等级：Least Concern(无危)。

物种图片：

不均小星珊瑚 *Leptastrea inaequalis*

未定科 incertae sedis；**小星珊瑚属** *Leptastrea*

形态特征：群体生活，群体形态为团块状；颜色为奶油色、绿色和棕黄色的复合色，杯口颜色通常较深；珊瑚杯融合形分布，突出呈圆桶状，大小均一；珊瑚杯多倾斜，且常低于相邻一侧珊瑚杯，珊瑚杯杯壁和共骨光滑或有细小颗粒，无珊瑚肋；珊瑚杯之间有深沟分隔，而且有发育良好的沟槽–结节结构；隔片通常两轮，不等大，第一轮隔片楔形，加厚、大且突出。

生态生境：可见于各种珊瑚礁生境。

地理分布：分布于印度洋—太平洋海区，不常见。

DNA 条形码：LT631159。

保护等级：Near Threatened（近危）。

物种图片：

八放珊瑚亚纲 Octocorallia

苍珊瑚目 Helioporacea

苍珊瑚 *Heliopora coerulea*

苍珊瑚科 Helioporidae；苍珊瑚属 *Heliopora*

形态特征：群体固着生活，群体形状多变，有的为树枝状，有的为圆块状；具有大型骨骼，骨骼由霰石组成，与石珊瑚目物种相似；珊瑚水螅体触手和隔膜各 8 个。

生态生境：多生于珊瑚礁区。

地理分布：广泛分布于印度洋及太平洋，我国分布于南海海域。

DNA 条形码：GQ342426。

保护等级：Vulnerable（易危）。

物种图片：

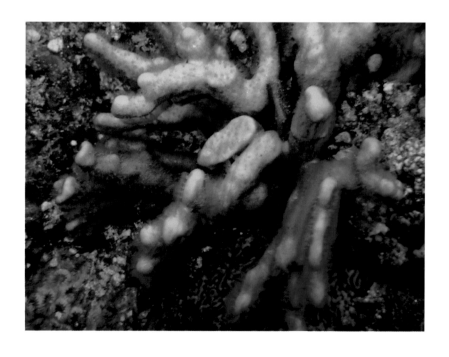

二、鱼　类

　　珊瑚礁生态系统是海洋中最复杂的生态系统，具有丰富的渔业资源和巨大的生物多样性，其生物多样性和生产力是所有海洋生态系统中最高的。虽然珊瑚礁面积仅占世界海洋生态系统总量的 0.2%，但其价值和提供的服务占海洋生态系统的 2.85%。珊瑚礁栖息地与海洋其他的开阔水域栖息地形成了鲜明的对比，数百种生物可以在一小块珊瑚礁区域内生存，它们中的许多种都擅长隐藏或伪装。珊瑚礁生态系统包含了地球上最多样的鱼类群落 (大约有 6 000~8 000 种鱼类生活在珊瑚礁生境中)，其为25% 的海洋鱼类提供了栖息、觅食和繁殖场所。

　　珊瑚礁鱼类通常是指生活在珊瑚礁中或与珊瑚礁有密切关系的鱼类，不是严格的鱼类分类学概念。珊瑚礁鱼类经过长期进化已经形成许多特殊的表型来适应珊瑚礁环境，其丰富多变的体表颜色、外观形态、生活习性等都非常引人注目。珊瑚礁鱼类作为珊瑚礁生态系统中一个重要的组成部分，在稳定和平衡珊瑚礁生态系统中发挥重要的调控作用。千姿百态的珊瑚礁鱼类在珊瑚礁中占据着不同的生态位置，发挥着多样的生态功能，也通过摄食行为对食物链中不同营养等级的生物起到一定的调节控制作用。健康的珊瑚礁生态系统中，鱼类多样性与珊瑚多样性之间呈现出正相关的关系。珊瑚礁生境的退化，会导致礁栖鱼类物种多样性降低、生物量密度降低等现象。同时，鱼类群落的衰退也会对珊瑚礁生态系统具有负面调控作用。丰富多样的珊瑚礁鱼类不仅在维持生态平衡和物种多样性中发挥重要的生态价值，也具有名贵物种养殖、观赏资源开发等与人类的民生、食品安全紧密相关的经济价值。

　　目前，珊瑚礁生态系统最丰富的两个区域分别是印度洋—太平洋海域和热带西大西洋海域。而珊瑚礁鱼类多样性最丰富的是印度洋—太平洋海域，有 4 000~5 000 种鱼类栖息其中。我国珊瑚礁生境主要汇聚于南海区域，分布有 3 000 多种珊瑚礁鱼类。中沙群岛地理位置和生境特殊，是一块完全隐没于水面下的大礁群，也是我国珊瑚礁渔业的重要渔场。因此，阐明中沙群岛珊瑚礁生态系统中鱼类群落的组成结构和生态功能，对于南海珊瑚礁生态系统的综合评价及合理开发利用具有重要意义。

脊索动物门 Chordata

新鳍亚纲 Neoperygii

鲈形目 Perciformes

蛇鲭 *Gempylus serpens*

蛇鲭科 Gempylidae；蛇鲭属 *Gempylus*

形态特征：体极为延长而侧扁，背、腹轮廓平直，尾柄无棱脊；体长约为体高的16倍。头尖窄而侧扁。吻尖突。口裂大，平直；下颌突出于上颌；上下颌具大小不一的犬齿。侧线2条，上侧线沿着背鳍基部，下侧线位于体侧中央线。第一背鳍具棘XXVⅢ~XXXⅡ；第二背鳍硬棘Ⅰ，软条11~14，离鳍5~7；臀鳍硬棘Ⅲ，软条10~13，离鳍5~7；腹鳍小，具Ⅰ，3；尾鳍深叉。体一致为带明亮光泽之黑褐色。

生态生境：近海大洋性中表层洄游鱼种，一般栖息深度在0~200 m，可栖息于更深海域。独游性。成鱼于夜间迁移至水表层，仔鱼及幼鱼则于日间停留于水表层。以鲱、鲲等小鱼、甲壳类及乌贼等为食。

地理分布：广泛分布于热带和亚热带海域。成鱼也经常在温带水域被发现。

DNA 条形码：GU673629。

保护等级：Least Concern（无危）。

物种图片：

图片引自 http://creativecommons.org/licenses/by/4.0/

真丝金䱵 *Cirrhitichthys falco*

鹟科 **Cirrhitidae**；金䱵属 *Cirrhitichthys*

形态特征：体延长而呈长椭圆形；头背部于眼上方略凹；体背隆起，腹缘近平直。吻略钝。眼中大，近头背缘。前鳃盖骨后缘具强锯齿；鳃盖骨后缘具棘。上下颌齿细小；锄骨齿及腭骨齿皆存在。体被圆鳞；眼眶间隔具鳞；侧线鳞 42 ~ 45。背鳍单一，硬棘部及软条部间具缺刻，硬棘部之鳍膜末端呈簇须状，硬棘 X，软条 12，第 1 软条延长，但不呈丝状；臀鳍硬棘 III，软条 6；胸鳍最长之鳍条末端达臀鳍起点。体灰白色至淡褐色，腹部较淡，体侧具 5 条红褐色至暗褐色横带，其前两条为小斑点组成，后三条为大斑点组成，皆延伸至背鳍；头部眼下方另具 2 红褐色斜带；吻部亦具 1 褐色斜带。各鳍淡色，背及尾鳍具红褐色斑点。

生态生境：主要栖息于珊瑚繁生的区域；通常喜欢停栖于珊瑚头的基部，伺机捕食猎物。以甲壳类或小型鱼类为食。一雄多雌方式生活，且在日落后产卵。

地理分布：分布于西太平洋海区，由菲律宾至萨摩亚，北至琉球群岛及小笠原诸岛，南至澳大利亚大堡礁及法属新喀里多尼亚等沿海。

DNA 条形码：KF929760。

保护等级：Least Concern（无危）。

物种图片：

图片引自 https：//www.inaturalist.org/photos/99913520

尖头金鲔 *Cirrhitichthys oxycephalus*

鲔科 **Cirrhitidae**；金鲔属 *Cirrhitichthys*

形态特征：体延长而呈长椭圆形；头背部近于平耳；体背隆起，腹缘近平直。吻略钝。眼中大，近头背缘。前鳃盖骨后缘具强锯齿；鳃盖骨后缘具棘。上、下颌齿细小；锄骨齿及腭骨齿皆存在。体被圆鳞；眼眶间隔具鳞；侧线鳞41~45。背鳍单一，硬棘部及软条部间具缺刻，硬棘部之鳍膜末端呈簇须状，硬棘Ⅹ，软条12，第1软条延长，但不呈丝状；臀鳍硬棘Ⅲ，软条6；胸鳍最长之鳍条末端仅达肛门。体灰白色至淡褐色，腹部较淡，头部及体侧散布着大小规则排列的红褐色至暗褐色横斑；头部眼下方另具2红褐色点斑状斜带；吻部亦具1红褐色点斑状斜带。各鳍淡色，背及尾鳍具红褐色斑点。

生态生境：主要栖息于沿海岩礁、向海的珊瑚礁区域或潮流经过的礁盘上；通常喜欢停栖于珊瑚枝头上面、里面或下面，伺机捕食猎物。以甲壳类或小型鱼类为食。

地理分布：广泛分布于印度洋—太平洋的热带沿岸海域。

DNA 条形码：MK566872。

保护等级：Least Concern(无危)。

物种图片：

图片引自 https：//www.inaturalist.org/photos/103834287

副鳂 *Paracirrhites arcatus*

鳂科 Cirrhitidae；副鳂属 *Paracirrhites*

形态特征：体延长而呈长椭圆形；头背部微呈弧形；体背略隆起，腹缘弧形。吻钝。眼中大，近头背缘。前鳃盖骨后缘具强锯齿；鳃盖骨后缘具棘。上下颌齿呈带状，外列齿呈犬状；锄骨齿具齿，腭骨齿则无。体被圆鳞；眼眶间隔具鳞；吻部无鳞；颊部与主鳃盖被鳞；侧线鳞45～50。背鳍单一，硬棘部及软条部间具缺刻，硬棘部之鳍膜末端呈单一须状，硬棘X，软条11，第1软条延长如丝；臀鳍硬棘Ⅲ，软条6；胸鳍最长之鳍条末端仅达腹鳍后缘；尾鳍弧形。体一致为淡灰褐色至橙红色，腹部较淡；眼后具1黄色、粉红及白色相间的"U"形斑；间鳃盖另具3条镶红边的黄色斜带，斜带间则为浅蓝色。各鳍橙黄色。

生态生境：主要栖息于潟湖及面海的珊瑚礁区域。通常喜欢停栖于珊瑚枝头上面、里面或下面，伺机捕食猎物。以虾及螃蟹等甲壳类或小型鱼类为食。

地理分布：分布于印度洋—太平洋区，自非洲东岸至夏威夷群岛和莱恩群岛，北至日本南部，南至澳大利亚、加拉帕戈斯群岛。

DNA 条形码：MK658599。

保护等级：Least Concern（无危）。

物种图片：

黑带鳞鳍梅鲷 *Pterocaesio tile*

乌尾鮗科 Caesionidae；鳞鳍乌尾鮗属 *Pterocaesio*

形态特征：体呈长纺锤形；标准体长约为体高的 3.8~4.4 倍。口小，端位；上颌骨具有伸缩性，且多少被眶前骨所掩盖；前上颌骨具两个指状突起；上下颌前方具 1 细齿，锄骨无齿。体被中小型栉鳞，背鳍及臀鳍基底上方一半的区域均被鳞；侧线完全且平直，仅于尾柄前稍弯曲，侧线鳞 68~74。背鳍硬棘 X~XII，软条 20~21；臀鳍硬棘 III，软条 12。体背蓝绿色，腹面粉红色，体侧沿侧线有 1 黑褐色纵带直行至尾柄背部，并与尾鳍上叶之黑色纵带相连。各鳍红色；尾鳍下叶亦有黑色纵带。

生态生境：主要栖息于沿岸潟湖或礁石区陡坡外围清澈海域，性喜大群洄游于礁区之中层水域，游泳速度快且时间持久。属日行性鱼类，昼间在水层间觅食浮游动物，夜间则于礁体间具有遮蔽性的地方休息。

地理分布：分布于印度洋—西太平洋的热带海域，西起非洲东岸，东至马克萨斯群岛，北至日本，南至法属新喀里多尼亚。

DNA 条形码：JQ681326。

保护等级：Least Concern（无危）。

物种图片：

图片引自 https：//www. inaturalist. org/photos/104476842

三点阿波鱼 *Apolemichthys trimaculatus*

刺盖鱼科 Pomacanthidae；阿波鱼属 *Apolemichthys*

形态特征：体椭圆形；头部背面至吻部轮廓成直线。前眼眶骨之前缘中部无缺刻，无强棘；后缘不游离，亦无锯齿，下缘凸具强锯齿，盖住上颌一部分。间鳃盖骨无强棘；前鳃盖后缘具细锯齿，强棘无深沟。上颌齿强。体被中大型鳞，颊部被不规则小鳞；侧线终止于背鳍软条后下方。背鳍连续，硬棘XIV，软条 16~18；臀鳍硬棘Ⅲ，软条 17~19。体一致为黄色，头顶与鳃盖上方各有 1 瞳孔大小的镶金黄色边的淡青色眼斑。臀鳍具 1 宽黑带。

生态生境：栖息于潟湖及面海的珊瑚礁靠近珊瑚的水域。多半单独活动或成小群活动。主要以海绵及被囊动物为食。

地理分布：分布于印度洋—西太平洋区，西起非洲东岸，东至萨摩亚，北至日本南部，南至澳大利亚。

DNA 条形码：MK777503。

保护等级：Least Concern（无危）。

物种图片：

珠蝴蝶鱼 *Chaetodon kleinii*

蝴蝶鱼科 Chaetodontidae；蝴蝶鱼属 Chaetodon

形态特征：体高而呈卵圆形；头部上方轮廓平直。吻尖，但不延长为管状。前鼻孔具鼻瓣。前鳃盖缘具细锯齿；鳃盖膜与峡部相连。两颌齿细尖密列，上下颌齿约 4~6 列。体被中型鳞片；侧线向上陡升至背鳍第 IX ~ X 棘下方而下降至背鳍基底末缘下方。背鳍单一，硬棘 XII ~ XIII，软条 24 ~ 27（通常为 XII，25 ~ 26）；臀鳍硬棘 III，软条 20 ~ 21。体淡黄色，吻端暗色；体侧于背鳍硬棘前部及后部的下方各具有 1 条不明显的暗色带；头部黑色眼带略窄于眼径，在眼上下方约等宽，且向后延伸达腹鳍前缘。背鳍及臀鳍软条部后部具黑纹及白色缘；腹鳍黑色；胸鳍淡色；尾鳍黄色而具黑缘。

生态生境：栖息于较深的潟湖、海峡及面海的珊瑚礁区。常被发现漫游于有沙的珊瑚礁底部或礁盘上。杂食性，以小型无脊椎动物、珊瑚虫、浮游动物及藻类碎片为食。

地理分布：分布于印度洋—太平洋区，西起红海、非洲东岸，东至夏威夷群岛及萨摩亚群岛，北至日本南部，南至澳大利亚。

DNA 条形码：GU674062。

保护等级：Least Concern（无危）。

物种图片：

新月蝴蝶鱼 *Chaetodon lunula*

蝴蝶鱼科 Chaetodontidae；蝴蝶鱼属 *Chaetodon*

形态特征：背棘 10~14，背鳍软条 20~25，臀棘 3，臀鳍软条 17~20，体黄色至黄褐色，头部有黑色眼带，仅延伸至鳃盖缘，眼带后方另具 1 宽白带，尾柄至背鳍鳍条部基底有 1 黑色狭带。尾鳍黄色，末端有白缘。

生态生境：通常成对或成小群出现在潟湖或向海礁的礁平台，也可发现于深度超过 30 m 的地方，幼鱼出现在礁滩内的岩石和潮池中，夜间活动。成鱼主要以裸鳃类动物、管虫触手和其他底栖无脊椎动物为食，也以海藻和珊瑚虫为食。在中沙群岛生活于 20 m 以深的珊瑚礁中。

地理分布：分布于印度洋—太平洋区，非洲东岸至夏威夷群岛、马克萨斯群岛和杜西群岛，北至日本南部，南至豪勋爵岛和加拉帕戈斯群岛；大西洋东南部，伦敦东部，南非。在我国西沙群岛、南沙群岛、中沙群岛均有发现。

DNA 条形码：MW034029。

保护等级：Least Concern（无危）。

物种图片：

斑带蝴蝶鱼 *Chaetodon punctatofasciatus*

蝴蝶鱼科 Chaetodontidae；蝴蝶鱼属 *Chaetodon*

形态特征：体高而呈卵圆形；头部上方轮廓平直。吻尖，但不延长为管状。前鼻孔具鼻瓣。前鳃盖缘具细锯齿；鳃盖膜与峡部相连。两颌齿细尖密列，上下颌齿各具6~7列。体被中型鳞片，圆形至稍角形；侧线向上陡升至背鳍第Ⅸ~Ⅹ棘下方而下降至背鳍基底末缘下方。背鳍单一，硬棘ⅩⅢ，软条23~25；臀鳍硬棘Ⅲ，软条18。体柠檬色，腹部淡黄色；体侧各鳞片具1暗点，接近鳍部之斑点较小；体侧上半部另外约有7条暗色横带；头部具窄于眼径的镶黑及白边的金黄色眼带；颈背黑色；尾柄橘色。背、臀鳍具金黄色缘，内侧则有黑线纹；胸鳍、腹鳍淡黄色；尾鳍基部黄色，中间具1黑色带，后端淡色。

生态生境：栖息于珊瑚聚集区、清澈的潟湖及面海的礁区，也常栖息于礁盘的外围。通常成鱼成对生活。杂食性，以小型无脊椎动物、珊瑚虫及藻类碎片为食。

地理分布：分布于印度洋—太平洋区，由印度洋的圣诞岛至莱恩群岛，北至日本，南至澳大利亚大堡礁。

DNA 条形码：FJ583074。

保护等级：Least Concern（无危）。

物种图片：

斜纹蝴蝶鱼 *Chaetodon vagabundus*

蝴蝶鱼科 Chaetodontidae；蝴蝶鱼属 *Chaetodon*

形态特征：体高而呈卵圆形；头部上方轮廓平直，鼻区处凹陷。吻中短而尖。前鼻孔具鼻瓣。前鳃盖缘具细锯齿；鳃盖膜与峡部相连。两颌齿细尖密列，上下颌齿各具 7~9 列。体被中型鳞片，角形至菱形；侧线向上陡升至背鳍第 VIII ~ IX 棘下方而下降至背鳍基底末缘下方。背鳍单一，硬棘 XII，软条 24 ~ 26；臀鳍硬棘 III，软条 19 ~ 20。体淡色，后部黄色；体侧前方具 6 条斜走纹与后方十余条斜走纹成直角相交；体侧自背鳍软条部前方经尾柄至臀鳍中部具黑色弧状带；头部具约等于眼径之黑眼带，仅向下延伸至鳃盖缘。背、臀鳍黄色，后缘具 1 条黑色带；尾鳍黄色，后缘具 1~2 条黑色带；余鳍淡色或微黄。

生态生境：栖息于礁盘区、清澈的潟湖及面海的珊瑚礁区，亦可出现于河口区。通常成对生活。主要以藻类、珊瑚虫、甲壳类及蠕虫为食。具有强烈的领域性。

地理分布：分布于印度洋—太平洋区，西起红海、非洲东岸，东至莱恩群岛及土阿莫土群岛，北至日本南部，南至豪勋爵岛及澳大尔群岛。

DNA 条形码：GU674279。

保护等级：Least Concern（无危）。

物种图片：

图片引自 https：//www. inaturalist. org/photos/82324464

黄蝴蝶鱼 *Chaetodon xanthurus*

蝴蝶鱼科 Chaetodontidae；蝴蝶鱼属 *Chaetodon*

形态特征：体高而呈椭圆形；头部上方轮廓略平直，颈部略突，鼻区处凹陷。吻尖，略突出。前鼻孔具鼻瓣。前鳃盖缘具细锯齿；鳃盖膜与峡部相连。上下颌齿各具 7~8 列。体被大型鳞片，菱形；侧线向上陡升至背鳍第Ⅸ~Ⅹ棘下方而下降至背鳍基底末缘下方。背鳍单一，硬棘ⅩⅢ，软条 22；臀鳍硬棘Ⅲ，软条 16~17。体灰蓝色或较淡色，头部上半部较暗色；体侧鳞片之边缘暗色，形成网状之体纹；颈部具 1 镶白边之马蹄形黑斑；自背鳍第 6~7 软条下方向下延伸至臀鳍后角具 1 橙色新月形横带；头部具远窄于眼径之镶白边黑眼带，向下延伸至鳃盖缘。各鳍灰至白色；尾鳍后部具镶淡色边之橙色带，末缘淡色。

生态生境：主要栖息于鹿角珊瑚周围，通常发现单独或成对于 15 m 以下水域活动。

地理分布：分布于西太平洋区，自日本至印度尼西亚。

DNA 条形码：KU893022。

保护等级：Least Concern(无危)。

物种图片：

黄镊口鱼 *Forcipiger flavissimus*

蝴蝶鱼科 Chaetodontidae；镊口鱼属 *Forcipiger*

形态特征：体甚侧扁而高，略呈卵圆形或菱形。吻部极为延长而成一管状，体高约为其 1.6~2.1 倍。前鳃盖角缘宽圆。体被小鳞片，侧线完全，达尾鳍基部，高弧形。背鳍棘XII，第 II 棘长于第 III 棘的 1/2，软条 22~24；臀鳍棘 III，软条 17~18。体黄色；自眼下缘及背鳍基部及胸鳍基部之头背部黑褐色，吻部上缘亦为黑褐色，其余头部、吻下缘、胸部及腹部银白带蓝色。背、腹及臀鳍黄色；背、臀鳍软条部具淡蓝缘；臀鳍软条部后上缘具眼斑；胸鳍及尾鳍淡色。

生态生境：主要栖息于面海的礁区，偶也可发现于潟湖礁区。单独或小群生活。杂食性，取食对象广泛，例如缝穴中之底栖小生物、鱼卵、水螅体及棘皮动物的管足等。

地理分布：分布于印度洋—太平洋区，西起红海、非洲东岸，东至夏威夷群岛及复活节岛，北至日本南部，南至豪勋爵岛；东太平洋区由墨西哥至加拉帕戈斯群岛。

DNA 条形码：MW034023。

保护等级：Least Concern(无危)。

物种图片：

马夫鱼 *Heniochus acuminatus*

蝴蝶鱼科 Chaetodontidae；立鳍鲷属 *Heniochus*

形态特征：体甚侧扁，背缘高而隆起，略呈三角形。头短小。吻尖突而不呈管状。前鼻孔后缘具鼻瓣。上下颌约等长，两颌齿细尖。体被中大弱栉鳞，头部、胸部与鳍具小鳞，吻端无鳞。背鳍连续，硬棘XI～XII，软条 24～27，第IV棘特别延长；臀鳍硬棘III，软条 17～19。体银白色，体侧具 2 条黑色横带，第一条黑横带自背鳍起点下方延伸至腹鳍，第二条黑横带则约自背鳍第VI～VIII硬棘向下延伸至臀鳍后部；头顶灰黑色；两眼间具黑色眼带；吻部背面灰黑色。背鳍软条部及尾鳍黄色；胸鳍基部及腹鳍黑色。

生态生境：主要栖息在礁区海域，但也常见到出没在河口半淡咸水域。幼鱼出现在较浅水域，多半单独活动。成鱼则常成对或成群盘旋在珊瑚礁上、潟湖区或外礁陡坡上数米处捕食浮游动物，有时会啄食礁壁上的附着生物。

地理分布：分布于印度洋—太平洋区，西起非洲东岸及波斯湾，东至社会群岛，北至日本南部，南至豪勋爵岛。

DNA 条形码：KX618189。

保护等级：Least Concern（无危）。

物种图片：

条斑胡椒鲷 *Plectorhinchus vittatus*

石鲈科 Haemulidae；胡椒鲷属 *Plectorhinchus*

形态特征：体延长而侧扁，背缘隆起呈弧形，腹缘圆。头中大，背面隆起。吻短钝而唇厚，随着成长而肿大。口小，端位，上颌突出于下颌；颌齿呈多行不规则细小尖锥齿。颐部具6孔，但无纵沟亦无须。鳃耙细短，第一鳃弓鳃耙数7-10+1+17-20。体被细小弱栉鳞，侧线完全，侧线鳞数56~60。背鳍单一，中间缺刻不明显，无前向棘，硬棘数Ⅷ，软条数19~20；臀鳍基底短，鳍条数Ⅲ+7；尾鳍略内凹或几近截平。体灰白色，体侧共有6条由吻端至体后部之暗褐色宽纵带，而腹部之纵带较窄。各鳍淡黄色至淡白色，背鳍、臀鳍和尾鳍散布有黑褐色之斑点；胸鳍基部具黑褐色斑；腹鳍外侧鲜黄色，内侧淡白色，基部红色。幼鱼体及各鳍呈褐色而有大型白色斑块散布其中。

生态生境：主要栖息于向海之珊瑚礁区域。属于夜行性动物，主要以小虾、小鱼、蠕虫及无脊椎动物等为食。

地理分布：分布于印度洋—太平洋区，西起非洲东岸，东至萨摩亚，北达日本，南至法属新喀里多尼亚。

DNA 条形码：MN870229。

保护等级：Least Concern（无危）。

物种图片：

叉尾鲷 *Aphareus furca*

笛鲷科 Lutjanidae；叉尾鲷属 *Aphareus*

形态特征：体呈长纺锤形；标准体长约为体高的 3.1~3.2 倍。两眼间隔平扁。眼前方无沟槽。下颌突出于上颌；上颌骨末端延伸至眼中部的下方；上颌骨无鳞。上下颌骨齿细小，随着成长而消失，腭骨和锄骨无齿。鳃耙数 22~23。体被中小型栉鳞，背鳍及臀鳍上均裸露无鳞；侧线完全且平直。背鳍硬软鳍条间无深刻；背鳍与臀鳍最末之软条皆延长而较前方鳍条长；背鳍硬棘 X，软条 11；臀鳍硬棘 III，软条 8；胸鳍长约等于头长；尾鳍深叉。体背蓝灰色，体侧浅紫蓝色而带有黄色光泽，前鳃盖骨及主鳃盖骨具黑缘；背鳍、腹鳍与臀鳍鲜黄色至黄褐色；胸鳍淡色至黄色；尾鳍暗褐色而带黄缘。

生态生境：主要栖息于沿岸礁区，栖息水深 6~70 m。独游或聚集成一小群。主要以鱼类为食，偶尔捕食甲壳类。

地理分布：广泛分布于印度洋—太平洋的热带海域。西起非洲东岸，东至夏威夷群岛，北至日本南部，南至澳大利亚。

DNA 条形码：HQ676753。

保护等级：Least Concern（无危）。

物种图片：

蓝短鳍笛鲷 *Aprion virescens*

笛鲷科 Lutjanidae；短鳍笛鲷属 *Aprion*

形态特征：体呈长纺锤形；标准体长约为体高的 3.82 倍。两眼间隔平扁。眼前具1 深槽。下颌突出于上颌；上颌骨末端仅延伸至眼前的下方；上颌骨无鳞。上下颌具多列细齿，外列齿扩大；上颌前端具 4 犬齿，下颌前端具 4~6 犬齿；锄骨具新月形齿带；腭骨亦具 1 带细齿。鳃耙数 17。体被中大型栉鳞，背鳍及臀鳍上均裸露无鳞；侧线完全且平直。背鳍硬软鳍条间无深刻；背鳍与臀鳍最末之软条皆延长而较前方鳍条长；背鳍硬棘 X，软条 11；臀鳍硬棘 Ⅲ，软条 8；胸鳍短而圆，远短于头长；尾鳍深叉。体一致为深蓝色，背鳍第 5~9 棘之鳍膜近基部处各有 1 黑斑。本属全世界仅一属一种。

生态生境：主要栖息于热带、亚热带沿岸礁区陡坡上缘、海峡或潟湖附近之开放水域，深度可自表层至 180 m 处附近。一般皆独游，偶尔聚集成一小群。春夏季的月圆前后会洄游于礁区陡坡间产卵。主要摄食鱼类，偶尔捕食底栖性之虾、螃蟹等甲壳类。

地理分布：广泛分布于印度洋—太平洋的热带海域。西起非洲东岸，东至夏威夷群岛，北至日本南部，南至澳大利亚。

DNA 条形码：MT888884。

保护等级：Least Concern（无危）。

物种图片：

四带笛鲷 *Lutjanus kasmira*

笛鲷科 Lutjanidae；笛鲷属 *Lutjanus*

形态特征：体长椭圆形，背缘呈弧状弯曲。两眼间隔平坦。上下颌两侧具尖齿，外列齿较大；上颌前端具大犬齿 2~4 颗；下颌前端则为排列疏松之圆锥齿；锄骨、腭骨均具绒毛状齿；舌面无齿。体被中大栉鳞，颊部及鳃盖具多列鳞；背鳍、臀鳍和尾鳍基部大部分亦被细鳞；侧线上方的鳞片斜向后背缘排列，下方的鳞片则与体轴平行。背鳍软硬鳍条部间无深刻；臀鳍基底短而与背鳍软条部相对；背鳍硬棘 X，软条 14~15；臀鳍硬棘 Ⅲ，软条 7~8；胸鳍长，末端达臀鳍起点；尾鳍内凹。体鲜黄色，腹部微红；体侧具 4 条蓝色纵带，且在第 2 至第 3 条蓝带间具 1 不明显之黑点；腹面有小蓝点排列而成的细纵带。各鳍黄色，背鳍与尾鳍具黑缘。本种极易与孟加拉笛鲷（*L. bengalensis*）混淆，主要差别在于后者腹部无蓝色细纵带、背鳍硬棘数为 Ⅺ 及背鳍与尾鳍无黑缘。

生态生境：主要栖息于沿岸礁区、潟湖区或独立礁区，栖息深度在 3~150 m 处，有些地方可发现于水深 180~265 m 处。白天常可见大群体于珊瑚结构的礁区、洞穴或残骸周遭水域活动；稚鱼则栖息于海草床周围的片礁区。主要以鱼类、虾、蟹为食；也吃多种藻类。

地理分布：广泛分布于印度洋—太平洋海域。

DNA 条形码：EU600138。

保护等级：Least Concern（无危）。

物种图片：

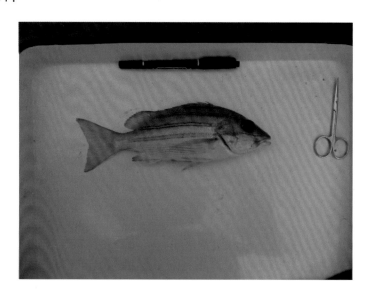

金带齿颌鲷 *Gnathodentex aureolineatus*

龙占鱼科 Lethrinidae；齿颌鲷属 *Gnathodentex*

形态特征：体延长而呈长椭圆形。吻尖。眼大。口端位；两颌具犬齿及绒毛状齿，下颌犬齿向外；上颌骨上缘具锯齿。颊部具鳞 4~6 列；胸鳍基部内侧不具鳞；侧线鳞数 68~74；侧线上鳞列数 5。背鳍单一，不具深刻，具硬棘 X，软条 10；臀鳍硬棘Ⅲ，软条 8~9；胸鳍软条 15；尾鳍深分叉，两叶先端尖锐。体背暗红褐色，具数条银色窄纵纹；下方体侧银至灰色，有若干金黄色至橘褐色纵线；尾柄背部近背鳍后方软条之基底有 1 大形黄斑。各鳍淡红色或透明。

生态生境：群居性鱼种，常常成群巡游在潟湖礁石平台或向海珊瑚礁的上缘区，较少落单行动。夜行性动物，白天缓缓或静止地栖息在珊瑚丛上，晚上则游到珊瑚礁外围寻找底栖性的小章鱼、乌贼、小鱼、虾及蟹类等为食物。

地理分布：分布于印度洋—太平洋区，西起非洲东岸，东至土阿莫土群岛，北至日本南部，南至澳大利亚。

DNA 条形码：KY371565。

保护等级：Least Concern（无危）。

物种图片：

红鳃裸颊鲷 *Lethrinus rubrioperculatus*

龙占鱼科 Lethrinidae；龙占鱼属 *Lethrinus*

形态特征：体延长而呈长椭圆形。吻长而尖，吻上缘与上颌间的角度为 54°~65°。眼间隔微凸或平坦。眼大，位于近于头背侧。口端位；两颌具犬齿及绒毛状齿，后方侧齿呈犬齿状；上颌骨上缘平滑或稍呈锯齿状。颊部无鳞；胸鳍基部内侧不具鳞；侧线鳞数 47~49；侧线上鳞列数 4.5；侧线下鳞列数 15~16。背鳍单一，不具深刻，具硬棘 X，软条 9，第 Ⅲ 棘最长；臀鳍硬棘 Ⅲ，软条 8，第 1 软条通常最长，但短于软条部之基底长；胸鳍软条 13；尾鳍分叉，两叶先端尖型。体榄绿色，散布许多不规则斑驳。唇部红色，主鳃盖后缘之无鳞区具红色斑块。各鳍淡色至粉红色。

生态生境：主要栖息于较深的大陆棚斜坡外缘砂泥地，幼鱼一般活动于沿岸，主要分布的深度为 12~160 m。肉食性，以礁区的小鱼或无脊椎动物为食。

地理分布：分布于印度洋—太平洋区，西起非洲东岸，东至马克萨斯群岛，北至日本南部，南至澳大利亚。

DNA 条形码：MN988965。

保护等级：Least Concern（无危）。

物种图片：

半带裸颊鲷 *Lethrinus semicinctus*

龙占鱼科 Lethrinidae；龙占鱼属 *Lethrinus*

形态特征：体延长而呈长椭圆形。吻长而尖，吻上缘与上颌间的角度为55°~67°。眼间隔微凸或平坦。眼大，位于近于头背侧。口端位；两颌具犬齿及绒毛状齿，后方侧齿呈犬齿状；上颌骨上缘平滑或稍呈锯齿状。颊部无鳞；胸鳍基部内侧不具鳞；侧线鳞数46~47；侧线上鳞列数4.5；侧线下鳞列数15~16。背鳍单一，不具深刻，具硬棘Ⅹ，软条9，第Ⅲ或第Ⅳ棘最长；臀鳍硬棘Ⅲ，软条8，第1软条通常最长，但等于或短于软条部之基底长；胸鳍软条13；尾鳍分叉，两叶先端尖型。体榄绿色至褐色，散布许多不规则斑驳；体侧在背鳍软条部下方的侧线下具1大型斜斑。各鳍淡色至粉红色。

生态生境：主要栖息于潟湖、内湾、珊瑚礁区或海草床，或其外缘砂地上巡游，以砂地上之甲壳类、软体、棘皮动物、多毛类或小鱼等动物为食。

地理分布：分布于东印度洋—西太平洋区，包括斯里兰卡、印度尼西亚、澳大利亚北部至所罗门群岛，北至日本南部。

DNA 条形码：GU673838。

保护等级：Least Concern（无危）。

物种图片：

圆口副绯鲤 *Parupeneus cyclostomus*

须鲷科 Mullidae；海绯鲤属 *Parupeneus*

形态特征：体延长而稍侧扁，呈长纺锤形。头稍大；口小；吻长而钝尖；上颌仅达吻部的中央处；上下颌均具单列齿，齿中大，较钝，排列较疏；锄骨与腭骨无齿。具颏须 1 对。前鳃盖骨后缘平滑；鳃盖骨具 2 短棘；鳃膜与颊部分离。体被弱栉鳞，易脱落，腹鳍基部具 1 腋鳞，眼前无鳞；侧线鳞数 27~28，上侧线管呈树枝状。背鳍两个，彼此分离；胸鳍软条数 15~17（通常为 16）；尾鳍叉尾形。体色具 2 型：一为灰黄色，各鳞片具蓝色斑点，尾柄具黄色鞍状斑，眼下方具多条不规则之蓝纹，各鳍与颏须皆为黄褐色，第二背鳍和臀鳍具蓝色斜纹，尾鳍具蓝色平行纹；一为黄化种，体一致为黄色，尾柄具亮黄色鞍状斑，眼下方具多条不规则之蓝纹。

生态生境：主要栖息于沿岸珊瑚礁、岩礁区、潟湖区或内湾的砂质海底或海藻床。幼鱼成群在砂质地或软泥地，成鱼则单独活动，以其颐须探索泥地中潜藏的甲壳类、软体动物及多毛类等，再挖掘觅食。

地理分布：广泛分布于印度洋—太平洋区，西起红海，东至夏威夷群岛、马克萨斯群岛及土阿莫土群岛，北起琉球群岛，南至法属新喀里多尼亚及加拉帕戈斯群岛。

DNA 条形码：KU176425。

保护等级：Least Concern（无危）。

物种图片：

多带副绯鲤 *Parupeneus multifasciatus*

须鲷科 Mullidae；海绯鲤属 *Parupeneus*

形态特征：体延长而稍侧扁，呈长纺锤形。头稍大；口小；吻长而钝尖；上颌仅达吻部的中央，后缘为斜向弯曲；上下颌均具单列齿，齿中大，较钝，排列较疏；锄骨与腭骨无齿。具颏须 1 对，末端达眼眶后方。前鳃盖骨后缘平滑；鳃盖骨具 2 短棘；鳃膜与颊部分离。体被弱栉鳞，易脱落，腹鳍基部具 1 腋鳞，眼前无鳞；侧线鳞数28~30，上侧线管呈树枝状。背鳍两个，彼此分离；第二背鳍最后软条特长；胸鳍软条数15~17（通常为 16）；尾鳍叉尾形。体淡灰色至棕红色；吻部至眼后有 1 短纵带；第二背鳍基及其鳍后呈黑色，末缘及臀鳍膜上有黄色纵带斑纹。体侧具 5 条横带，第一条在第一背鳍前方体侧，第二条在第一背鳍下方体侧，第三条较窄在第一与第二背鳍间，第四条在第二背鳍下方体侧，第五条在尾柄侧方。

生态生境：主要栖息于珊瑚礁外缘的砂地，或者是碎礁地上，利用胡须来探索在砂泥底质上活动的底栖生物，如甲壳类、软体动物、鱼类及蠕虫等。

地理分布：广泛分布于印度洋—太平洋区，西起印度洋的圣诞岛，东至夏威夷群岛、马克萨斯群岛及土阿莫土群岛，北起琉球群岛，南至豪勋爵岛及加拉帕戈斯群岛。

DNA 条形码：GU673922。

保护等级：Least Concern（无危）。

物种图片：

金目大眼鲷 *Priacanthus hamrur*

大眼鲷科 Priacanthidae；大眼鲷属 *Priacanthus*

形态特征：体略高，侧扁，呈长卵圆形；体最高处位于背鳍第Ⅵ棘附近。眼特大，瞳孔大半位于体中线下方。吻短。口裂大，近乎垂直；下颌突出，颌骨、锄骨和腭骨均具齿。前鳃骨后缘及下缘具锯齿并具有 1 枚后向之短强棘。鳃耙总数 24~26。头及体部皆被有粗糙坚实不易脱落之栉鳞；侧线完全，侧线鳞孔数 70~90。背鳍单一，不具深缺，具硬棘Ⅹ，软条 13~15；臀鳍与背鳍几相对，具硬棘Ⅲ，软条 13~16；背鳍及臀鳍后端圆形；胸鳍短小；腹鳍中长，短于头长；尾鳍截形或双凹。体一致呈鲜红色，有时腹部呈银白色；各鳍末端颜色较深，且鳍膜上无任何斑点。

生态生境：主要栖息于较深潟湖及礁区陡坡处，昼间躲在洞穴，夜间出来觅食。肉食性，以小鱼、虾、蟹或水层中的浮游动物为主食。

地理分布：分布于印度洋—太平洋区，西起非洲东岸、红海，东至土阿莫土群岛，北至日本南部，南至澳大利亚北部。

DNA 条形码：KF736898。

保护等级：Least Concern（无危）。

物种图片：

双棘刺尻鱼 *Centropyge bispinosa*

刺盖鱼科 Pomacanthidae；刺尻鱼属 *Centropyge*

形态特征：体椭圆形；背部与腹面轮廓约略相当。吻钝而小。眶前骨游离，下缘凸出，后方具棘；前鳃盖骨具锯齿，具 1 长强棘；间盖鳃骨短圆，具向后三棘。上下颌相等，齿细长。体被稍大栉鳞，躯干前背部具副鳞。背鳍硬棘Ⅺ，软条 17；臀鳍硬棘Ⅲ，软条 16~18；背鳍与臀鳍软条部后端尖形；腹鳍尖形，第一棘几达臀鳍；尾鳍圆形。体黄褐色至橙褐色，头部与背侧蓝紫色至黑褐色，胸部与腹面黄褐色；体侧具17~20 条延伸至腹部的蓝紫色至黑褐色横纹；胸鳍上方体侧具深色短横斑，或不显著。背鳍、臀鳍及尾鳍一致为蓝紫色至黑褐色；腹鳍及胸鳍黄色。

生态生境：栖息于珊瑚丛生的潟湖及面海的礁区斜坡区域。多半单独活动或成小群活动。生性机警，躲躲藏藏，不易看见。主要以海藻、珊瑚虫及附着生物等为食。行雌性先成熟的性转变行为。

地理分布：分布于印度洋—太平洋区，西起非洲东岸，东至土阿莫土群岛，北至日本南部，南至豪勋爵岛。

DNA 条形码：MK658265。

保护等级：Least Concern（无危）。

物种图片：

图片引自 https：//www.inaturalist.org/photos/121267543

海氏刺尻鱼 *Centropyge heraldi*

刺盖鱼科 Pomacanthidae；刺尻鱼属 *Centropyge*

形态特征：体椭圆形；背部轮廓略突出，头背于眼上方平直。吻钝而小。眶前骨游离，下缘凸出，后方具棘；前鳃盖骨具锯齿，具1长强棘；间盖鳃骨短圆。上下颌相等，齿细长而稍内弯。体被稍大栉鳞，躯干前背部具副鳞。背鳍硬棘XV，软条15；臀鳍硬棘Ⅲ，软条17；背鳍与臀鳍软条部后端尖形；腹鳍钝尖形；尾鳍圆形。体及各鳍一致为金黄色，眼周围有黑褐色斑驳；幼鱼及成鱼体色一致。

生态生境：栖息于外礁斜坡区域，偶可见于清澈的潟湖区。多半单独活动或成小群活动。生性机警，躲躲藏藏，不易看见。主要以海藻、珊瑚虫及附着生物等为食。行雌性先成熟的性转变行为。

地理分布：分布于太平洋区，西起我国台湾，东至土阿莫土群岛，北至日本南部，南至澳大利亚大堡礁。

DNA 条形码：MK658156。

保护等级：Least Concern（无危）。

物种图片：

白斑刺尻鱼 *Centropyge tibicen*

刺盖鱼科 Pomacanthidae；刺尻鱼属 *Centropyge*

形态特征：体椭圆形；背部轮廓略突出，头背于眼上方略突。吻钝而小。眶前骨游离，下缘凸出，后方具棘；前鳃盖骨具锯齿，具 1 长强棘；间盖鳃骨短圆。上下颌相等，齿细长而稍内弯。体被稍大栉鳞，躯干前背部具副鳞。背鳍硬棘ⅩⅣ，软条 16；臀鳍硬棘Ⅲ，软条 17；背鳍与臀鳍软条部后端尖形；腹鳍钝形；尾鳍圆形。体一致为紫黑色到黑色，体侧在中央侧线下方有 1 个呈长椭圆形的白色横斑。各鳍亦为紫黑色到黑色，唯腹鳍后半部及臀鳍缘为黄色。

生态生境：栖息于潟湖及面海的珊瑚礁靠近珊瑚的水域。多半单独活动或成小群活动。生性机警，躲躲藏藏，不易看见。主要以海藻、珊瑚虫、海绵及被囊动物为食。

地理分布：分布于印度洋—太平洋区，由东印度洋的圣诞岛至密克罗尼西亚，北至日本，南至豪勋爵岛。

DNA 条形码：KU944253。

保护等级：Least Concern（无危）。

物种图片：

珠点刺尻鱼 *Centropyge vroliki*

刺盖鱼科 Pomacanthidae；刺尻鱼属 *Centropyge*

形态特征：体椭圆形；背部轮廓略突出，头背于眼上方平直。吻钝而小。眶前骨游离，下缘凸出，后方具棘；前鳃盖骨具锯齿，具 1 长强棘；间盖鳃骨短圆。上下颌相等，齿细长而稍内弯。体被稍大栉鳞，躯干前背部具副鳞。背鳍硬棘ⅩⅣ，软条 16；臀鳍硬棘Ⅲ，软条 16；背鳍与臀鳍软条部后端钝长形；腹鳍钝形；尾鳍圆形。体、背鳍及臀鳍前半部淡黄褐色至乳黄色，后半部暗褐色，体侧无任何横斑。背、臀及尾鳍具蓝边；胸及腹鳍淡黄褐色至乳黄色；尾鳍暗褐色。

生态生境：栖息于潟湖及面海的珊瑚礁靠近珊瑚的水域。多半单独活动或成小群活动。生性机警，躲躲藏藏，不易看见。主要以海藻、珊瑚虫、海绵及被囊动物为食。

地理分布：分布于印度洋—太平洋区，由非洲东岸至马歇尔·本尼特群岛，北至日本，南至豪勋爵岛。

DNA 条形码：MH049313。

保护等级：Least Concern（无危）。

物种图片：

图片引自 https://www.inaturalist.org/photos/97483903

甲尻鱼 *Pygoplites diacanthus*

刺盖鱼科 Pomacanthidae；甲尻鱼属 *Pygoplites*

形态特征：体长卵形。头部眼前至颈部突出。吻稍尖。眶前骨下缘突出，无棘。前鳃盖骨具棘；间鳃盖骨无棘。体被中小型栉鳞，颊部具鳞，头部与奇鳍被较小鳞；侧线达背鳍末端。背鳍硬棘XIV，软条 18~19；臀鳍硬棘III，软条 18~19，末端圆形或稍钝尖；尾鳍圆形。幼鱼时，体一致为橘黄色，体侧具 4~6 条带黑边之白色至淡青色之横带，背鳍末端具 1 黑色假眼；成鱼则体呈黄色，横带增至 8~10 条且延伸至背鳍，背鳍软条部暗蓝色，假眼已消失；由背鳍前方至眼后亦有黑边之淡青色带；臀鳍黄褐色，具数条青色弧形线条；尾鳍黄色。

生态生境：栖息于珊瑚礁区约水深 1~48 m 的水域，常被发现于洞穴附近。肉食性鱼类，以无脊椎动物如海绵、被囊类、海参等为食。

地理分布：分布于印度洋—太平洋区，东起红海及非洲东岸，西至土阿莫土群岛，北至琉球群岛，南至澳大利亚大堡礁。

DNA 条形码：KP898265。

保护等级：Least Concern（无危）。

物种图片：

尾纹九棘鲈 *Cephalopholis urodeta*

鲐科 Serranidae；九棘鲈属 *Cephalopholis*

形态特征：体长椭圆形，侧扁，标准体长为体高的 2.7~3.3 倍。头背部斜直；眶间区平坦。眼小，短于吻长。口大；上颌稍能活动，可向前伸出，末端延伸至眼后缘之下方；上、下颌前端具小犬齿，下颌内侧齿尖锐，排列不规则，可向内倒状；锄骨和腭骨具绒毛状齿。前鳃盖缘圆，具微锯齿缘平滑；下鳃盖及间鳃盖平滑。体被细小栉鳞；侧线鳞孔数 54~68；纵列鳞数 88~108。背鳍连续，有硬棘Ⅸ，软条 14~16；臀鳍硬棘Ⅲ，软条 9；腹鳍腹位，末端不及肛门开口；胸鳍圆形，中央之鳍条长于上下方之鳍条，且长于腹鳍，但约略等长于后眼眶长；尾鳍圆形。体呈深红色至红褐色，后方较暗；头部具许多细小橘红色点及不规则之红褐色斑点；体侧有时具细小淡斑及 6 条不显著之不规则横带。背鳍及臀鳍软条部具许多细小橘红色点及鳍膜具橘色缘；腹鳍橘红色且具蓝色缘；尾鳍具 2 条淡色斜带，斜带间具许多淡色斑点，斜带外为红色而具白色缘。

生态生境：栖息于水深 1~60 m 潟湖礁石区及浅外礁斜坡处等海域。主要以鱼类及甲壳类为食。

地理分布：分布于印度洋—太平洋的热带及亚热带海域。西起非洲东岸，东至法属波利尼西亚，北至日本南部，南至澳大利亚大堡礁。

DNA 条形码：MN708817。

保护等级：Least Concern（无危）。

物种图片：

黑边石斑鱼 *Epinephelus fasciatus*

鮨科 Serranidae；**石斑鱼属 *Epinephelus***

形态特征：体长椭圆形，侧扁而粗壮，标准体长为体高的 2.8~3.3 倍。头背部斜直；眶间区微凸。眼小，短于吻长。口大；上下颌前端具小犬齿或无，两侧齿细尖，下颌约 2~4 列。鳃耙数(6~8)+(15~17)。前鳃盖骨后缘具锯齿，下缘光滑。鳃盖骨后缘具 3 扁棘。体被细小栉鳞；侧线鳞孔数 49~75；纵列鳞数 92~135。背鳍鳍棘部与软条部相连，无缺刻，具硬棘XI，软条 15~17；臀鳍硬棘Ⅲ，软条 8；腹鳍腹位，末端延伸不及肛门开口；胸鳍圆形，中央之鳍条长于上下方之鳍条，且长于腹鳍，但短于后眼眶长；尾鳍圆形。体呈浅橘红色，具有 6 条深红色横带；背鳍硬棘间膜之先端具黑色之三角形斑；棘之顶端处，有时具淡黄色或白色斑；背鳍软条部、臀鳍、尾鳍有时具淡黄之后缘。

生态生境：主要栖息于水深 4~160 m 处之潟湖、内湾区及沿岸礁石区或石砾区海域。以螃蟹、虾子及小鱼为食。

地理分布：广泛分布于印度洋—太平洋区。西起非洲东岸，东至中太平洋各岛屿，北至日本、韩国，南至澳大利亚、豪勋爵岛等。

DNA 条形码：EU541344。

保护等级：Least Concern(无危)。

物种图片：

侧牙鲈 *Variola louti*

鮨科 Serranidae；星鲙属 *Variola*

形态特征：体长椭圆形。头中大，头长稍大于体高。眶间区稍圆突。上颌前端具 2 犬齿，中央具 1 向后倒伏的牙齿，两侧外列具稀疏排列的圆锥齿，内列具绒毛状齿；下颌除前端具 2 大犬齿外，两侧各具大犬齿 1 个及绒毛状齿多列；锄骨及腭骨均具绒毛状齿。前鳃盖骨缘光滑。鳃盖骨后缘具 3 扁平棘。体被细小栉鳞；侧线鳞孔数 66~77；纵列鳞数 113~135。背鳍鳍棘部与软条部相连，无缺刻，具硬棘Ⅸ，软条 14；臀鳍硬棘Ⅲ，软条 8；腹鳍腹位，末端延伸不及肛门开口；胸鳍圆形，中央之鳍条长于上下方之鳍条，且长于腹鳍，但短于后眼眶长；尾鳍弯月形。体深红至灰褐色，体侧具淡蓝至淡红色之不规则斑点或短线纹，头部斑点通常较小而圆且分布较密；背、臀及胸鳍后方具宽黄缘；尾鳍具半月形之宽黄缘。幼鱼体背侧另具 1 条黑色纵带；尾柄上部另具 1 大黑斑；头背侧由吻端至背鳍基底起点具 1 白色至淡黄色之中央纵纹。

生态生境：栖息于水深 3~250 m 处岛屿、外礁等礁石区海域，以礁区小鱼及甲壳类为主食。

地理分布：分布于印度洋—太平洋的热带及亚热带海域，西起红海、非洲南岸，东至皮特康岛，北至日本南部，南至澳大利亚。

DNA 条形码：MN475883。

保护等级：Least Concern（无危）。

物种图片：

虾虎鱼亚目 suborder Gobioidei

五线叶虾虎鱼 *Gobiodon quinquestrigatus*

虾虎科 Gobiidae；叶虾虎属 *Gobiodon*

形态特征：体呈椭圆形而颇侧扁；眼中庸而位头前背缘稍下方；吻短而吻端钝；口裂小而开于吻端下缘，呈水平位；两颌具齿 2~3 列，外列齿较大，下颌具犬齿；舌前端圆；鳃裂狭窄；腹鳍呈吸盘状；背鳍、臀鳍及尾鳍后缘均圆；体色多样，头呈深红色而体呈黑褐色，头侧具 5 条青白色横线。

生态生境：通常栖息于 0~2 m 海域，在枝状珊瑚丛间活动，雄鱼有护卵行为。肉食性，以小型无脊椎动物、浮游动物为食。

地理分布：太平洋热带海域。

DNA 条形码：暂无。

保护等级：Least Concern（无危）。

物种图片：

图片引自 http：//biocol. org/urn：lsid：biocol. org：col：34871

大口线塘鳢 *Nemateleotris magnifica*

凹尾塘鳢科 Ptereleotridae;线塘鳢属 *Nemateleotris*

形态特征:背鳍Ⅵ~Ⅰ,28~30;臀鳍Ⅰ,28~30;胸鳍19~20;腹鳍Ⅰ,4;体细长而侧扁;眼大而位于头前部背缘;头颈部具1低颈脊;吻短而吻端钝;口裂大而开于吻端下缘,呈斜位;左右鳃膜下端与喉部连合;第一背鳍棘延长如丝状;第二背鳍与臀鳍后缘尖;尾鳍后缘圆形;体背侧黄色,腹侧白色,第二背鳍与臀鳍后缘具黑色线之红带,尾鳍红色而上下叶具黑色缘及黑线。

生态生境:生活在水深6~70 m海域,穴居于礁石区或砾石堆中。生性胆小,常顶流栖息在洞穴上方约30 cm的水层中。肉食性,以浮游动物或小型无脊椎动物为食。

地理分布:印度洋—太平洋热带海域。

DNA 条形码:KF489666。

保护等级:Least Concern(无危)。

物种图片:

图片引自 https://www.inaturalist.org/photos/99908730

黑尾凹尾塘鳢 *Ptereleotris evides*

凹尾塘鳢科 Ptereleotridae；凹尾塘鳢属 *Ptereleotris*

形态特征：背鳍Ⅵ~Ⅰ，23~26；臀鳍Ⅰ，24~26；胸鳍21~23；腹鳍Ⅰ，4；体细长而侧扁；眼大而位于头前部背缘；吻短而吻端钝；口裂大而开于吻端上缘，呈斜位，上颌外列齿较大而下颌具大型齿块，后部具犬齿及小型齿；鳃盖下端于眼下方与喉部连合；两腹鳍完全分离，愈合膜呈痕迹状；尾鳍后缘凹；头部无鳞，体侧被小圆鳞；无侧线；体背侧黑褐色，腹侧臀鳍前青蓝色，尾部呈黑色。

生态生境：主要生活在水深2~15 m的海域，穴居于礁石区或砾石堆中，常顶流栖息在洞穴上方约1~2 m的水层中。肉食性，以浮游动物为食。

地理分布：印度洋—太平洋热带海域。

DNA 条形码：MH331848。

保护等级：Least Concern（无危）。

物种图片：

图片引自 https：//www. inaturalist. org/photos/66176771

刺尾鱼亚目 suborder Acanthuroidei

黑鳃刺尾鱼 *Acanthurus pyroferus*

刺尾鲷科 Acanthuridae；刺尾鲷属 *Acanthurus*

形态特征：体呈椭圆形而侧扁。头小，头背部轮廓随着成长而略凸出。口小，端位，上下颌各具1列扁平齿，齿固定不可动，齿缘具缺刻。背鳍及臀鳍硬棘尖锐，分别具Ⅷ棘及Ⅲ棘，各鳍条皆不延长；胸鳍近三角形；幼鱼时尾鳍呈圆形，随着成长逐渐呈弯月形，成鱼时上下叶延长。幼鱼体色共有3种型态：一为一致呈黄色；二为呈黄色，但鳃盖、背鳍、臀鳍及尾鳍具蓝缘，此为模仿黄尾刺尻鱼(*Centropyge flavicauda*)之体色；三为呈淡灰绿色，后部逐渐变黑色，此为模仿福氏刺尻鱼(*Centropyge vrolicki*)之体色。随着成长，体逐渐呈黄褐色，成鱼呈暗褐色，体侧不具任何线纹，但在胸鳍基部上下具大片橘黄色斑驳，鳃盖后部具黑色宽斜带。背鳍及臀鳍黑褐色，鳍缘为黑色，基底各具1黑色线纹；尾鳍黑褐色，具黄色宽线缘；胸鳍及腹鳍黑褐色；尾柄棘沟缘为黑色。

生态生境：主要栖息于潟湖外侧、近潮池之礁区或礁砂混合区，栖息深度一般为3~40 m，最深可达60 m。幼鱼则活动于水表层至水深3 m处。以附着藻类、硅藻或有机碎屑为食。

地理分布：广泛分布于印度洋—太平洋区，西起塞舌尔，东至马克萨斯群岛及土阿莫土群岛，北至日本，南至澳大利亚大堡礁及新喀里多尼亚。

DNA条形码：KU892969。

保护等级：Least Concern(无危)。

物种图片：

图片引自 https：//www. inaturalist. org/photos/99907739

日本刺尾鲷 *Acanthurus japonicus*

刺尾鲷科 Acanthuridae；刺尾鲷属 *Acanthurus*

形态特征：体呈椭圆形而侧扁。头小，头背部轮廓不特别凸出。口小，端位，上下颌各具 1 列扁平齿，齿固定不可动，齿缘具缺刻。背鳍及臀鳍硬棘尖锐，分别具 XI 棘及 III 棘，各鳍条皆不延长；胸鳍近三角形；尾鳍近截形或内凹。体色一致为黑褐色，但越往后部体色略偏黄；眼睛下缘具 1 白色宽斜带，向下斜走至上颌；下颌另具半月形白环斑。背鳍及臀鳍为黑色，基底各具 1 条鲜黄色带纹，向后渐宽；背鳍软条部另具 1 条宽鲜橘色纹；奇鳍皆具蓝色缘；尾鳍淡灰白色，前端具白色宽横带，后接黄色窄横带，上下叶缘为淡蓝色；胸鳍基部黄色，余为灰黑色；尾柄为黄褐色，棘沟缘为鲜黄色，而尾柄棘亦为鲜黄色。

生态生境：主要栖息于清澈而面海的潟湖及礁区，栖息深度一般在 15 m 以下，幼鱼则活动于水表层至水深 3 m 处。以藻类为食。

地理分布：分布于印度洋—西太平洋区，由印度尼西亚的苏门答腊岛、菲律宾、我国台湾至日本的琉球群岛等水域。

DNA 条形码：KU944984。

保护等级：Least Concern（无危）。

物种图片：

橙斑刺尾鱼 *Acanthurus olivaceus*

刺尾鲷科 Acanthuridae；刺尾鲷属 *Acanthurus*

形态特征：体呈椭圆形而侧扁。头小，头背部轮廓随着成长而凸出。口小，端位，上下颌各具 1 列扁平齿，齿固定不可动，齿缘具缺刻。背鳍及臀鳍硬棘尖锐，分别具 XI 棘及 III 棘，各鳍条皆不延长；胸鳍近三角形；尾鳍弯月形，随着成长，上下叶逐渐延长。6 cm 以下之幼鱼身体一致呈黄色，随着成长，体色逐渐转呈灰褐色，成鱼呈暗褐色，体侧不具任何线纹，但在鳃盖上方，眼正后方呈"一"字形镶深蓝色缘之橘黄斑，斑长大于头长，宽于眼径。背鳍及臀鳍灰褐色，鳍缘为淡蓝色，基底各具 1 条黑色线纹；尾鳍灰褐色，具许多深色不规则斑点或线纹，末端鳍缘具宽白色带；胸鳍及腹鳍灰褐色；尾柄棘沟缘为黑褐色。

生态生境：成鱼主要栖息于近潮池的礁区或礁砂混合区，栖息深度一般为 9 ~ 46 m；幼鱼则栖息于遮蔽的内湾潟湖外侧，栖息深度在水表层至水深 3 m 处。个别或成小群的活动，以摄取被砂土覆盖的附着性藻类、硅藻或有机碎屑等为食。

地理分布：广泛分布于印度洋—太平洋区，西起东印度洋的圣诞岛，东至马克萨斯群岛及土阿莫土群岛，北至日本，南至豪勋爵岛。

DNA 条形码：GU674299。

保护等级：Least Concern（无危）。

物种图片：

小高鳍刺尾鱼 *Zebrasoma scopas*

刺尾鱼科 Acanthuridae；高鳍刺尾鱼属 *Zebrasoma*

形态特征：背棘 4~5，背鳍软条 23~25，臀棘 3，臀鳍软条 19~21，体呈卵圆形而侧扁，口小，端位。尾棘白色，在尾柄前部，稍可活动。成体黑褐色，头部及体侧前部散布小蓝点，体后部则有许多蓝色细纵纹。幼体与成体相比有黄色的条纹和更明显的黄色斑点。

生态生境：出没于珊瑚丰富的潟湖和向海礁，成体通常形成 20 条左右的小群在珊瑚礁区刮食藻类，幼体单独生活并且常出现于珊瑚枝桠间。在中沙群岛生活于 20 m 以深的珊瑚礁中。

地理分布：广泛分布于印度洋—太平洋海域，从非洲东岸至土阿莫土群岛，北至日本南部，南至豪勋爵岛和加拉帕戈斯群岛。我国西沙群岛、南沙群岛和中沙群岛均有分布。

DNA 条形码：MN869951。

保护等级：Least Concern(无危)。

物种图片：

栉齿刺尾鱼 *Ctenochaetus striatus*

刺尾鲷科 Acanthuridae；栉齿刺尾鲷属 *Ctenochaetus*

形态特征：体呈椭圆形而侧扁；尾柄部有 1 尖锐而尖头向前之矢状棘。头小，头背部轮廓不特别凸出。口小，端位，上下颌各具刷毛状细长齿，齿可活动，齿端膨大呈扁平状。背鳍及臀鳍硬棘尖锐，分别具Ⅷ棘及Ⅲ棘，各鳍条皆不延长；胸鳍近三角形；尾鳍内凹。体被细栉鳞，沿背鳍及臀鳍基底有密集小鳞。体呈暗褐色，体侧有许多蓝色波状纵线，背鳍、臀鳍鳍膜约有 5 条纵线，头部及颈部则散布橙黄色小点；眼之前下方有"丫"字形之白色斑纹。成鱼背鳍或臀鳍之后端基部均无黑点，幼鱼之背鳍后端基部则有黑点。

生态生境：栖息于珊瑚礁区或岩岸礁海域，栖息深度在 30 m 以内，常与同种或不同种鱼类共游。一般以蓝绿藻或硅藻等藻类或浮游生物等为食物。

地理分布：广泛分布于印度洋—太平洋海域，西起红海、非洲东岸，东至土阿莫土群岛，北至日本，南至澳大利亚大堡礁及加拉帕戈斯群岛。

DNA 条形码：KU944980。

保护等级：Least Concern（无危）。

物种图片：

镰鱼 *Zanclus cornutus*

镰鱼科 Zanclidae；镰鱼属 *Zanclus*

形态特征：体极侧扁而高。口小；齿细长呈刷毛状，多为厚唇所盖住。吻突出。成鱼眼前具 1 短棘。尾柄无棘。背鳍硬棘延长如丝状。身体呈白至黄色；头部在眼前缘至胸鳍基部后具极宽的黑横带区；体后端另具 1 个黑横带区，区后具 1 条细白横带；吻上方具 1 个三角形且镶黑斑的黄斑；吻背部黑色；眼上方具两条白纹；胸鳍基部下方具 1 个环状白纹。腹鳍及尾鳍黑色，具白色缘。

生态生境：主要栖息于潟湖、礁台、清澈的珊瑚或岩礁区，栖息深度在 3～182 m。经常被发现成小群游于礁区。主要以小型带壳的动物为食。

地理分布：广泛分布于印度洋—太平洋及东太平洋区，自非洲东岸至墨西哥，北至日本南部及夏威夷群岛，南至豪勋爵岛及加拉帕戈斯群岛；包括密克罗尼西亚。

DNA 条形码：GU674259。

保护等级：Least Concern（无危）。

物种图片：

隆头鱼亚目 suborder Labroidei

腋斑普提鱼 *Bodianus axillaris*

隆头鱼科 Labridae；狐鲷属 *Bodianus*

形态特征：体长型，侧扁；头尖；眼眶间隔稍凸。眼眶前与前鳃盖被鳞。齿圆锥状，上下颌前侧具 2 对犬齿。D. Ⅻ，10；A. Ⅲ，12；P. 15～16；L. l. 30～31；G. R. 5+12；背鳍软条部圆形；臀鳍第Ⅲ棘长且硬；腹鳍尖形；尾鳍稍圆。幼鱼体一至呈黑色；头部及体侧共约散布 9 个白色圆斑。成鱼体前部紫褐色，后半部黄红色；背鳍棘部及软条部各具 1 黑点；胸鳍基与臀鳍软条各具 1 圆黑斑；腹鳍黄色，外缘黑色；背鳍软条、臀鳍、胸鳍与尾鳍淡黄色。

生态生境：主要栖息于干净的珊瑚礁潟湖和珊瑚礁向海面，深度范围为 2～100 m。多单独在亚潮带较深水域的礁岩洞穴阴暗处活动，很少游到空旷的地方。幼鱼通常可以在暗礁下面或礁洞被发现，和裂唇鱼一样爱做"鱼医生"，专门啄食其他鱼种身上的寄生物，成鱼后以具硬壳之底栖性无脊椎动物，像软体动物和甲壳类等为食。

地理分布：分布于印度洋—太平洋区，由红海、南非至马歇尔、马克萨斯群岛及土阿莫土群岛，北至日本琉球与我国台湾海域等。

DNA 条形码：MT888892。

保护等级：Least Concern（无危）。

物种图片：

图片引自 https：//www. inaturalist. org/photos/37650241

双带普提鱼 *Bodianus bilunulatus*

隆头鱼科 Labridae；狐鲷属 *Bodianus*

形态特征：体长型，侧扁。上下颌突出，前侧具 4 强犬齿，上颌每侧具 1 大圆犬齿。颊部与鳃盖被鳞；下颌无鳞。D. XII，9~10；A. III，12；P. 16；L. l. 28~32；G. R. 5~6+8~12；尾鳍截形，上下缘鳍条稍延长。体色会随成长而改变，幼鱼头背至背鳍中部鲜黄色，前 2/3 体侧为白色，且具一二十条深色纵条纹，后 1/3 体侧为黑色且延伸至背鳍软条部及臀鳍，尾柄白色，尾鳍透明。成鱼体上半部粉红色至红色，腹面颜色较淡；体侧具纵条纹；背鳍后部下方具 1 大黑斑，且达尾柄上半部；头部眼前具红纹，下颌白色且延伸至鳃盖缘；背鳍透明至粉红色，第 I 至 III、IV 棘间具黑点；尾鳍粉红。

生态生境：主要栖息于珊瑚礁或岩礁，深度范围非常广，水深 8~160 m。独居性，以具硬壳之底栖性无脊椎动物，像软体动物和甲壳类等为食。

地理分布：广泛分布于印度洋—太平洋区。

DNA 条形码：MT888894。

保护等级：Least Concern（无危）。

物种图片：

蓝侧丝隆头鱼 *Cirrhilabrus cyanopleura*

隆头鱼科 **Labridae**；丝鳍鹦鲷属 *Cirrhilabrus*

形态特征：体延长而侧扁。前鳃盖上缘具小而尖锐锯齿。颊部具 2 列鳞片（少数 1 列）；背鳍前中央鳞 6 枚；侧线不连续，中断于背鳍软条部中段之下方。D. XI～XII，9；A. III，9～10（10）；P. 14～16；L. l. 15～18+6～11；G. R. 16～19；成熟雄鱼腹鳍极长；雄鱼尾鳍茅尾形，雌鱼圆形。体前上半部黑褐色，后半部红褐色；奇鳍与腹鳍深蓝色；成鱼鳞片后缘通常为深蓝色；胸鳍基部有 1 暗褐斜斑；雄鱼胸鳍后方有 1 橙黄色斑；背鳍、臀鳍与尾鳍基部红褐色，末梢浅蓝色具不规则波浪状橙褐纹；腹鳍第一软条与第二软条为褐色。

生态生境：主要栖息于近海珊瑚礁区，在台湾的垦丁及离岛一带最多，是很常见的珊瑚礁鱼类。日行性，活动在水深 5～20 m 处，甚至在潮池边或浅浅的珊瑚礁斜坡外围都很容易见到。雄鱼体型通常比雌鱼大些，且数量也比雌鱼多，有时成群、有时单独游动在岩礁上方约 1～2 m 水层，顶着水流觅食小型的浮游生物。

地理分布：分布于印度洋—西太平洋区，由印度、斯里兰卡到菲律宾，北至我国台湾，南至澳大利亚大堡礁海域等。

DNA 条形码：MH049326。

保护等级：Least Concern（无危）。

物种图片：

图片引自 https：//www.inaturalist.org/photos/59007901

黑缘丝隆头鱼 *Cirrhilabrus melanomarginatus*

隆头鱼科 Labridae；丝鳍鹦鲷属 *Cirrhilabrus*

形态特征：体延长而侧扁。前鳃盖上缘具小而尖锐锯齿。上颌达眼与后鼻孔垂直线中央；上颌前方具 3 对犬齿，下颌前方具 1 对。鳃耙短。背鳍前中央鳞 5 枚；吻部与眼间隔处无鳞；侧线不连续，中断于背鳍软条部中段之下方。D. XI, 9；A. III, 9；P. 15；L. l. 17~18(17)+7~8(7)；l. tr. 3/7；G. R. 19~22(20)；背鳍起点在鳃裂上方；腹鳍具腋生鳞；尾鳍尖型。体黑褐色，腹部色淡；腹鳍与尾鳍黑褐色；胸鳍透明，腋下稍黄；背鳍黑褐色，鳍缘黑色，鳍中央具 1 红带，向前渐细而消失；臀鳍红色，基部灰色，后方鳍缘黑色。

生态生境：主要栖息于近海礁石区。日行性，在水深 4~60 m 处活动。

地理分布：分布于西中太平洋区，由日本至我国南海及菲律宾海域等。

DNA 条形码：KY033473。

保护等级：Least Concern(无危)。

物种图片：

盖马氏盔鱼 *Coris gaimard*

隆头鱼科 Labridae；盔鱼属 *Coris*

形态特征：体延长而侧扁；鳃盖骨无鳞；口中型，唇厚；上颌前方具 2 对犬齿；下颌 1 对，往后侧而渐小。D. Ⅸ，12～13；A. Ⅲ，12～13；L. l. 70～80；成鱼背鳍第Ⅰ～Ⅱ棘延长；腹鳍延长。体色随成长而异，雄鱼体橄榄褐色，后部较暗且有蓝色小点；头部具数条辐射纹；背鳍第Ⅵ～Ⅸ棘下方有 1 淡绿色横带；尾鳍淡黄色，外侧红色。雌鱼体黄褐色，后部较暗且散有蓝色小点；头部具数条辐射纹；背、臀鳍与体同色且亦有蓝色小点。幼鱼橙红色，背部有 3 个镶黑边之不规则白斑；头顶与枕部各有 1 黑边白斑；尾鳍淡黄色，基部有白色半环，环前缘黑色；背鳍与臀鳍有黑带。

生态生境：主要栖息于温暖的珊瑚礁区，从潮间带到深约 50 m 的水域都能见到。成鱼喜爱在珊瑚平台外缘的砂地或小石子地、向海礁区潟湖及岩礁区等巡游、觅食。

地理分布：分布于印度洋—太平洋区，由圣诞岛及科科斯群岛到社会群岛及土阿莫土群岛，北至日本琉球与夏威夷群岛海域，南至澳大利亚等。

DNA 条形码：MW630731。

保护等级：Least Concern（无危）。

物种图片：

图片引自 https：//www. inaturalist. org/photos/40686219

杂色尖嘴鱼 *Gomphosus varius*

隆头鱼科 Labridae；尖嘴鱼属 *Gomphosus*

形态特征：体长形；头尖；吻凸出成管状且随鱼体增大而渐延长。鳃膜与峡部相连。上颌长于下颌；上下颌具1列齿，上颌前方具2犬齿。体被大鳞，腹鳍具鞘鳞；侧线连续。D. Ⅷ，13~14；A. Ⅱ~Ⅲ，10~13；L. l. 26~30；背鳍棘明显较软条为短；腹鳍尖形；尾鳍幼鱼圆形，成鱼截形，上下缘或延长。幼鱼蓝绿色；体侧有2条黑纵带，吻较不突出；雄鱼深蓝色，各鳍淡绿色，尾鳍具新月形纹；雌鱼体前部淡褐色，后部深褐色；上颌较下颌色深，眼前后有成列黑斑；奇鳍色深；胸鳍有横斑；尾鳍后缘白色；每一鳞片具1暗斑纹。

生态生境：主要栖息于被珊瑚礁围绕起来的环礁、向海的礁坡区以及潟湖礁区，栖息水深为1~35 m，常常可以看到小鱼三五成群在珊瑚上层水域游动，而成鱼则在礁区四周活动。经常利用其长吻捕食藏身岩礁缝隙的小虾、小鱼、小海星和软体动物等。

地理分布：分布于印度洋—太平洋区，由科科斯—基林群岛到夏威夷群岛、马克萨斯群岛及土阿莫土群岛，北至日本琉球与我国台湾海域，南至豪勋爵岛及加拉帕戈斯群岛等。

DNA条形码：KU944705。

保护等级：Least Concern(无危)。

物种图片：

双睛斑海猪鱼 *Halichoeres biocellatus*

隆头鱼科 Labridae；海猪鱼属 *Halichoeres*

形态特征：体延长，侧扁。吻较长，尖突。前鼻孔具短管。口小；上颌有犬齿4枚，外侧两枚向后方弯曲。前鳃盖缘平滑；鳃盖膜常与峡部相连。体被中大圆鳞，胸部鳞片小于体侧，颊部无鳞；背鳍与臀鳍无鞘鳞；侧线完全，在尾柄前方急剧向下降。D. IX，12；A. III，12；P. 12；L. l. 18+2+5；腹鳍外侧延长达肛门之前；尾鳍圆形。幼鱼色淡，全身具多条橘色至橘红色纵纹，背鳍中间及末端各有1蓝缘黑斑，尾柄上侧另有1眼斑；雌鱼体呈绿色，头部具多条橘色至橘红色纵纹，延伸至体侧前半部逐渐散开，至体侧后半部形成点状列，头部腹面至体侧臀鳍以前之腹面色淡，眼后具1绿斑，背鳍第1~3软条及第9~11软条间各有1蓝缘黑斑；雄鱼类似雌鱼，但眼斑消失，体侧后半部具3条不显之暗色横斑，尾柄上另具1平躺的"U"字纹。

生态生境：主要栖息于珊瑚礁海域中，水深约7~35 m。夜晚潜砂而眠，白天则出现在独立礁区或砂地，捕捉有着硬壳的无脊椎动物为食。具性转变的行为，是属于先雌后雄型的型态。

地理分布：分布于西太平洋区，由日本至澳大利亚海域，东至萨摩亚等。

DNA 条形码：KU944629。

保护等级：Least Concern(无危)。

物种图片：

图片引自 https：//www. inaturalist. org/photos/121267613

横带粗唇鱼 *Hemigymnus fasciatus*

隆头鱼科 Labridae；半裸鱼属 *Hemigymnus*

形态特征：体长椭圆形，侧扁；头中大；眼中大。吻长，突出；唇厚，上唇内侧具褶，下唇中央具沟，分成两叶；上下颌各具 1 列锥状齿，前端具 1 对犬齿。前鳃盖骨缘平滑；左右鳃膜愈合，与峡部相连。体被大圆鳞，颈部与胸部被较小鳞；侧线完全。D. Ⅸ，11；A. Ⅲ，11；L. l. 26~30；背鳍连续；腹鳍第一棘延长；尾鳍稍圆形。体黑色，具 5 条白色横带；胸部白色；头浅黄色或浅绿色，具蓝边的粉红色带；尾鳍黑色或黑黄色。幼鱼眼周围具辐射状白色带。

生态生境：主要栖息于深度约 1~20 m 的岩礁区。小鱼一般只在浅海的礁区活动，以躲藏在岩隙的浮游甲壳类为食；大鱼活动范围广，常出现于独立礁或礁砂混合区，以海胆、海星、小贝、小虾、多毛类及有孔虫等为食。

地理分布：分布于印度洋—太平洋区，由红海及南非到大溪地，北至日本琉球与我国台湾海域，南至大堡礁等。

DNA 条形码：MT888963。

保护等级：Least Concern(无危)。

物种图片：

图片引自 https://www.inaturalist.org/photos/117586650

裂唇鱼 *Labroides dimidiatus*

隆头鱼科 Labridae；裂唇鱼属 *Labroides*

形态特征：体长型，侧扁；头圆锥状，口小，下唇分成两片；齿小且尖，前方具对犬齿；前鳃盖缘平滑；鳞片小，颊与鳃盖被鳞；侧线完全。D. Ⅸ，11~12；A. Ⅲ，10；L. l. 52~53；尾鳍截形或稍圆形。体白色，体背较暗色，自口经眼至尾鳍具1渐宽的黑色带；背鳍第一棘与第三棘间具1黑斑；臀鳍白色，基部具黑纵带；尾鳍上下叶白色；偶鳍无色。

生态生境：主要栖息于珊瑚礁区，水深1~20 m之间，为极常见的鱼类。有替其他的鱼清理身上寄生物的习性，可以将方圆15~30 m的大型鱼类，像石斑鱼、刺盖鱼的皮肤、鳃盖内或口腔内的寄生物体清得一干二净。

地理分布：分布于印度洋—太平洋区，由红海、非洲东岸到莱恩、马克萨斯群岛及杜夕群岛，北至日本琉球与我国台湾海域，南至豪勋爵岛及加拉帕戈斯群岛等。

DNA 条形码：KU986895。

保护等级：Least Concern(无危)。

物种图片：

图片引自 http：//creativeco mmons. org/licenses/by/4. 0/

胸斑褶唇鱼 *Labropsis manabei*

隆头鱼科 Labridae；褶唇鱼属 *Labropsis*

形态特征：体长型，侧扁；头圆钝，吻部络笼状，截平；唇厚而有褶；齿小，上颌前方具 2 对犬齿，下颌具 1 对犬齿；鳞片中型，颊与鳃盖被小鳞片。D. Ⅸ，11~12；A. Ⅲ，10~11；L. l. 35~41；G. R. 8~11；尾鳍圆形。幼鱼体黑色，具 3 条白纵带，上两条较宽；背鳍、臀鳍与尾鳍黑色，末梢白色；胸鳍淡色。成鱼体一致为褐色，雄成鱼体侧中部具橘色斑块，胸鳍基具 1 圆黑斑；背、臀鳍及尾鳍鳍缘白色或水蓝色。

生态生境：主要栖息于温带和热带珊瑚礁海域，水深约 5~30 m 的岩礁。幼鱼过着似"鱼医生"的生活，成鱼以珊瑚之水螅体为食。

地理分布：分布于东印度洋区：史考特礁；西太平洋区：我国台湾、日本及菲律宾等海域。

DNA 条形码：KY815427。

保护等级：Least Concern（无危）。

物种图片：

图片引自 http://www. inaturalist. org/photos/922493

珠斑大咽齿鱼 *Macropharyngodon meleagris*

隆头鱼科 Labridae；大咽齿鲷属 *Macropharyngodon*

形态特征：体长形，侧扁。头高；吻尖。上、下颌前方各 2 对犬齿，上颌外侧 1 对向后方弯曲，上颌后方有 1 犬齿。前鳃盖骨后缘平滑，仅后下方游离；鳃膜与峡部相连。鳞片中型，吻部、颊部与鳃盖裸露。D. Ⅸ，11；A. Ⅲ，11；P. 12；L.l. 27；胸鳍圆形；腹鳍尖形，第一棘或延长；尾鳍稍圆形。幼鱼及雌鱼体浅黄色，头与体具密布不规则黑褐斑；背鳍与臀鳍基部具斜黑褐纹，鳍缘具橙斑；腹鳍具黑褐点；尾鳍具黑褐纹。雄鱼黑褐色，每一鳞片具约瞳孔大的黑蓝点，头部具黑蓝而稍平行的纵纹；鳃盖后上方一黑点；背鳍前方棘部具 1 黑斑；尾鳍具网纹，上下缘黑褐色。

生态生境：主要栖息于水表层到深约 30 m 的砂砾、岩礁岸，尤其是亚潮带的珊瑚礁平台、潟湖外围及向海陡礁区等。以小虾、软体动物、海星，以及多毛类之蠕虫等为食。

地理分布：分布于印度洋—太平洋区，由科科斯群岛至大洋洲各群岛，北至日本琉球，南至澳大利亚等。

DNA 条形码：MK658614。

保护等级：Least Concern（无危）。

物种图片：

六带拟唇鱼 *Pseudocheilinus hexataenia*

隆头鱼科 Labridae；拟唇鱼属 *Pseudocheilinus*

形态特征：体延长而侧扁，标准体长为体高的 2.4~2.7 倍；头尖；吻尖。口小；上颌前方具 3 对小犬齿，其后每侧具 1 大向后弯曲之犬齿，下颌具 1 列犬齿；前鳃盖角缘具 1 膜瓣，上缘常具小锯齿。D. IX，11~12；A. III，9；P. 15~17；L. l. 16~18+5~8；G. R. 4+11；臀鳍第 II 棘长于第 III 棘。体红褐色，体上半 2/3 部位，连同背鳍基部共有 6 条橙黄至橙红色纵带，其中具 4~5 条蓝纵纹，最上 2~3 条蓝纹延伸至眼后，最下 1~2 条蓝纹仅至胸鳍基上缘；尾鳍基部上缘具 1 较瞳孔稍小之黑点；下唇前方具 2 小黑点；背、臀鳍具蓝纵带；腹鳍前方鳍条蓝色；尾鳍黄绿色至淡橙色。

生态生境：主要栖息于珊瑚礁区，水深约 2~35 m。为日行性鱼种，通常以单独的方式在活珊瑚中的分枝珊瑚枝桠间穿梭觅食；属于肉食性鱼种，大都以小型的甲壳类或是其他的底栖性动物为主要食物。

地理分布：分布于印度洋—太平洋区，由红海、南非到土阿莫土群岛，北至日本、我国台湾海域，南至豪勋爵岛等。

DNA 条形码：MW630740。

保护等级：Least Concern（无危）。

物种图片：

图片引自 https：//www. inaturalist. org/photos/123727110

八带拟唇鱼 *Pesudocheilinus octotaenia*

隆头鱼科 Labridae；拟唇鱼属 *Pseudocheilinus*

形态特征：背棘9，背鳍软条11~12，臀棘3，臀鳍软条9~10，鉴定特征为横贯身体的8条纵向条纹。

生态生境：栖息于向海礁的大石或活珊瑚处，通常可发现于有丰富的无脊椎动物生长的洞穴和缝隙间，可分布到至少40 m深的地方。主要捕食底栖甲壳类，但有时也会以一些小型的软体动物和海胆等棘皮类动物为食。在中沙群岛生活于20 m以深的珊瑚礁中。

地理分布：分布于印度洋—太平洋区：从非洲东岸到夏威夷群岛和迪西岛，北至八重山岛。我国西沙群岛、南沙群岛、中沙群岛均有发现。

DNA 条形码：MK567067。

保护等级：Least Concern(无危)。

物种图片：

黑星紫胸鱼 *Stethojulis bandanensis*

隆头鱼科 Labridae；**紫胸鱼属 *Stethojulis***

形态特征：体长形；头圆锥状；鳃膜与峡部相连。吻中长；唇厚；口小；上下颌有 1 列门齿，前端无犬齿。体被大鳞，胸部鳞片较体侧大，除眼上方外，头部无鳞；颊部裸出；腹鳍无鞘鳞；侧线为乙字状连续。D. IX，11；A. III，11；P. 14~15；L. l. 25；G. R. 27~30；腹鳍短；尾鳍圆形。幼、雌鱼体上半部蓝灰色且散布许多细小白点，下半部鳞片基侧半边为暗灰色，外侧半边则为白色；头部颜色同体色，口角后具 1 黄斑；在胸鳍基部上方有 1 小块红色斑；在尾柄中央有 1~4 个暗色小点。雄鱼体色上半部蓝色至灰绿色，下半部淡蓝色，两区块由一条淡蓝色细纹区隔；在胸鳍基部上方有 1 新月形红色斑块；头部具 4 条蓝线纹：最上一条经眼上缘至背鳍基部延伸至尾鳍；第二条由眼后延伸至胸鳍上方；第三条由颌部经眼下缘而向上弯区，经过胸鳍上红斑而至胸鳍后方；最下方一条在头腹侧。

生态生境：主要栖息于较浅而干净的珊瑚礁平台或潮池，以及亚潮带的干净砂石底部。独居或者以一雄多雌之方式而成群活动；雄鱼具有领域性。主要以小型底栖性无脊椎动物或浮游性的甲壳类为食。

地理分布：广泛分布于印度洋—泛太平洋区，由东印度洋至东太平洋外的岛屿，北至日本，南至澳大利亚。

DNA 条形码：KU944708。

保护等级：Least Concern（无危）。

物种图片：

图片引自 https：//www. inaturalist. org/photos/120522957

钝头锦鱼 *Thalassoma amblycephalus*

隆头鱼科 Labridae；锦鱼属 *Thalassoma*

形态特征：背棘 8，背鳍软条 13，臀棘 3，臀鳍软条 10~11，通过颜色图案和圆鼻子容易辨认出未成年鱼。雄性变成鲜艳的颜色，头部通常呈绿色，随后在身体上带有黄色条带。幼年时期，从鼻子到眼睛到尾鳍基部都有 1 条淡淡的黑色条纹。

生态生境：通常会成群聚集于浅水潟湖和向海礁及其礁坪，主要摄食甲壳类浮游动物。在中沙群岛生活于 20 m 以深的珊瑚礁中。

地理分布：广泛分布于印度洋—太平洋区，索马里和南非到列岛群岛、马克萨斯群岛与土阿莫土群岛，北至日本南部，南至罗雷浅滩，新西兰北部和罗德豪岛及加拉帕戈斯群岛。我国西沙群岛、南沙群岛、中沙群岛均有发现。

DNA 条形码：暂无。

保护等级：Least Concern（无危）。

物种图片：

胸斑锦鱼 *Thalassoma lutescens*

隆头鱼科 Labridae；锦鱼属 *Thalassoma*

形态特征：体稍长且侧扁。吻部短；上下颌具 1 列尖齿，前方各具 2 犬齿，无后犬齿。头部无鳞，仅鳃盖上部有少许鳞片；颈部裸出。D. Ⅷ，13；A. Ⅲ，11；G.R. 19～20；腹鳍尖形；尾鳍截形，上下缘或有延长。体色因鱼龄大小与性别而差别极大，雄鱼体暗绿色；头淡红褐色，具许多与体色相同的细色带，一条在头下半部成一环纹，两条从眼前缘分别向上下颌伸出，另有三条从眼后缘伸出分别止于胸鳍基；各鳍均为黄色，背鳍前部硬棘间有 1 黑斑，背鳍中央、臀鳍基及尾鳍上下缘均具 1 红纵带，胸鳍上半暗蓝色；体侧鳞片常有横线纹。雌鱼体色暗黄色至黄绿色，其余色斑与雄鱼同。

生态生境：主要栖息于珊瑚礁海域中，由潮间带到 30 m 深的亚潮带。喜出没在礁湖、向海礁区的外侧，小圆石、泥地混合或致密的珊瑚礁区上方。白天不停地以波浪状的游动觅食，夜晚则休憩于礁区的岩缝凹处。主要以有壳的底栖性动物，如螃蟹、小虾、小贝、海胆、海星等为食，偶尔也吃多毛类及鱼卵等。

地理分布：分布于印度洋—泛太平洋区，由斯里兰卡到巴拿马，北至日本、夏威夷群岛海域，南至澳大利亚、豪勋爵岛等。

DNA 条形码：MT889071。

保护等级：Least Concern（无危）。

物种图片：

图片引自 https：//www.inaturalist.org/photos/120519643

纵纹锦鱼 *Thalassoma quinquevittatum*

隆头鱼科 Labridae；锦鱼属 *Thalassoma*

形态特征：体稍长且侧扁。吻部短；上下颌具 1 列尖齿，前方各具 2 犬齿，无后犬齿。头部无鳞，仅鳃盖上部有少许鳞片；颈部裸出。D. Ⅷ，12～14；A. Ⅲ，10～13；G. R. 23～24；尾鳍截形或尾叶稍延长，成熟雄鱼深凹形。体上半 2/3 具蓝绿与粉红交互的纵纹；背鳍基部蓝绿色；胸与胸鳍基部前的腹部具 2 条蓝绿色带；头部具 4 条幅射状蓝绿色带，颊部具 1 半圆形蓝绿色环；背鳍第 Ⅰ 棘和第 Ⅱ 棘膜具 1 黑斑；尾鳍无鳞，为黄橙色；尾叶具蓝绿色带。

生态生境：主要栖息于潮间带到深达 40 m 的珊瑚礁海域。常见在浅水的向海礁区遨游。主要捕食底栖性、甲壳类如小蟹、小虾，偶尔吃些小鱼、腹足类及海胆等。

地理分布：分布于印度洋—太平洋区，由红海、非洲东岸到夏威夷群岛、马克萨斯群岛及土阿莫土群岛，北至日本、我国台湾海域，南至澳大利亚等。

DNA 条形码：KY372220。

保护等级：Least Concern（无危）。

物种图片：

图片引自 https：//www. inaturalist. org/photos/40794500

单带尖唇鱼 *Oxycheilinus unifasciatus*

隆头鱼科 Labridae；尖唇鱼属 *Oxycheilinus*

形态特征：体长卵圆形；头尖。吻中长，突出；口端位，下颌稍突出；上下颌每侧前方具 1 犬齿，每侧具 1 列圆锥齿，无后犬齿。前鳃盖骨边缘具锯齿，左右鳃膜愈合，不与峡部相逢。体被大型圆鳞，鳃盖具 3 列鳞；背鳍与臀鳍基部具鞘鳞；侧线在背鳍鳍条基部后下方中断。D. Ⅸ，10；A. Ⅲ，8；P. 12；L. l. 15～16+8～9；G. R. 4～5+9～10；背鳍棘膜无缺刻；腹鳍尖形，尾鳍圆形。雌鱼体色黄褐至红褐色，体背部色深，各鳞片具 1 横纹；头部偏绿色，具不规则橙红色斑点及短纹，眼周围则呈辐射状，眼后具 2 平行纵线至胸鳍基上方；尾柄前具白色横带；各鳍红褐色，腹鳍末端白色。雄鱼腹部色淡，眼后纵线之间具白色带，其余与雌鱼同。

生态生境：主要栖息于温暖珊瑚礁区，偏好珊瑚生长旺盛的礁湖区，以及向海礁区，深度为 1～160 m。以小鱼、小虾及其他甲壳类生物为食。

地理分布：分布于印度洋—太平洋区，由圣诞岛到夏威夷群岛、马克萨斯群岛及土阿莫土群岛，北至我国台湾及日本，南至东印度洋的罗雷浅滩、法属新喀里多尼亚及加拉帕戈斯群岛海域等。

DNA 条形码：MK567523。

保护等级：Least Concern（无危）。

物种图片：

双斑光鳃鱼 *Chromis margaritifer*

雀鲷科 Pomacentridae；光鳃雀鲷属 *Chromis*

形态特征：体呈卵圆形而侧扁，标准体长为体高的 1.9~2.0 倍。眼中大，上侧位。口小，上颌骨末端仅及眼前缘；齿细小，圆锥状。眶下骨裸出；前鳃盖骨后缘平滑。体被大栉鳞；侧线之有孔鳞片 16~18 个。背鳍单一，软条部不延长而略呈角形，硬棘 XII，软条 12~13；臀鳍硬棘 II，软条 11~12；胸鳍鳍条 16~18；尾鳍叉形，上下叶末端延长呈细尖形，各具 2 条硬棘状鳍条。体一致呈黑褐色至黑色，胸鳍基部具 1 大黑斑；尾柄及尾鳍白色；背、臀鳍软条白色区域起始于基底末端之前；背鳍硬棘部顶端蓝色。

生态生境：主要栖息于水深 3~20 m 之潟湖或珊瑚礁区。独自或成一小群活动。主要以浮游动物为食。

地理分布：分布于东印度洋至太平洋区，东起圣诞岛和澳大利亚西北部，西至莱恩和土阿莫土群岛等，北至日本海域。

DNA 条形码：MW630812。

保护等级：Least Concern（无危）。

物种图片：

图片引自 https://www.inaturalist.org/photos/120132815

凡氏光鳃鱼 *Chromis vanderbilti*

雀鲷科 Pomacentridae；光鳃雀鲷属 *Chromis*

形态特征：体呈椭圆形而侧扁，标准体长为体高的 2.3~2.7 倍。吻圆钝。眼中大，上侧位。口小，上颌骨末端仅及眼前缘；齿细小，圆锥状。眶下骨裸出；前鳃盖骨后缘平滑。体被大栉鳞；侧线之有孔鳞片 16~18 个。背鳍单一，软条部不延长而略呈角形，硬棘Ⅻ，软条 10~12；臀鳍硬棘Ⅱ，软条 10~12；胸鳍鳍条 16~18；尾鳍叉形，上下叶末端呈尖形，各具 2 条硬棘状鳍条。体侧及头部为蓝色与黄色交互的斑纹；尾鳍有 1 个宽的黄色上叶边缘与宽的黑色下叶边缘；背鳍硬棘部的边缘黄色；臀鳍大半为黑色。

生态生境：主要栖息于裸露的外礁斜坡与近海岩礁中，成小群到大群活动，栖息水深为 2~20 m。主要以浮游动物为食，尤其桡足类动物。

地理分布：分布于中西太平洋区，东起我国台湾，西至夏威夷群岛及皮特凯恩群岛，北至伊豆岛，南至罗雷浅滩、豪勋爵岛及加拉帕戈斯群岛。

DNA 条形码：MW630815。

保护等级：Least Concern（无危）。

物种图片：

图片引自 https：//www. inaturalist. org/photos/120588141

魏氏光鳃鱼 *Chromis weberi*

雀鲷科 Pomacentridae；光鳃雀鲷属 *Chromis*

形态特征：体呈椭圆形而侧扁，标准体长为体高的 2.1~2.3 倍。眼中大，上侧位。口小，上颌骨末端仅及眼前缘；齿细小，圆锥状。眶下骨裸出；前鳃盖骨后缘平滑。体被大栉鳞；侧线的有孔鳞片 17~19 个。背鳍单一，软条部略延长而呈尖形，硬棘 XⅢ，软条 11；臀鳍硬棘 Ⅱ，软条 11~12；胸鳍鳍条 18~20；尾鳍叉形，上下叶末端呈尖形，各具 3 条硬棘状鳍条。体呈橄榄色至蓝灰色，鳞片的边缘深褐色；前鳃盖及鳃盖具暗褐色之后缘；胸鳍基部上缘有小黑点；尾鳍上下叶的末端黑色。

生态生境：主要栖息于海峡与陡峭的外礁斜坡中，独居或成小群到大群活动，栖息水深为 3~40 m。主要以浮游动物为食，尤其是桡足类动物。

地理分布：分布于印度洋—太平洋区，西起红海及非洲东岸，东至莱恩群岛及萨摩亚，北至日本南部，南至新喀里多尼亚。

DNA 条形码：MW630798。

保护等级：Least Concern（无危）。

物种图片：

图片引自 https：//www.inaturalist.org/photos/119946856

克氏双锯鱼 *Amphiprion clarkii*

雀鲷科 Pomacentridae；双锯鱼属 *Amphiprion*

形态特征：背棘 10，背鳍软条 15~16，臀棘 2，臀鳍软条 13~14，成鱼体呈黑色或黄褐色，体侧具 3 条白色宽横带，第一条位于头部，横越眼部；第二条位于背鳍至胸鳍内侧，第三条位于背鳍软条部至臀鳍基底。

生态生境：成体栖息于潟湖和外礁坡，通常与几条幼体共享一个或多个海葵，幼体也会单独生活在珊瑚礁浅水区的海葵内。杂食性、卵生、雄雌成对生活。产椭圆形的黏性卵在硬质基底上。在中沙群岛生活于 20 m 以深的珊瑚礁中。

地理分布：广泛分布于印度洋—西太平洋海域的珊瑚礁区，在我国西沙群岛、南沙群岛、中沙群岛均有发现。

DNA 条形码：暂无。

保护等级：Least Concern（无危）。

物种图片：

王子雀鲷 *Pomacentrus vaiuli*

雀鲷科 Pomacentridae；雀鲷属 Pomacentrus

形态特征：背棘13，背鳍软条15~16，臀棘2，臀鳍软条15~16，体侧扁，呈卵圆形。成鱼淡黄紫色，鳞片均具深色紫色边缘，背鳍末端具黑斑，鳃盖后上方具1小绿斑。

生态生境：生活于潟湖和向海礁混合珊瑚与碎石的区域，从低浪涌区到深度40 m的范围，独居。杂食性，以丝状藻及小型无脊椎动物为主要食物。在中沙群岛生活于20 m以深的珊瑚礁中。

地理分布：分布于太平洋区，从摩鹿加到萨摩亚，北至伊豆群岛，南至东印度洋和法属新喀里多尼亚的罗利浅滩。在我国西沙群岛、南沙群岛、中沙群岛均有分布。

DNA 条形码：MW630933。

保护等级：Least Concern（无危）。

物种图片：

班卡雀鲷 *Pomacentrus bankanensis*

雀鲷科 Pomacentridae；雀鲷属 *Pomacentrus*

形态特征：体呈椭圆形而侧扁，标准体长为体高的 2.0~2.1 倍。吻短而钝圆。口中型；颌齿两列，小而呈圆锥状。眶下骨裸出，下缘具强锯齿；前鳃盖骨后缘具锯齿。体被栉鳞；鼻部具鳞；侧线之有孔鳞片 17~19 个。背鳍单一，软条部不延长而略呈角形，硬棘XⅢ，软条 15~16；臀鳍硬棘Ⅱ，软条 15~16；胸鳍鳍条 18；尾鳍叉形，上下叶末端呈圆状。体呈黄褐色至褐色，胸、腹面有时偏黄；眶间骨与前额通常为橘红至淡红色，甚至延伸至背鳍；头背头另有一些蓝纹，亦常延伸至背鳍。鳃盖上缘有 1 小黑斑，胸鳍基部上方另具 1 小黑点。尾柄及尾鳍白色。无论任何时期，背鳍末端皆具眼状斑。

生态生境：主要栖息于潟湖、礁石平台、水道与外礁斜坡区。通常于粗糙的碎石或岩石中活动，单独或形成小群鱼群。主要吃藻类，也捕食桡足类、等足目与大洋性被囊类等浮游动物。

地理分布：分布于印度洋—太平洋区，由东印度洋的圣诞岛到斐济、汤加群岛，北至日本南部，南至罗雷浅滩、史考特礁(东印度洋)及法属新喀里多尼亚。

DNA 条形码：MW630919。

保护等级：Least Concern(无危)。

物种图片：

图片引自 https：//www. inaturalist. org/photos/106800781

霓虹雀鲷 *Pomacentrus coelestis*

雀鲷科 Pomacentridae；雀鲷属 *Pomacentrus*

形态特征：体呈长椭圆形而侧扁，标准体长为体高的 2.5~2.6 倍。吻短而钝圆。口中型；颌齿两列，小而呈圆锥状。眶下骨裸出，下缘平滑，眶前骨与眶下骨间无缺刻；前鳃盖骨后缘具锯齿。体被栉鳞；鼻部具鳞；侧线之有孔鳞片 17~18 个。背鳍单一，软条部不延长而略呈尖形，硬棘XIII，软条 13~15；臀鳍硬棘II，软条 14~15；胸鳍鳍条 17~18；尾鳍叉形，上下叶末端呈尖状。体色多变，生活时体背艳蓝色，腹面、臀鳍、尾柄及尾鳍鲜黄色；受惊吓时体色暗淡或灰白；死后体呈暗褐色。

生态生境：主要栖息于潟湖与临海礁石接近在碎石床底部的水域。以浮游动物与少部分的底藻为食。稚鱼时常群集在软珊瑚之中；而成鱼形成小群鱼群或在礁石的适合区段之上大量聚集。

地理分布：分布于印度洋—太平洋区，由斯里兰卡到莱恩群岛与土阿莫土群岛，北至日本南部，南至罗雷浅滩与豪勋爵岛。

DNA 条形码：JQ418307。

保护等级：Least Concern(无危)。

物种图片：

黑带椒雀鲷 *Plectroglyphidodon dickii*

雀鲷科 Pomacentridae；固曲齿鲷属 *Plectroglyphidodon*

形态特征：体呈卵圆形而侧扁，标准体长为体高的 1.8～1.9 倍。吻短而略尖。眼中大，上侧位。口小，上颌骨末端不及眼前缘；齿单列，且较长。眶下骨具鳞，后缘则平滑；眶前骨与眶下骨间无缺刻；前鳃盖骨后缘平滑。体被栉鳞；侧线之有孔鳞片 19～22 个。背鳍单一，软条部不延长而呈尖形，硬棘XII，软条 16～18；臀鳍硬棘 II，软条 14～16；胸鳍鳍条 17～19；尾鳍叉形，末端呈尖形，上下叶外侧鳍条不延长呈丝状。体呈淡褐色或黄褐色，体侧后半部具 1 宽约 4 个鳞片之黑色横带，横带后方体侧和尾鳍为白色。鳞片外缘各具 1 窄褐纹。背鳍前部具黑斑；胸鳍黄色。

生态生境：主要栖息于珊瑚繁盛且海水汹涌的清澈潟湖与临海礁石区域。经常生活于 *Pocillopora* 或 *Acropora* 珊瑚丛附近。主要以丝状藻、小型底栖的无脊椎动物为食，偶尔也会捕食小鱼。

地理分布：分布于印度洋—太平洋区，西起非洲东岸，东至莱恩与土阿莫土群岛，北至日本，南至澳大利亚。

DNA 条形码：MW630837。

保护等级：Least Concern（无危）。

物种图片：

图片引自 https://www.inaturalist.org/photos/120132745

眼斑椒雀鲷 *Plectroglyphidodon lacrymatus*

雀鲷科 Pomacentridae；固齿雀鲷属 *Plectroglyphidodon*

形态特征：体呈卵圆形而侧扁，标准体长为体高的 1.8~1.9 倍。吻短而略尖。眼中大，上侧位。口小，上颌骨末端不及眼前缘；齿单列，且较长。眶下骨具鳞，后缘则平滑；眶前骨与眶下骨间无缺刻；前鳃盖骨后缘平滑。体被栉鳞；侧线之有孔鳞片 17~18 个。背鳍单一，软条部不延长而呈角形，硬棘 XII，软条 16~18；臀鳍硬棘 II，软条 13~14；胸鳍鳍条 18~20；尾鳍叉形，末端呈尖形，上下叶外侧鳍条不延长呈丝状。体呈褐色，体侧散布许多蓝点，稚鱼蓝点的数目超过成鱼；头部具淡紫色或蓝色的斑点或斑驳。胸鳍基底黑色；尾鳍淡褐或黄褐色。稚鱼背鳍中部后方具眼斑。

生态生境：礁栖鱼类，成鱼栖息于水质清澈的潟湖和向海礁区；栖息水深为 1~40 m。

地理分布：分布于印度洋—太平洋区，西起红海及非洲东岸，东至马绍尔群岛与社会群岛，北至琉球群岛，南至澳大利亚。

DNA 条形码：MW630847。

保护等级：Least Concern（无危）。

物种图片：

图片引自 https：//www.inaturalist.org/photos/59490626

黑边波光鳃鱼 *Pomachromis richardsoni*

雀鲷科 Pomacentridae；波光鳃雀鲷属 *Pomachromis*

形态特征：体呈长椭圆形而侧扁，标准体长为体高的 2.5~2.7 倍。吻短而钝圆。口中型；颌齿单列，小而呈圆锥状。眶下骨裸出，下缘具弱锯齿；前鳃盖骨后缘具锯齿。体被栉鳞；侧线之有孔鳞片 16~19 个。背鳍单一，软条部略延长而呈尖形，硬棘 XIV，软条 13~14；臀鳍硬棘 II，软条 11~14；胸鳍鳍条 17~19；尾鳍深叉形，上下叶末端呈尖状。体背侧呈灰黄色，腹侧蓝白色，鳞片具黑缘。尾鳍上下叶具宽黑带缘，上叶黑带延伸至尾柄；胸鳍基底上缘具 1 黑点。

生态生境：主要栖息于珊瑚礁与岩礁区域。通常在底部的附近形成松散的鱼群。

地理分布：广泛分布于印度洋—西太平洋区，但呈区块分布，包括马尔代夫、琉球群岛、我国台湾、澳大利亚大堡礁、斐济及萨摩亚群岛等。

DNA 条形码：MW630887。

保护等级：Least Concern（无危）。

物种图片：

图片引自 http://www.inaturalist.org/photos/3744387

胸斑眶锯雀鲷 *Stegastes fasciolatus*

雀鲷科 Pomacentridae；高身雀鲷属 *Stegastes*

形态特征：体呈椭圆形而侧扁，标准体长为体高的 1.6~2.1 倍。吻短而钝圆。口中型；颌齿单列，小而呈圆锥状。眶下骨裸出，下缘具锯齿；前鳃盖骨后缘具锯齿；下鳃盖骨后缘无锯齿。体被栉鳞；背前鳞延伸至鼻孔；侧线之有孔鳞片 19~21 个；侧线与背鳍硬棘中央间有鳞列 2.5；胸鳍基部内面不被鳞。背鳍单一，软条部不延长而圆形，硬棘XIII，软条 15~17；臀鳍硬棘 II，软条 12~14；胸鳍鳍条 19~21；尾鳍叉形，上下叶角形末端。体色多变，由灰白色至黄褐色，到几乎黑色的（地理的变异）；鳞片具暗褐色缘而形成网状格；通常具鲜黄色的虹膜；眼下至嘴角具 1 条蓝色的条纹，或不显；唇灰白色。各鳍灰色至暗褐色，有些区域其尾鳍为黄色；胸鳍几乎半透明，基底上缘具 1 黑点；稚鱼的背鳍与臀鳍通常有蓝色边缘。

生态生境：主要栖息于暴露在轻度到中等涌浪的岩石区与珊瑚礁。一般独居于大圆石附近，若在丝状藻覆盖岩石与死珊瑚的区域中则具有领域性。雄雌成对生活。

地理分布：分布于印度洋—太平洋区，由非洲东岸至大洋洲东，包括夏威夷群岛与复活节岛，北至琉球群岛，南至澳大利亚与克马德克群岛。

DNA 条形码：MK777553。

保护等级：Least Concern(无危)。

物种图片：

图片引自 https://www.inaturalist.org/photos/37602644

鳚亚目 suborder Blennioidei

横口鳚 *Plagiotremus rhinorhynchos*

鳚科 Blenniidae；**横口鳚属 *Plagiotremus***

形态特征：体长形；鳃裂向腹面延深至胸鳍基中央前缘。头无须。吻肉质状，圆锥形；口下位；齿骨具 1 弯区大犬齿。无侧线。D. X～XI，31～37；A. II，29～33；P. 11～12；V. I，3。背鳍连续无缺刻；背鳍、臀鳍和尾柄相连；尾鳍内凹形，具梳状后缘。体色多变，从黑色至黄色都有；体侧有 2 条蓝纵纹，头顶在背鳍前有 1 淡窄纹；背、臀和尾鳍黄至橘红色。

生态生境：主要栖息于清澈且长满珊瑚的潟湖区或珊瑚礁向海面，水深为 1～40 m。发现有危险时，会躲在管虫类遗留下来的空壳中，以躲避敌害。具拟态行为。

地理分布：分布于印度洋—太平洋区，由红海至南非到莱恩群岛、马克萨斯群岛及社会群岛，北至日本南部，南至豪勋爵岛等。

DNA 条形码：MK567035。

保护等级：Least Concern（无危）。

物种图片：

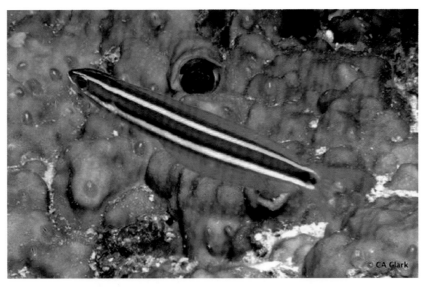

图片引自 https：//www.inaturalist.org/photos/102247579

鲀形目 order Tetraodontiformes

大斑刺鲀 *Diodon liturosus*

二齿鲀科 Diodontidae；二齿鲀属 *Diodon*

形态特征：体短圆筒形，头和体前部宽圆。尾柄锥状，后部侧扁。吻宽短，背缘微凹。眼中大。鼻孔每侧 2 个，鼻瓣呈卵圆状突起。口中大，前位；上下颌各具 1 喙状大齿板，无中央缝。头及体上的棘甚坚硬而长；尾柄无小棘；眼下缘下方具 1 指向腹面的小棘。前部棘具 2 棘根，可自由活动，后部棘具 3 棘根，不可自由活动。背鳍一个，位于体后部，肛门上方，具软条 14~16；臀鳍与其同形，具软条 14~16；胸鳍宽短，上侧鳍条较长，具软条 21~25；尾鳍圆形，具软条 9。体背侧灰褐色，腹面白色，背部及侧面有一些具浅色缘的深色斑块，另有一些黑色小斑点分布；眼下方具喉斑；背、胸、臀及尾鳍淡色，无任何圆形小黑斑。

生态生境：热带暖水性底层鱼类，主要栖息于浅海礁石周缘或陡坡附近。一般行独居生活；幼鱼则行大洋漂游性生活。日间躲于洞穴或缝穴间，夜间捕食软体动物及甲壳类等无脊椎动物为食。

地理分布：分布于印度洋—太平洋区，西起非洲东岸，东至社会群岛，北至日本南部，南至澳大利亚。

DNA 条形码：MG544195。

保护等级：Least Concern（无危）。

物种图片：

鳞鲀亚目 suborder Balistoidei

波纹钩鳞鲀 *Balistapus undulatus*

鳞鲀科 Balistidae；钩鳞鲀属 *Balistapus*

形态特征：体稍延长，呈长椭圆形，尾柄短，宽高约略等长，每边各有 6 个极强大之前倾棘，成两列排列。口端位；上下颌齿为具缺刻之楔形齿，白色。眼中大，侧位而高，眼前无深沟。除口缘唇部无鳞外，全被大型骨质鳞片。背鳍两个，基底相接近，第一背鳍位于鳃孔上方，第Ⅰ棘粗大，第Ⅱ棘则细长，第Ⅲ背鳍棘较发达，明显超出棘基部深沟甚多；背鳍及臀鳍软条弧形；腹鳍棘短，扁形，上有粒状突起；胸鳍短圆形；尾鳍圆形。体深绿色或深褐色，具许多斜向后下方之橘黄线，幼鱼及雌鱼之吻部及体侧均有，但雄鱼其吻部的弧线消失，体侧呈波浪纹。第一背鳍深绿色或深褐色；其他各鳍为橘色；尾柄有 1 大圆黑斑。

生态生境：主要栖息于珊瑚繁生的较深潟湖区及向海礁区，一般被发现于水深 50 m 内的水域，通常独自在礁盘上的水层活动，行独立生活，具强烈领域性。以底栖生物为食，包括藻类、海绵、被囊动物、小型甲壳类、软体动物、小鱼等。

地理分布：分布于印度洋—太平洋区，西起红海、非洲东岸，东至土阿莫土群岛、马克萨斯群岛及莱恩群岛，北至日本南部，南至澳大利亚大堡礁及法属新喀里多尼亚。

DNA 条形码：KU191036。

保护等级：Least Concern(无危)。

物种图片：

物种名+幼体图片

黑边角鳞鲀 *Melichthys vidua*

鳞鲀科 Balistidae；角鳞鲀属 *Melichthys*

形态特征：体稍延长，呈长椭圆形，尾柄短。口端位，齿白色，无缺刻，至少最前齿为门牙状。眼前有 1 深沟。除口缘唇部无鳞外，全被骨质鳞片；颊部亦全被鳞；鳃裂后有大型骨质鳞片；尾柄鳞片无小棘列。背鳍两个，基底相接近，第一背鳍位于鳃孔上方，第 I 棘粗大，第 II 棘则细长，第 III 背鳍棘极小，不明显；背鳍及臀鳍软条截平，前端较后端高，向后渐减；尾鳍截平。体深褐或黑色；背鳍与臀鳍软条部白色，具黑边；尾鳍基部白色，后半部粉红色；胸鳍黄色。

生态生境：主要栖息于向海礁区，一般被发现于水深 60 m 内的水域，通常生活于有洋流流经且珊瑚繁生的水域。主要以海藻及碎屑为食，有时亦捕食海绵、甲壳类、章鱼及鱼类。

地理分布：分布于印度洋—太平洋区，西起红海、非洲东岸，东至土阿莫土群岛及马克萨斯群岛，北至日本南部，南至澳大利亚大堡礁及法属新喀里多尼亚。

DNA 条形码：KU945187。

保护等级：Least Concern（无危）。

物种图片：

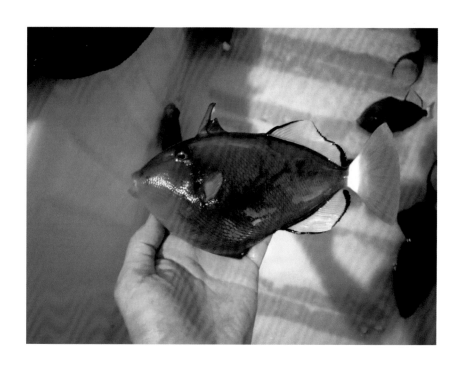

红牙鳞鲀 *Odonus niger*

鳞鲀科 Balistidae；红牙鳞鲀属 *Odonus*

形态特征：体稍延长，呈长椭圆形，尾柄短。口稍上位，齿红色，上颌有 1 对极长之犬齿。眼前有 1 深沟。除口缘唇部无鳞外，全被骨质鳞片；颊部亦全被鳞；鳃裂后有大型骨质鳞片；尾柄鳞片具小棘列。背鳍 2 个，基底相接近，第一背鳍位于鳃孔上方，第 Ⅰ 棘粗大，第 Ⅱ 棘则细长，第 Ⅲ 背鳍棘明显；背鳍及臀鳍软条前端较长，向后渐短；尾鳍弯月形，上下叶延长为丝状。体色一致为蓝黑色；头部颜色较浅，带少许绿色；吻缘蓝色，有蓝纹自吻部延伸至眼部。

生态生境：主要栖息于受洋流冲刷的向海礁区，一般被发现于水深 40 m 内的水域，通常随浮游动物而进行觅食迁移，尤其是海绵幼体；幼鱼则生活于片礁区及或礁石洞穴。

地理分布：分布于印度洋—太平洋区，西起红海、非洲东岸，东至社会群岛及马克萨斯群岛，北至日本南部，南至澳大利亚大堡礁及法属新喀里多尼亚。

DNA 条形码：KU945186。

保护等级：Least Concern(无危)。

物种图片：

黄鳍多棘鳞鲀 *Sufflamen chrysopterum*

鳞鲀科 Balistidae；鼓气鳞鲀属 *Sufflamen*

形态特征：体稍延长，呈长椭圆形，尾柄短。口端位，齿白具缺刻。眼前有 1 深沟。颊部被鳞；鳃裂后有大型骨质鳞片。尾柄鳞片具小棘列，且向前延伸至身体中央，第一背鳍下方。背鳍 2 个，基底相接近，第一背鳍位于鳃孔上方，第Ⅰ棘粗大，第Ⅱ棘则细长，第Ⅲ背鳍棘明显；背鳍及臀鳍软条截平；尾鳍弧形。体褐色；喉与腹部浅蓝色，颊部有 1 短白线。第一背鳍褐色；第二背鳍、臀鳍与胸鳍淡红而透明；尾鳍深棕色，后缘有 1 宽白带。

生态生境：主要栖息于浅潟湖区及向海礁区，一般被发现于水深 30 m 内的水域。以各种无脊椎动物为食。

地理分布：分布于印度洋—西太平洋区，西起非洲东岸，东至萨摩亚，北至日本南部，南至豪勋爵岛。

DNA 条形码：MT889069。

保护等级：Least Concern（无危）。

物种图片：

黄边凹纹鳞鲀 *Xanthichthys auromarginatus*

鳞鲀科 Balistidae；凹纹鳞鲀属 *Xanthichthys*

形态特征：体稍延长，呈长椭圆形，尾柄短。口稍上位，下颌稍突出；齿上缘皆具缺刻。眼前鼻孔下具 1 楔形深沟；颊部具 5 条浅沟，不明显，沟内亦无色素。鳃裂后不具大型骨质鳞片；胸鳍后每一鳞片，中央皆具 1 水平隆脊。背鳍 2 个，基底相接近，第一背鳍位于鳃孔上方，第 I 棘粗大，第 II 棘则细长，第 III 背鳍棘小，不伸出棘沟；尾鳍截平或弯月形，上下鳍条稍延长。体色深灰褐色且带蓝，颊部深蓝色。各鳍褐色，背鳍与臀鳍软条边缘黄色，尾鳍上下缘鳍条末端黄色。

生态生境：主要栖息于受洋流冲刷的向海礁区斜坡或边缘，一般被发现于水深 150 m 内的水域，通常随浮游动物而进行觅食迁移，尤其是桡足类。

地理分布：分布于印度洋—西太平洋区，西起非洲东岸，东至夏威夷群岛，北至日本南部，南至法属新喀里多尼亚。

DNA 条形码：AP009211。

保护等级：Least Concern（无危）。

物种图片：

金眼鲷目 order Beryciformes

大鳞锯鳞鱼 *Myripristis berndti*

金鳞鱼科 Holocentridae；锯鳞鱼属 *Myripristis*

形态特征：体呈椭圆形或卵圆形，中等侧扁。头部具黏液囊，外露骨骼多有脊纹。眼大。口端位，斜裂；下颌骨前端外侧有 1 对颌联合齿；颌骨、锄骨及腭骨均有绒毛状群齿。前鳃盖骨后下角无强棘；鳃盖骨及下眼眶骨均有强弱不一的硬棘。体被大型栉鳞；侧线完全，侧线鳞数 29~30，侧线至背鳍硬棘中间点之鳞片数 2.5；胸鳍腋部，披一大片的小鳞片。背鳍连续，单一，硬棘部及软条部间具深凹，具硬棘 X~I，软条 14。臀鳍有硬棘 IV，软条 12；胸鳍软条 15；尾鳍深叉形。各鳞片中央为银粉红色至淡黄色，周缘则为红色；鳃膜后缘具黑色带，可延伸至眼睛下缘的水平线上；胸鳍基部另具黑斑；背鳍硬棘部之上半部鲜黄色至橘黄色；背鳍软条部及臀、腹及尾鳍的前缘为白色，续接 1 条红色宽带，有时在红色区域内会出现黑色斑纹。

生态生境：通常栖息在亚潮带珊瑚礁平台的礁岩下方、珊瑚礁斜坡外缘和水道等，深度最少可达 50 m。夜行性鱼种，白天通常松散地聚集在洞穴中或附近，晚上则出来捕食浮游生物，例如螃蟹幼体等。

地理分布：广泛分布于印度洋—太平洋区及东太平洋区的温热带海域，西起非洲东岸，延伸至南非的纳塔尔；东至克利珀顿岛，可可岛与加拉帕戈斯群岛，北至琉球群岛，南至澳大利亚大堡礁、诺福克岛与豪勋爵岛。

DNA 条形码：MN549757 。

保护等级：Least Concern（无危）。

物种图片：

孔锯鳞鱼 *Myripristis kuntee*

金鳞鱼科 Holocentridae；锯鳞鱼属 *Myripristis*

形态特征：体呈椭圆形或卵圆形，中等侧扁。头部具黏液囊，外露骨骼多有脊纹。眼大。口端位，斜裂；下颌骨前端外侧有 1 对颌联合齿，上颌没容纳颌联合齿的深缺刻；颌骨、锄骨及腭骨均有绒毛状群齿。前鳃盖骨后下角无强棘；鳃盖骨及下眼眶骨均有强弱不一的硬棘。体被大型栉鳞；侧线完全，侧线鳞数 38～43，侧线至背鳍硬棘中间点之鳞片数 2.5；胸鳍腋部无小鳞片。背鳍连续，单一，硬棘部及软条部间具深凹，具硬棘 X～Ⅰ，软条 15～17。臀鳍有硬棘 Ⅳ，软条 14～16；胸鳍软条 15；尾鳍深叉形。体背红色，侧线下的体侧为银粉红色；鳃膜后缘具宽的深红黑色带，且延伸至胸鳍基部。背鳍硬棘部之上半部偏黄色；余鳍的上或下半部红色，其他部分色淡；另各鳍前缘为白色。

生态生境：夜行性鱼类，白天会单独或者一大群聚集在珊瑚礁洞内休息，晚上则会游出礁洞觅食，从水浅的浪拂区到水深 55 m 深都是其活动范围。以小鱼或甲壳动物为食物，属肉食性鱼类。

地理分布：广泛分布于印度洋—太平洋区的温热带海域，西起非洲东岸往南至南非的纳塔尔（除了红海、亚丁湾、波斯湾及印度沿岸以外），东至法属波利尼西亚与夏威夷群岛，北至日本土佐湾，南至澳大利亚大堡礁与豪勋爵岛等。

DNA 条形码：MN458399。

保护等级：Least Concern（无危）。

物种图片：

尾斑棘鳞鱼 *Sargocentron caudimaculatum*

金鳞鱼科 Holocentridae；**棘鳞鱼属 *Sargocentron***

形态特征：体呈椭圆形，中等侧扁。头部具黏液囊，外露骨骼多有脊纹。眼大。口端位，裂斜。下颌不凸出于上颌。前上颌骨的凹槽大约达眼窝的前缘；鼻骨的前端有两个分开的短棘；鼻窝有 1 个（少数 2 个）小刺。前鳃盖骨后下角具 1 强棘；眶下骨的上缘不具锯齿状。体被大型栉鳞；侧线完全，侧线鳞数 40~43，侧线至背鳍硬棘中间点之鳞片数 2.5；颊上具 4~5 列斜鳞。鳃耙数 5~8+11~13=16~21。背鳍连续，单一，硬棘部及软条部间具深凹，具硬棘 X~I，软条 14；最后一根硬棘短于前一根硬棘。臀鳍有硬棘 IV，软条 9；胸鳍软条 13~14（通常为 14）；尾鳍深叉形。体呈红色，鳞片的边缘银色；尾柄具银白色斑块（时常消失在死亡之后）。背鳍的硬棘部淡红色，鳍膜具鲜红色缘。

生态生境：主要栖息于外围礁石区、潟湖与海峭壁等区域，深度在 2~40 m 处。单独出现或成群出现，夜行性鱼种，白天栖息在礁洞中，晚上离开礁洞，寻找底栖虾蟹及甲壳类等食物。

地理分布：广泛分布于印度洋—太平洋区的温热带海域，西起红海与非洲东岸到马绍尔群岛与法属波利尼西亚，北至日本，南至澳大利亚。

DNA 条形码：KU943298。

保护等级：Least Concern（无危）。

物种图片：

点带棘鳞鱼 *Sargocentron rubrum*

金鳞鱼科 Holocentridae；棘鳞鱼属 *Sargocentron*

形态特征：体呈椭圆形，中等侧扁。头部具黏液囊，外露骨骼多有脊纹。眼大。口端位，裂斜。下颌不突出于上颌。前上颌骨的凹槽大约达眼窝的前缘上方；鼻骨的前缘末端有 1 棘；鼻窝没有小刺。前鳃盖骨后下角具 1 强棘；眶下骨上缘有侧突的小棘。体被大型栉鳞；侧线完全，侧线鳞数 34~37(35)，侧线至背鳍硬棘中间点之鳞片数 2.5；颊上具 5 列斜鳞。鳃耙数 4~7 + 9~12 = 14~19。背鳍连续，单一，硬棘部及软条部间具深凹，具硬棘 X ~ I，软条 13~14(13)；最后一根硬棘短于前一根硬棘。臀鳍有硬棘 IV，软条 8(9)；胸鳍软条 13~15(14)；尾鳍深叉形。具同宽度的红褐色与银白色斑纹交互的体侧；通常在体侧的红褐色斑纹皆显著。通常最上面的 2 条斑纹在背鳍的软条部的基底末端相连而形成一个细长的深色的斑点；第三条弯曲向下而结束于尾鳍的基底中点，第四条终止于尾柄；第五条与第六条斑纹在尾柄的下缘向上而融合为一；第七条与第八条在臀鳍的软条部的后面基底末端形成一个暗色斑块。背鳍的硬棘部鳍膜全为暗红色，中央具似四角形白色大斑纹且止于棘末端，除了后部外，膜顶部亦为白色；臀鳍最大棘区为深红色；胸鳍基轴无黑斑；腹鳍鳍膜全是深红色。

生态生境：主要栖息于岸礁、潟湖、海湾或港湾中的淤泥礁或残骸，通常成群结队于珊瑚间。一般栖息于较浅的岩礁区，偶尔也会潜到 80 m 或更深的区域。白天躲在珊瑚礁洞穴中，晚上则游出洞穴在附近觅食，以甲壳类或小鱼等为食物。

地理分布：广泛分布于印度洋—太平洋区的温热带海域，西起红海到汤加群岛，北至日本南部，南至法属新喀里多尼亚与澳大利亚新南威尔士。

DNA 条形码：MZ421439。

保护等级：Least Concern(无危)。

物种图片：

图片引自 https：//www. inaturalist. org/photos/91328712

颌针鱼目 order Beloniformes

宽尾颌针鱼 *Platybelone argalusplatyura*

颌针鱼科 Belonidae；**宽尾颌针鱼属 *Platybelone***

形态特征：体略纵扁，截面呈五角形，体宽大于体高；尾柄强度纵扁，尾柄宽为尾柄高的 1.9 倍，有带鳞之侧隆起棱，此棱延续至尾鳍中央部软条之半长。两颌突出如喙，下颌长于上颌；无锄骨。鳃耙存在，细小，短而尖。体被细鳞，侧线沿腹缘纵走，经尾柄隆起棱之下方达尾鳍基底。背鳍与臀鳍对在，前者基底较短；背鳍起点在臀鳍第 4~6 软条基底之上方；尾鳍开叉，下叶略长于上叶。体背蓝绿色，体侧银白色。本属于全世界仅 *Platybelone argalus* 一种，但可依地区而分成 7 亚种（Collette et Parin，1970），分别为：*P. a. annobonesis*（Collette et Parin，1970）分布于热带东大西洋南部之几内亚湾及圣多美，*P. argalusargalus*（Lesueur，1821）分布于西印度群岛及西非，*P. a. lovii*（Günther，1866）分布于热带东大西洋北部之葡属维德角，*P. a. platura*（Rüppell，1837）分布于红海、亚丁湾及波斯湾，*P. a. platyura*（Bennett，1832）分布于热带印度洋—西太平洋区，*P. a. pterura*（Osburn et Nichols，1916）分布于热带东太平洋，*P. a. trachura*（Valenciennes，1846）分布于热带大西洋的西部。

生态生境：大洋性鱼类，通常巡游于岛屿四周的水表层，或礁区上层。性凶猛，以小鱼为主食。

地理分布：分布于印度洋—西太平洋区水域，由非洲东岸至密克罗尼西亚，北至日本南部，南至澳大利亚。

DNA 条形码：KP194660。

保护等级：Least Concern（无危）。

物种图片：

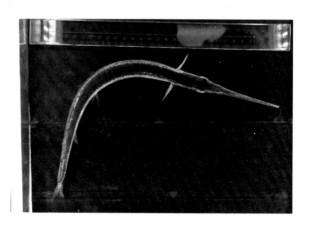

鳗鲡目 order Anguilliformes

斑点裸胸鳝 *Gymnothorax meleagris*

海鳝科 Muraenidae；裸胸鳝属 *Gymnothorax*

形态特征：体延长而呈圆柱状，尾部侧扁。上、下颌尖长，略呈钩状；上颌齿有3列。脊椎骨数 126~128。口内皮肤为白色，体底色深棕略带紫色，其上满布深褐色边的小黄白点，该圆点大小不会随个体增长而明显变大，但会增多。鳃孔为黑色，尾端为白色。

生态生境：主要栖息于珊瑚礁茂盛的潟湖或沿岸礁区。食欲旺盛，成长迅速；性情凶猛，以鱼类为主食，偶食甲壳类。

地理分布：分布于印度洋—太平洋区，西起红海、非洲东岸，东至马克萨斯群岛，北至日本，南至澳大利亚及豪勋爵岛等海域。

DNA 条形码：MK657192。

保护等级：Least Concern(无危)。

物种图片：

图片引自 https://www.inaturalist.org/photos/109522815

三、鱼卵仔鱼

早期生长阶段的渔业生物补充群体(幼体),是渔业资源补充和可持续利用的基础。开展南海岛礁渔业生物补充群体种类多样性、形态特征、种类数量和分布等基础资料积累,是渔业资源可持续利用的重要基础研究工作;渔业生物补充群体的研究,可为海洋渔业管理和海洋生态环境保护提供重要依据。

我国对于南海中沙海域岛礁渔业生物补充群体的调查相对较少。仅 1975—1979 年在南海中沙群岛、西沙群岛开展了鱼卵、仔鱼的专项调查,并对金枪鱼类、深海鱼类及不少岛礁种类的鱼卵、仔稚鱼做了较详细的报道。迄今未见我国对中沙群岛的岛礁及其海域渔业生物补充群体的其他专题调查报道。岛礁海域渔业生物种类繁多,由于地理位置、调查方式和技术手段的限制,许多种类依然未被人们所了解;而且渔业生物补充群体的个体小、各生长阶段形态差异大、种间形态区分困难,传统形态分析难以确定种类,导致该海域乃至南海岛礁渔业生物补充群体的种类组成及形态特征等基础信息仍十分欠缺。中沙群岛岛礁生境作为南海海洋渔业生物重要产卵场、育幼场、觅食场和庇护所的功能认知,长期以来缺乏该海域渔业生物补充群体的基础调查信息支撑。生物种类基因组序列信息数据库的不断完善,为岛礁渔业生物补充群体的种类鉴定和形态信息积累提供了有利条件。

本章以线粒体条形码和形态分析相结合的方法对渔业生物补充群体进行分析,准确鉴定样品种类,并阐述对应种类的形态特征信息,为南海岛礁渔业生物补充群体的种类和多样性研究提供参考。

渔业生物补充群体样品通过大型浮游生物网在研究海域进行垂直拖网采集,样品用95%乙醇现场固定后带回实验室。体视显微镜下挑出鱼卵、仔稚鱼和头足类幼体样品,依据可见形态进行初步分类。提取分类后的样品组织基因组,使用聚合酶链式反应(PCR)扩增线粒体细胞色素 C 第 I 亚基约 650 bp 的目的片段序列,将测序获得的序列结果与 NCBI(https://www.ncbi.nlm.nih.gov/)及 BOLD systems(http://www.boldsystems.org/)数据库进行比对判断种类。

本章以 Fishbase(www.fishbase.in)和 SeaLifeBase(www.sealifebase.se)作为分类标准,按照目、科、属、种进行分类和排序,每个物种标注了拉丁名和中文名。受限于比对数据库种类序列的完整性,有较多种类未能确定至种水平,本章仅介绍了能鉴定至种水平的渔业生物补充群体种类及其形态信息。鱼类的中文名称依据《拉汉世界鱼类系统名典》进行校正。已有资料记录的鱼卵仔稚鱼种类，外部形态特征主要参考《日本产稚鱼图鉴》《中国近海鱼卵与仔鱼》《台湾海域鱼卵仔鱼》《台湾的仔稚鱼》《中国近海及其邻近海域鱼卵与仔稚鱼》、*The larvae of Indo-Pacific coastal fishes* 和 *The Larvae of Indo-Pacific Coral Reef Fishes* 等；未有鱼卵仔稚鱼形态资料的种类及生长阶段，主要参照以上参考资料进行形态的描述。

种类的生态习性及其生境特征主要参考 Fishbase 和台湾鱼类资料库(https: // Fishdb. sinica. edu. tw/)的资料，对所鉴定的鱼类生活习性及生境特征进行了梳理。生态价值主要参考《西南沙岛礁关键造护礁功能生物》。

从采获的鱼卵和仔稚鱼种类的形态特点和生态习性来看，大致可以分为珊瑚礁礁栖鱼类、大洋性中上层鱼类和深海鱼类三大生态类群；头足类幼体可以分为近海种类、大洋性种类和深海种类。珊瑚礁礁栖鱼类是中沙群岛海域鱼类浮游生物种类的主要组成分布，种类繁多；种类的栖息和摄食食性不一；采获的鱼卵均为浮性卵；仔稚鱼形态各异，常具有十分明显的种类特征；珊瑚礁礁栖鱼类鱼卵和仔稚鱼主要出现在大环礁海域，数量较多，仅少量样品采获自邻近的礁盘外海域。采获的大洋性中上层鱼类中，未发现黏性鱼卵；该类群种类在岛礁海域及深海海域均有分布，且岛礁海域的分布数量大于深海海域。深海鱼类是研究海域鱼卵仔稚鱼的重要组成部分，种类数和个体数均较多；该类群鱼卵仔稚鱼主要分布于深海区域，在岛礁海域也有分布，但数量较少，且多分布于岛礁区域的外缘。

鳗鲡目 Anguilliformes

深海尾糯鳗 *Bathyuroconger vicinus*

康吉鳗科 Congridae；尾糯鳗属 *Bathyuroconger*

形态特征：体长 73.4 mm 的仔鱼外形呈柳叶状，细长而极侧扁，通体透明，肌节清晰。身高 10.3 mm，体长约为体高的 7.3 倍。吻尖而突出，上下颌牙齿发达，吻尖而有利齿，尾部尖锐但不呈细铁丝状，尾尖但不呈纤细延长。肠道平直且延长，延伸至靠近尾部，几近于尾鳍。肛门位于体长的约 90% 处，距吻端 67.2 mm。眼睛的上部有大的黑色素团，向下呈新月形弯曲。喉部腹侧有数个小黑色素点；体侧正中线下方的肌节上有稍大的黑色素胞，沿体轴呈列状分布。肌节体侧的上方和下方还有两行大致平行的规则色素点分布，体侧共形成 3 行色素胞。肠道腹侧则有许多间隔均匀、紧密排列的细小色素点，自下颌后部延伸至尾鳍基底，并与体侧中部色素点状线相连。

繁殖：未知。

生态生境：主要分布于远深海区域砂质底层，栖息水深为 120～1 318 m，通常为 900～1 000 m。

地理分布：广泛分布于全球温带—热带海域。如大西洋东部的佛得角至南非好望角外海；大西洋西部墨西哥湾东部至圭亚那的中南美洲沿岸；印度洋—太平洋海域东非至夏威夷群岛海域。我国南海和台湾海域有分布。

DNA 条形码：AMS065-06（BOLD systems）。

保护等级：Least Concern（无危）。

生态与应用价值：为一类泛珊瑚礁区域的海水鱼，经济价值不高，但其在中等深度的珊瑚礁区活动，觅食珊瑚礁中小型鱼类和其他底栖生物等，是珊瑚礁生态系统中重要的一类消费者。

物种幼体图片：

浅草蛇鳗 *Ophichthus asakusae*

蛇鳗科 Ophichthidae；蛇鳗属 *Ophichthus*

形态特征：体长 55.017 mm 的柳叶状仔鱼，体高较小，特别延长，通体透明，肌节数约为 147。吻部尖，长 1.281 mm；上下颌均具有强壮的尖齿。肠道粗，前段有多处弯曲，后段较平直，肛门位于体长的 1/2 处，肛门前肌节数约为 60。尾部钝圆，末端尖凸但不呈丝状延长。色素主要分布于头部、体侧表面、消化道、背鳍和臀鳍。其中，头部与眼上缘临界处有 1 个弧状色素带分布。体侧中线下侧，每个肌节处都几乎有 1 个条状色素分布，走向与体内棘刺一致；肛门后体侧中线至尾部有约 5 个短柱状色素分布，走向与中线一致。消化道侧面具有 7 个大型色素条列状分布，每个色素条间分布有 5~8 个点或线状色素分布。肛门后腹侧有规则的短线状色素分布，延伸至尾鳍末端，与体侧肌节处的色素相连。

繁殖：未知。

生态生境：属于近岸暖温性底层鱼类，多栖息于大陆架水深 200 m 以内的砂质底。

地理分布：分布于西北太平洋海域；日本以及我国台湾海峡、东海等海域也有分布。

DNA 条形码：MG702301。

保护等级：Not Evaluated（未评估）。

生态与应用价值：为一类泛珊瑚礁区域的海水鱼，多活动于珊瑚礁的地区，觅食珊瑚礁中小型鱼类和其他底栖生物等，是珊瑚礁生态系统中重要的一类消费者。浅草蛇鳗不仅可以控制珊瑚礁生态环境中各小型鱼类的数量，还可以调节平衡珊瑚礁生态系统中各生物间的关系，维持珊瑚礁生态系统的平衡。

物种幼体图片：

颌针鱼目 Beloniformes

单须飞鱼 *Exocoetus monocirrhus*

飞鱼科 Exocoetidae；飞鱼属 *Exocoetus*

形态特征： 卵子为圆球形浮性卵；卵膜透明，薄而光滑，卵表面无突刺，未见明显的黏丝；卵径1.244 mm；卵周隙小，卵黄囊边界不清晰；卵表面无明显黑色素分布。

繁殖： 产卵繁殖，卵可附着于漂浮物或底栖海藻上。主要繁殖期为每年的春、夏两季，期间亲鱼随着黑潮洄游至台湾东南沿海产卵。

生态生境： 属大洋性洄游鱼类，多生活于近海或浅海的表层，也分布于开放海域，栖息水深为0~20 m。受惊吓时会利用其特化的胸鳍跃出水面作长距离的滑翔。主要以桡足类和端足类等浮游生物为食。

地理分布： 广泛分布于印度洋—太平洋和东部太平洋的热带海域。我国东海和南海有分布。

DNA条形码： MH638790。

保护等级： Not Evaluated（未评估）。

生态与应用价值： 经济价值不高，可用流刺网或定制网捕获，成鱼常用于制作鱼干，鱼卵则用于盐渍。生态价值信息缺乏。单须飞鱼分布广泛，是一种中等营养种类，可被许多捕食者（如金枪鱼、海豚、热带海鸟）捕食，可以维持热带珊瑚礁和开放海域的食物链及生态系统稳定。

物种幼体图片：

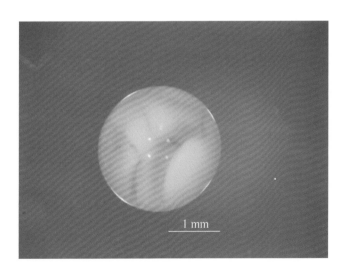

小鳍针飞鱼 *Oxyporhamphus micropteru*

飞鱼科 Exocoetidae；针飞鱼属 *Oxyporhamphus*

形态特征：卵呈球形，分离浮性，卵膜上有小棘从卵膜上长出；卵径 1.56 mm；胚体与卵黄囊具有点状黑色素。95% 乙醇固定后的样品油球及内部情况不清。体长 5.6 mm 的后期仔鱼，尾部脊索已经上弯，尾鳍鳍条发育较快，鳍条分化大致完成，背鳍及臀鳍尚未分化，仍为鳍膜状态。仔鱼的体型细长，中等侧扁，头部高度不特别增加。口裂小，上下颌约等长。肠道前段稍微弯曲，末梢平直；肛门位于身体后方，约为体长的 2/3 处。仔鱼背、腹部两侧的色素发达，背鳍基底、臀鳍基底与尾柄上、下两侧均有纵列色素分布。

繁殖：产浮性卵，卵呈圆球形，分离浮性。本种鱼类的前期仔鱼阶段较短，仔鱼孵化后，卵黄吸收很快，孵化约 30 h 即进入后期仔鱼阶段。

生态生境：属小型洄游鱼类，栖息于热带或亚热带大洋表层，栖息水深为 0~1 m。会出现于近海，但整个生命周期都不会出现于沿岸、岛屿四周或开放港湾的表层水域。一般成群洄游，容易受惊吓。成鱼的胸鳍特别延长，跳出水面时用于滑翔飞行。以水层中的浮游生物或卵等为食。

地理分布：广泛分布于印度洋—太平洋的热带和亚热带海域。我国南海有分布。

DNA 条形码：JF494032。

保护等级：Not Evaluated(未评估)。

生态与应用价值：无经济价值。分布广泛，数量较大，是热带珊瑚礁和开放海域高营养级捕食者(如金枪鱼、海豚、热带海鸟)的重要食物来源。

物种幼体图片：

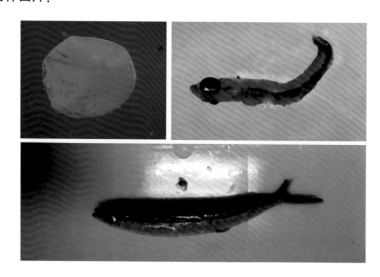

鲱形目 Clupeiformes

银灰半棱鳀 *Encrasicholina punctifer*

鳀科 Engraulidae；半棱鳀属 *Encrasicholina*

形态特征：体长 3.598 mm 的前期仔鱼，体细长侧扁、躯体透明。吻部尖凸，口斜位，口裂较深，达眼中部下方，上下颌约等长；眼睛近圆形，眼径占头长约 80%。腹囊较大，消化道长直，前部较细，后部逐渐加粗。肛门位置偏后，位于体长的约 3/4 处。腹囊的腹侧分布有两个色素点；消化道前段的体侧上缘有 6 个黑色素依次排列，后段的腹侧有 1 列色素从消化道中部延伸至近肛门开口处；后段的体侧上方至尾柄的腹侧有 1 列点线状色素分布。尾鳍下尾叶间有 2 个小型条状黑色素胞。体长 11.782 mm 的稚鱼，体细长，各鳍发育完善，鳍条清晰可数；口裂延展至眼后部的下方，上颌略长于上颌；眼径占头长比例降低至约 1/3。肛门位置稍向吻端前移。体侧色素变化明显，眼后头部有 1 个较大的色素斑分布，腹囊体侧仍有 2 个色素点，呈上下位排列；消化道前段体侧色素点减少至一两个，色素点变小；消化道后段的体内可见 8 个色素点分布，其中 4 个稍前，与后续色素点有明显间隔；肛门上方有 1 个较大的星状黑色素。臀鳍基底至尾柄腹侧仍有点线状色素分布。尾柄的体侧有 5 个点状黑色素分布；尾鳍的上叶有 1 个小的色素点，下叶则有 1 个大型黑色素斑分布。

繁殖：产卵繁殖，卵子椭圆球形，浮性，卵膜光滑、透明。

生态生境：属大洋性表层洄游鱼类，栖息水深 5~35 m。群游性，一般群游于近岸至离岸数百千米水域。有时进入大的环礁潟湖或深且清澈的海湾。鳃耙发达，以过滤浮游生物为食，是金枪鱼类及其他大型鱼类的饵料生物。

地理分布：广泛分布于印度洋—太平洋海域。西起非洲东南部、红海及波斯湾，东至夏威夷群岛、大溪地及所罗门群岛，北至日本，南至澳大利亚皆有分布。我国分布于东海、台湾海域及南海。

DNA 条形码：KY315391。

保护等级：Not Evaluated(未评估)。

生态与应用价值：经济价值不高，常作为钓饵，或加工成鱼露，但其作为大洋性鱼类重要的饵料生物之一，对于维持大洋性鱼类种群数量、维持大洋生态系统平衡具有重要的作用。

物种幼体图片：

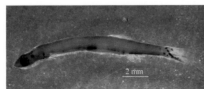
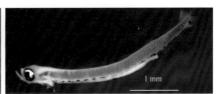

金眼鲷目 Beryciformes

红金眼鲷 *Beryx splendens*

金眼鲷科 Berycidae；金眼鲷属 *Beryx*

形态特征：体长 3.224 mm 的仔鱼身体侧扁。吻部尖凸，但长度较短，口裂仅达眼部前方的下缘，下颚前端略突出。眼球大，近圆形，眼径约占头长的 40%。各鳍鳍条发育较完善，但背鳍鳍条至尾鳍部分和腹鳍鳍条至尾鳍部分仍被发达的鳍膜覆盖。腹鳍和背鳍具有特别延长的鳍条，背鳍的第 5 鳍条长度达体长的 90%；腹鳍的第 2 鳍条达体长的 70%。仔鱼色素胞较少，仅在黑色素胞变少，腹囊的体侧、延长腹鳍条的近鳍基部分及肛门位置有分布。

繁殖：叉长为 34~40 cm 的亲鱼个体，最大潜在怀卵量估算为 270 000~675 000 颗。

生态生境：属亚热带深海底层鱼类，栖息水深 25~1 300 m，通常为 400~600 m。主要栖息于大陆架陡坡区的上缘、海山或海脊水域，栖息深度 25~1 300 m，一般成鱼多在 400~600 m 深水域活动，鱼卵和仔稚鱼营表层浮游生活。主要以小型鱼类和甲壳类为食。

地理分布：广泛分布于世界各热带及温带海域。我国主要分布于南海。

DNA 条形码：JF952688。

保护等级：Not Evaluated（未评估）。

生态与应用价值：属经济种类，但数量较少。一类泛珊瑚礁区域的海水鱼，多活动于珊瑚礁区，觅食珊瑚礁中的浮游动物，是珊瑚礁生态系统中重要的一类消费者。

物种幼体图片：

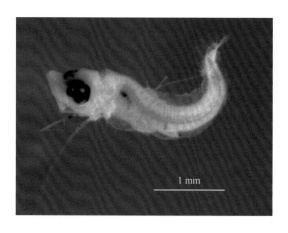

1 mm

凸颌锯鳞鱼 *Myripristis berndti*

金鳞鱼科 Holocentridae；锯鳞鱼属 *Myripristis*

形态特征：鱼卵呈圆球状，浮性，互相分离；表面光滑透明，卵径 0.891 mm；卵周隙大；卵黄囊大，约占卵内面积的 3/5。油球 1 个，油球径 0.329 mm；油球表面呈现明显的网状龟裂，边缘透明。胚体表面未见明显色素胞分布。

繁殖：未知。

生态与应用价值：属经济种类，但经济价值不高，内脏可能会累积热带海鱼毒；鳞片及棘刺尖锐。体色鲜红，可作为水族观赏鱼。作为一类泛珊瑚礁区域的海水鱼，凸颌锯鳞鱼多在珊瑚礁区活动，觅食珊瑚礁中的浮游动物，是珊瑚礁生态系统中重要的一类消费者。

物种幼体图片：

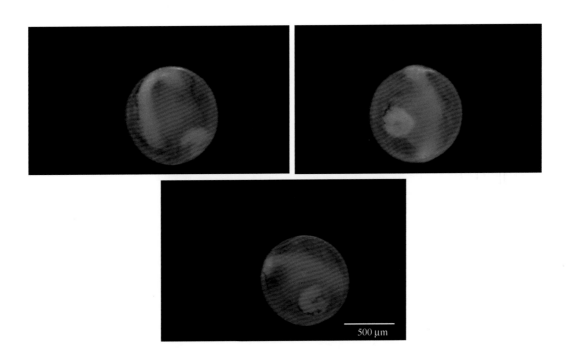

康德锯鳞鱼 *Myripristis kuntee*

金鳞鱼科 Holocentridae；锯鳞鱼属 *Myripristis*

形态特征：全长 1.323 mm 的前期仔鱼，个体细长。头圆钝，吻部较短，眼球仍未发育完善，眼部前后端颜色加深，各呈半月形色斑状，其余部位仍为灰褐色；卵黄囊几近吸收，消化道形成，肛门开口位于体中央的稍前，与吻端距离为全长的 39.2%。身体半透明，肌节清晰可见。各鳍除尾鳍外仍未发育，背部和腹部基仍有鳍膜覆盖。吻端和腹囊前端各有 1 个色素点分布；在身体的前 1/2 部分，头后背侧、背鳍基、肛门及臀鳍基处各有 1 个大型色素块，呈平行四边形分布，尾鳍下叶基部有 1 个相近大小的色素斑分布。

全长 2.289 mm 的个体细长，头部明显加高侧扁，脊索末端仍平直；头部钝圆更趋明显，吻短圆，头部嵴骨隆起明显；眼球已发育完全，眼呈圆形，眼径略大于眼前头长。腹囊近三角形，肛门位置明显后移，约位于体长的 43.6% 处。尾鳍鳍条开始分化，背鳍和臀鳍仍具有较明显的鳍膜；前鳃盖骨有强刺延长，长度可达肛门。腹囊侧色素点加大变长为大的色素带；眼后头部色素点位置前移至近眼部；背鳍基及臀鳍基处色素块变小，大小一致，位置相对；尾鳍基色素点消失。

体长 5.823 mm 的稚鱼，各鳍条已分化完全。头部粗壮，棘刺发达。头长约占体长的 1/2；眼大，圆形，眼径约占头长的 27%；吻部尖长，长度大于眼径；前鳃盖骨棘发达，尖凸，骨质隆起明显；吻部棘尖长，分叉；头顶的上后头骨棘发达延长，边缘具有许多小锯齿；隅角棘发达延长，可达肛门之后。肛门位置稍向后端移动，约位于体长的 68.7% 处。黑色素胞主要分布于体前部。其中，吻部棘有较大色素块分布；颅顶有丛状色素块及色素点散布，覆盖面积与眼部约等大；鳃盖后至肛门的躯体，腹侧至背侧均被密集色素点覆盖；背鳍棘及腹鳍棘均有较大的色素块分布，背鳍鳍条、臀鳍及尾鳍则无明显色素分布。

繁殖：未知。

保护等级：Least Concern（无危）。

生态与应用价值：经济价值不高，内脏可能会累积热带海鱼毒；鳞片及棘刺尖锐。体色鲜红，可作为水族观赏。作为一类泛珊瑚礁区域的海水鱼，康德锯鳞鱼多在珊瑚礁区活动，觅食珊瑚礁中的浮游动物，是珊瑚礁生态系统中重要的一类消费者。

物种幼体图片：

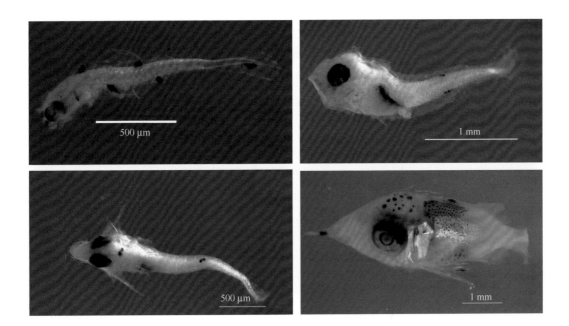

红锯鳞鱼 *Myripristis pralinia*

金鳞鱼科 Holocentridae；锯鳞鱼属 *Myripristis*

形态特征：体长 3.562 mm 的后期仔鱼脊索末端直行，鳍条未完全分化。尾部较长，尖细。头部较大，棘刺发达，特别是上后头部刺和前腮盖角刺巨大；头顶具有强棘，延长而呈锯齿状；鳃盖硬棘强壮。眶上骨嵴隆起清晰，上缘有锯齿状棘刺。头后有 1 个向后的枪状强刺，上下缘有锯齿状的小刺。前鳃盖骨有 3 刺，第一鳃盖骨刺延长，可达肛门，两侧生有小刺。口下位，口裂小，吻突出；鼻孔 1 个，长圆形，位于吻部的中间。口鼻部尖锐突出，呈二分深叉尖棘状；眼圆形，直径与吻部等长。腹囊较大，似葫芦状；消化管较短；肛门位于体中央稍后，距吻端的距离为体长的 62.1%。背鳍鳍条部分和臀鳍膜对位，鳍条未见分化。颅顶有 1 对大的星状黑色素；腹囊有浓密的小星状黑色素，呈大块色素斑状。

繁殖：未知。

生态生境：属热带海洋珊瑚礁鱼类，成体栖息深度为 8~50 m。为夜行性鱼类，通常以小而松散的群体在岩洞或珊瑚礁的礁坪、潟湖和礁外斜坡下活动。主要以蟹的幼体等浮游生物为食。

地理分布：广泛分布于印度洋—太平洋的温热带海域。我国主要分布于南海、东海和台湾南部海域。

DNA 条形码：暂无。

保护等级：Least Concern(无危)。

生态与应用价值：经济价值不高，成体体色鲜红，可作为水族箱养殖观赏种类。作为一类泛珊瑚礁区域的海水鱼，红锯鳞鱼多在珊瑚礁区活动，是珊瑚礁生态系统中重要的一类消费者。

物种幼体图片：

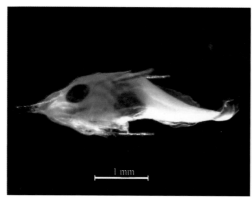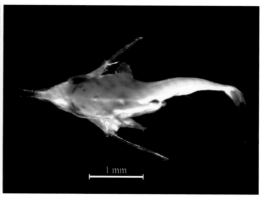

黄带新东洋鳂 *Neoniphon aurolineatus*

金鳞鱼科 Holocentridae；新东洋鳂属 *Neoniphon*

形态特征：鱼卵呈圆球状，浮性，互相分离，表面光滑透明，卵径 0.593 mm。卵周隙窄，卵黄囊大，几乎占据卵内空间。胚体围绕卵黄囊达 1/2 时，胚体表面可见明显少量色素胞分布。

繁殖：未知。

生态生境：属海洋珊瑚礁底栖性鱼类，栖息深度为 30~188 m，通常为 40~70 m。主要栖息于水下裂缝或洞穴中。常在水深 100~190 m 的珊瑚礁外斜坡被捕获。较少出现在浅于 40 m 水深的地方。单独或以小群生活。以甲壳类为食。

地理分布：广泛分布于印度洋—太平洋的温热带海域。我国主要分布于南海、台湾南部海域。

DNA 条形码：GU673807。

保护等级：Least Concern（无危）。

生态与应用价值：经济价值不高，成体体色鲜红，可作为水族箱养殖观赏种类。作为一类泛珊瑚礁区域的海水鱼，黄带新东洋鳂多在珊瑚礁区活动，是珊瑚礁生态系统中重要的一类消费者。

物种幼体图片：

灯笼鱼目 Myctophiformes

带底灯鱼 *Benthosema fibulatum*

灯笼鱼科 Myctophidae；底灯鱼属 *Benthosema*

形态特征：体长 1.610~3.191 mm 的初期仔鱼，脊索末端平直，外形较侧扁，尾部较细长。头部中等大，前额微凹，颅顶稍凸。头长约为体长的 28.90%，吻钝尖，吻长约为头长的 22.70%。鼻孔近圆形，靠近吻端。口斜位，口裂较浅，达眼中部下方，下颌稍长于上颌，上颌生有小牙。眼睛略呈椭圆形，角膜先端不呈弯曲钩状。腹囊较大，消化管前部仍较粗，直肠较细、短。肛门位置在身体中央，肛门距吻端的距离为体长的约 52.60%。脂鳍及臀鳍鳍膜不甚明显。胸鳍小扇状，胸部下方有 1 个黑色素分布，消化管中部的腹侧及肛门后上方各有 1 个大的星状色素，臀鳍至尾柄的身体腹侧有 9~10 个较大的短条状色素分布，但侧视时不甚明显。

繁殖：未知。

生态与应用价值：属深海鱼类，无经济价值。其早期浮游阶段可分布于珊瑚礁，是热带珊瑚礁海域捕食者的食物来源之一。

物种幼体图片：

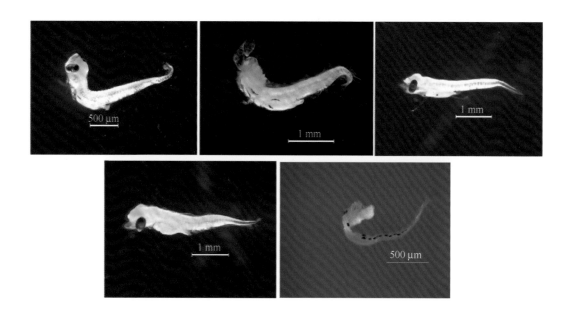

耀眼底灯鱼 *Benthosema suborbitale*

灯笼鱼科 Myctophidae；**底灯鱼属** *Benthosema*

形态特征：体长 1.947~2.425 mm 的前期仔鱼，外形稍侧扁，尾细长。头部中等大，前额微凹，头长为体长的 23.90%。吻略尖，上下侧扁。口微斜，口裂深达眼后缘下方。下颌略长于上颌，上颌生有小牙。眼长圆形，微向前倾，有发达的脂眼，角膜尖端弯曲呈钩状；水平直径约为头长的 21.9%，垂直直径为头长的 48.5%。腹囊长形，消化管近似三角形至半圆形；前部较粗，直肠较细、短。肛门开口于身体前方的 1/3 处，尾部脊索平直，尾鳍鳍条初现。下颌前端出现 1 个黑色素。

繁殖：未知。

生态生境：属大洋性洄游鱼类，生活于深海，栖息水深范围 50~2 500 m，通常为 500~600 m。在水体的中上层活动，日间在水深 375~750 m、夜间在 125 m 至邻近表层活动；成体摄食浮游动物。

地理分布：广泛分布于大西洋、印度洋和太平洋的热带、亚热带和温带海域，我国主要分布于南海。

DNA 条形码：MG856415。

保护等级：Least Concern(无危)。

生态与应用价值：属深海鱼类，无经济价值。其早期浮游阶段可分布于珊瑚礁，是热带珊瑚礁海域捕食者的食物来源之一。

物种幼体图片：

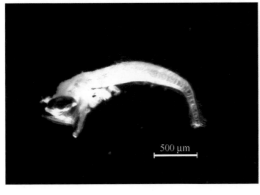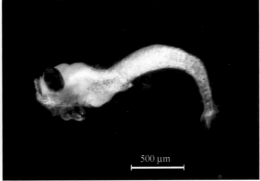

瓦明氏角灯鱼 *Ceratoscopelus warmingii*

灯笼鱼科 Myctophidae；角灯鱼属 *Ceratoscopelus*

形态特征：体长 1.998~3.075 mm 的前期仔鱼，头部中等大，稍侧扁，体细长，随着个体发育体长与体高比逐渐降低。口微斜，口裂达眼中央的下方。吻圆，略尖凸，下颌略短于上颌；眼近圆形，眼径 0.197~0.298 mm，约为头长的 1/3。腹囊长形，肛门位于体中央的稍后方。脊索末端平直，鳍条未发育完全。肛门上方有 1 个大的丛状黑色素，臀鳍基至尾柄的腹侧有 10 个较规则的短条状黑色素分布。其余体表无明显色素分布。

繁殖：未知。

生态生境：属热带海洋深海种类，栖息水深 391~2 056 m。日间分布于水深 700~1 500 m 处；夜间上浮至水深 20~200 m 处，个体多分布于 50~100 m。不同大小个体都存在水深分层现象，但小型幼鱼(1.5~1.9 cm)是非迁移性的。主要以浮游动物为食，但偶尔以浮游植物为食。

地理分布：广泛分布于大西洋和西北太平洋的热带和亚热带海域。我国东海和南海海域有分布。

DNA 条形码：MH113327。

保护等级：Least Concern（无危）。

生态与应用价值：属深海鱼类，无经济价值。其早期浮游阶段可分布于珊瑚礁，是热带珊瑚礁海域捕食者的食物来源之一。

物种幼体图片：

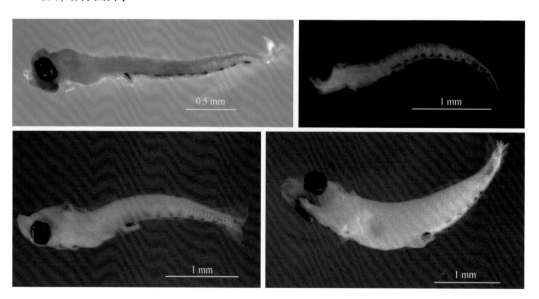

颜氏眶灯鱼 *Diaphus jenseni*

灯笼鱼科 Myctophidae；眶灯鱼属 *Diaphus*

形态特征：体长 3.52 mm 的仔鱼，体型中等延长，呈纺锤形。脊索末端平直；背鳍和臀鳍基形成，但鳍膜未退行，鳍条隐约可见；尾鳍发育较好，鳍条可数；头部中等大；眼睛大，眼近圆形；眼径 0.49 mm，约占头长的 46.2%。吻尖，长度小于眼长；口端位，上颌钝圆，下颌尖细，下颌略长于上颌；口裂大，延伸至眼后缘的下方。腹囊呈三角形，消化道较短，肛门位于身体的 1/2 处。胸鳍小扇形，臀鳍基短，与背鳍基长几乎相等。尾柄粗壮，中等长。上颌后端邻近眼部有 1 个色素点；胸鳍基底肌肉内有小型点状色素细胞；肛门处及臀鳍基底后端各有 1 个色素斑。

繁殖：未知。

生态生境：属深海洄游鱼类，生活水深范围 350~1 389 m。在水体的中下层活动，夜间可在水深 85 m 至表层活动。

地理分布：广泛分布于印度洋—太平洋和大西洋东南部海域；我国分布于南海。

DNA 条形码：SAIAC015-09（BOLD systems）。

保护等级：Least Concern（无危）。

生态与应用价值：属深海鱼类，无经济价值。其早期浮游阶段可分布于珊瑚礁，是热带珊瑚礁海域捕食者的食物来源之一。

物种幼体图片：

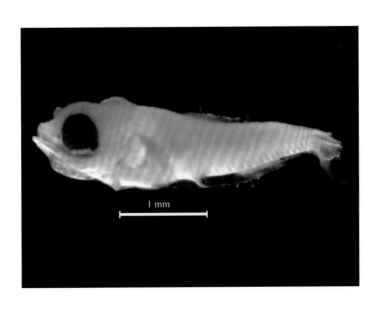

1 mm

喀氏眶灯鱼 *Diaphus garmani*

灯笼鱼科 Myctophidae；眶灯鱼属 *Diaphus*

形态特征：体长 1.582 mm 的前期仔鱼，体侧扁，头中等大，尾部极细长；腹囊梨形，消化道细长，肛门位于体长的约 1/3 处。尾鳍鳍基形成，鳍条未完全分化，其余鳍未明显发育，鳍膜不明显。消化道的前端和中部各有 1 丛状黑色素点，肛门上方有 1 丛状黑色素分布；肛后尾鳍基至尾柄部有约 13 个色素点排列。

体长 2.438 mm 的仔鱼，脊索末端尚未弯曲。头部粗壮，头长小于体长的 1/3。吻略尖，口水平位，口裂较深，达眼中部稍后的下方，上下颌约等长。眼椭圆形，长径 0.359 mm，短径 0.276 mm。腹囊长形，消化道细长，内有皱褶。肛门位置后移至体中部，距吻端约 1.321 mm。背鳍和臀鳍鳍基形成，鳍条未发育完全；自肛门后至尾柄间的腹缘有 12~13 个长条状的星状黑色素排成 1 列，侧视不甚明显；尾鳍下叶的基部有 1 个小的块状黑色素点。

繁殖：未知。

生态生境：属大洋性中、底层巡游鱼类。栖息水深 0~2 091 m。具有日夜垂直分布习性，日间一般栖息于 325~750 m 以深，夜间则上浮至水深 0~125 m 觅食，100 m 水深处个体最密集。以小虾等甲壳类为食。常与樱花虾（*Sergia* spp.）、海洋斧头鱼类（*Argyropelecus* spp.）及烛光鱼（*Polyipnus* spp.）一同出现。

地理分布：广泛分布于太平洋、大西洋和印度洋的热带及亚热带海域。我国南海有分布。

DNA 条形码：KR231846。

保护等级：Least Concern（无危）。

生态与应用价值：属深海鱼类，无经济价值。其早期浮游阶段可分布于珊瑚礁，是热带珊瑚礁海域捕食者的食物来源之一。

物种幼体图片：

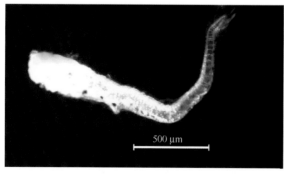
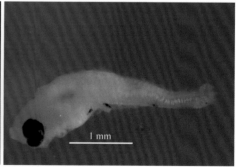

李氏眶灯鱼 *Diaphus richardsoni*

灯笼鱼科 Myctophidae；眶灯鱼属 *Diaphus*

形态特征：体长 2.195~2.813 mm 的前期仔鱼，外形细长，脊索末端平直；前额明显隆起，头部中等大，头长约为体长的 1/3。吻较钝圆，口微斜，口裂较浅，达眼中部稍前的下方；上下颌约等长，具有细小牙分布。眼呈椭圆形，略向前倾。腹囊长形，消化管细长，内有皱褶；肛门位于体中部偏后，距吻端的距离约为体长的 30.6%~45.0%，位置随着个体发育逐渐后移。尾鳍基形成，上下叶鳍条清晰可见。胸鳍部有 1 丛枝状黑色素斑，消化管中部的体侧和直肠后上方各有 1 个丛状黑色素；消化道中部上方有 1 个星状黑色素；肛后至尾柄的腹缘有约 13 个短条状黑色素排列；尾鳍下叶的基部也有 1 个大的块状黑色素斑。体长 3.542 mm 的后期仔鱼，脊索末端向上弯曲；体稍侧扁、变粗，体高增大；头部增大，前额隆起，头长约为体长的 1/3。吻钝圆，稍向前突。口水平位，口裂达眼中央的下方。眼长圆形，卵长径与吻长约相等。消化管较细长，内有皱褶，肛门距吻端的距离约为体长的 56.5%。消化道中部、肛门上方和尾鳍下叶的黑色素分布无明显变化；肛后腹缘黑色素点的数量减少至约 9 个。

繁殖：未知。

生态生境：属深海洄游鱼类，栖息于水体的中下层，水深范围 350~1 000 m。夜间仍多在 200 m 以深活动。

地理分布：广泛分布于大西洋东南部，印度洋—太平洋及太平洋东南部海域；我国主要分布于南海。

DNA 条形码：KC136593。

保护等级：Least Concern（无危）。

生态与应用价值：属深海鱼类，无经济价值。其早期浮游阶段可分布于珊瑚礁，是热带珊瑚礁海域捕食者的食物来源之一。

物种幼体图片：

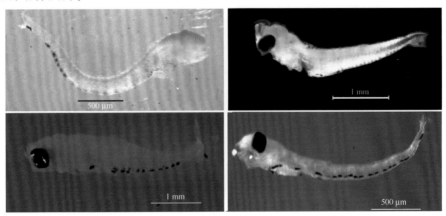

高体电灯鱼 *Electrona risso*

灯笼鱼科 Myctophidae；电灯鱼属 *Electrona*

形态特征：体长 2.062 mm 的前期仔鱼，脊索末端平直。各鳍未完全发育，体表无明显鳍膜。体侧扁，头部较粗，尾部细长。头长为体长的 29.4%。吻短，稍尖凸；口斜位，口裂深，达眼后缘的下方。眼长圆形，短径与吻长约相等。腹囊较大，长圆形；消化管粗短，内有皱褶，肛门位于体中央稍后，距吻端的距离为体长的 53.0%。身体侧未见明显的色素分布。

繁殖：卵生种类，卵和仔鱼营浮游生活。体长 5.9 cm 达到性成熟。地中海水域的产卵季为夏季到秋季。

生态生境：属深海洄游鱼类，生活于 55°N—46°S 范围内 90～1 485 m 水深海域。多在水体的中上层活动。日间栖息于 225～750 m 水深；夜间幼鱼主要活动水深为 225～750 m，成体为 450～550 m。

地理分布：分布于各大洋 10℃ 和 15℃ 等温线内水深大于 200 m 处，主要包括大西洋东部、西部和西南部海域，印度洋海域，太平洋西部、东部。我国主要分布于台湾岛周边及南海海域。

DNA 条形码：HQ564142。

保护等级：Least Concern(无危)。

生态与应用价值：属深海鱼类，无经济价值。其早期浮游阶段可分布于珊瑚礁，是热带珊瑚礁海域捕食者的食物来源之一。

物种幼体图片：

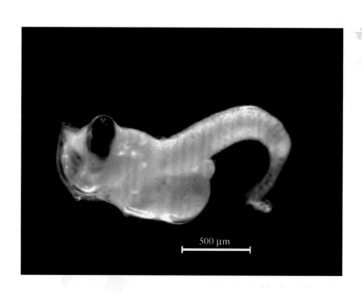

吉氏叶灯鱼 *Lobianchia gemellarii*

灯笼鱼科 Myctophidae；叶灯鱼属 *Lobianchia*

形态特征：体长 3.872 mm 的后期仔鱼，脊索末端上弯。外形侧扁，头部稍大。体较高。头长为体长的 29.4%；吻钝尖，口大，水平位，口裂达眼中部的下方；上下颌约等长，均生有小牙。鼻孔 1 个，长圆形，位于吻部的中间。眼近圆形，眼径为头长的 1/3。背部鳍膜较短、低，背鳍和臀鳍鳍基形成，尾下骨发达。胸鳍翼状。腹囊近似三角形，消化管粗、短，肛门位于体中间。胸鳍基底有丛状黑色素分布，旁边的体侧有若干小的星状黑色素散布。

繁殖：卵生种类，鱼卵和仔鱼都营浮游生活。体长 40~45 cm 的个体即可达到性成熟。

生态生境：属深海洄游鱼类，生活于 60°N—55°S 范围内深海海域。主要在水体的中下层活动，栖息水深 25~800 m。日间主要分布于水深 300~800 m，夜间分布于 25~100 m（体长 14~22 mm 幼鱼）和 200~300 m（体长 50~56 mm 成鱼）。不同大小个体的分层现象，与水深和昼夜都有关。

地理分布：分布于大西洋东部和西部海域，印度洋海域(2°N—25°S，75°E 以东)，太平洋西部澳大利亚至日本之间海域和太平洋东部。我国主要分布于台湾岛周边及南海海域。

DNA 条形码：HQ564142。

保护等级：Least Concern(无危)。

生态与应用价值：属深海鱼类，无经济价值。其早期浮游阶段可分布于珊瑚礁，是热带珊瑚礁海域捕食者的食物来源之一。

物种幼体图片：

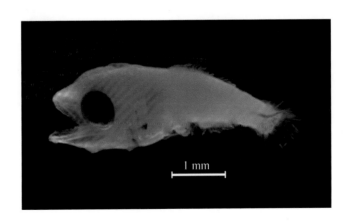

1 mm

栉棘灯笼鱼 *Myctophum spinosum*

灯笼鱼科 Myctophidae；灯笼鱼属 *Myctophum*

形态特征：体长 2.678~3.140 mm 的前期仔鱼，尾部细长，略侧扁。头部略长，约为体长的 20%。吻尖，吻长约为头长的 45%；口微斜，口裂较深，达眼中央稍后的下方；上下颌均生有小牙，下颌长于上颌。鼻孔 1 个，长圆形，靠近吻端。眼呈纺锤形，略前倾，表面有细长的钝锥状脉络组织分布。腹囊长形，肛门前位，位于体长的中部稍前。上颌骨有 1 列长形的黑色素，下颌端也有 1 个大的星状黑色素，鼻孔前后及眼的脉络组织下方各有 1 个星状黑色素，眼后鳃盖骨上有 1 个稍大的星状黑色素。

繁殖：未知。

生态生境：属深海洄游鱼类，主要活动水深为 0~700 m。主要分布于深海水域的中下层。夜间可上浮至表层活动。

地理分布：广泛分布于太平洋、印度洋和大西洋的热带和亚热带海域，我国南海有分布。

DNA 条形码：HQ564142。

保护等级：Least Concern(无危)。

生态与应用价值：属深海鱼类，无经济价值。其早期浮游阶段可分布于珊瑚礁，是热带珊瑚礁海域捕食者的食物来源之一。

物种幼体图片：

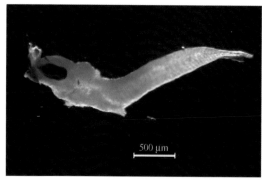
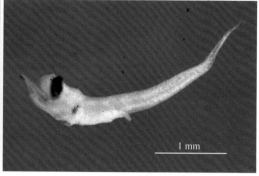

小鳍新灯鱼 *Neoscopelus microchir*

新灯笼鱼科 Neoscopelidae；新灯鱼属 *Neoscopelus*

形态特征：鱼卵呈圆球状，浮性，互相分离；表面光滑，卵径 0.885 mm。固定样品内部呈絮凝状，边界不清晰；油球 1 个，橙红色，呈长椭圆形，长径 0.305 mm，短径 0.150 mm。

繁殖：未知。

生态生境：属深海鱼类，栖息水深 250~700 m。主要分布于陆架区及岛屿斜坡边缘海域。无昼夜垂直迁移习性。

地理分布：分布于太平洋西部、印度洋西部和大西洋东部海域。我国南海和东海有分布。

DNA 条形码：HQ564142。

保护等级：Least Concern（无危）。

生态与应用价值：属深海鱼类，无经济价值。其早期浮游阶段可分布于珊瑚礁，是热带珊瑚礁海域捕食者的食物来源之一。

物种幼体图片：

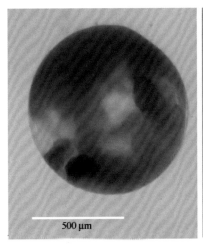 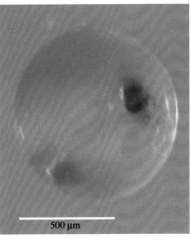

埃氏标灯鱼 *Symbolophorus evermanni*

灯笼鱼科 Myctophidae；标灯鱼属 *Symbolophorus*

形态特征：全长 2.239 mm 的前期仔鱼，身体极细长，脊索末端平直。眼呈长圆形，高出头顶，向外突出，有眼柄支撑，眼下有滴状的脉络组织。腹囊呈长条形，消化道细长；肛门位于体长的中央稍前，距吻端约为体长的 47.9%。背鳍未见分化，其余各鳍未见明显鳍膜。眼后鳃盖骨上有 1 个星状黑色素，峡部有 2 个黑色素点。肛门后至尾柄的腹侧有 12~13 个色素点呈线列状排列；尾鳍基有 2~3 个小的星状色素点分布。

繁殖：产卵生殖，仔鱼营浮游生活。

生态生境：属大洋性中层洄游鱼类，栖息深度为 100~500 m。具有日夜垂直分布习性。日间栖息于水深 400~700 m，夜间上游至水深 0~150 m 觅食。以小虾等浮游甲壳类为食。

地理分布：广泛分布于印度洋—太平洋热带海域。我国主要分布于南海和东海。

DNA 条形码：HQ564142。

保护等级：Least Concern（无危）。

生态与应用价值：属深海鱼类，无经济价值。其早期浮游阶段可分布于珊瑚礁，是热带珊瑚礁海域捕食者的食物来源之一。

物种幼体图片：

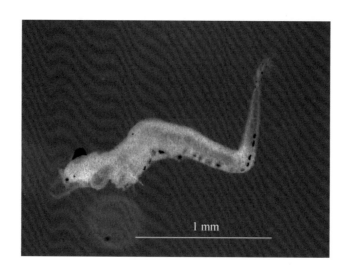

1 mm

浅黑尾灯鱼 *Triphoturus nigrescens*

灯笼鱼科 Myctophidae；尾灯鱼属 *Triphoturus*

形态特征：体长 4.996 mm 的后期仔鱼，稍侧扁，体延长，呈长纺锤形。吻稍长且粗壮，嵴骨隆起明显，尖端钝化。眼睛较小，呈椭圆形，下边缘有 3 个月状的胶体组织；眼后头较长，约为吻部的 1.5 倍。口大，口裂大小适中，达眼部前缘下方；上下颌等长，均有细齿；肛门位于身体中央稍后，位于体长 65.2% 处；臀鳍直接起于肛门之后，基底稍短；尾柄部较长。后背部、臀部的鳍条已分化。色素细胞主要在躯体部分出现。体侧中线自鳃盖边缘至背鳍基后部的下方，有 5 个色素点分散排列。腹侧也有 5 个点状色素线分布，与中线色素走向大致平行；其中，消化道中部、后部的上端及臀鳍基中部各有 1 个色素点，均位于中线色素点正下方稍前；臀鳍末端 1 个丛状色素，后方的尾柄中部腹侧 1 个稍大的短线状色素。腹侧色素下方的臀鳍基底有 1 列较小色素点延伸至尾柄。

繁殖：产卵生殖，鱼卵和仔鱼营浮游生活。

生态生境：属深海洄游鱼类，主要活动水深为 100~1 000 m。主要分布于深海水域的中下层。夜间可上浮至水深 24 m 以上表层活动，日间则多于水深 532~1 000 m 活动。

地理分布：分布于 8°N—15°S 间的印度洋和大西洋东南部，以及 30°N—30°S 间的太平洋海域。我国南海有分布。

DNA 条形码：HQ564142。

保护等级：Least Concern（无危）。

生态与应用价值：属深海鱼类，无经济价值。其早期浮游阶段可分布于珊瑚礁，是热带珊瑚礁海域捕食者的食物来源之一。

物种幼体图片：

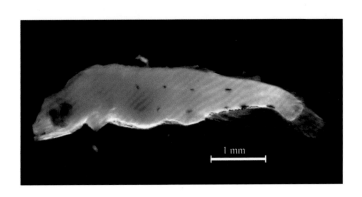

1 mm

鲈形目 Perciformes

日本刺尾鱼 *Acanthurus japonicus*

刺尾鱼科 Acanthuridae；**刺尾鱼属 *Acanthurus***

形态特征：卵子呈圆球形，彼此分离，浮性，卵膜光滑。固定样本的卵径约为 0.558 mm。卵黄囊透明，表面有 1 个色素点分布；胚体围绕卵黄囊超过 1/2 圈，躯体未见明显黑色素分布。

繁殖：未知。

保护等级：Least Concern（无危）。

生态与应用价值：属经济种类，但经济价值不高。体色艳丽，以作为观赏用鱼为主。其多活动于珊瑚礁丰茂的地区，觅食珊瑚和岩礁上的藻类及有机碎屑，对于抑制珊瑚礁附着藻类过度生长，维护珊瑚礁生态平衡具有重要的作用。该物种具有较强的环境适应能力，可成为珊瑚礁修复的优先恢复工程物种。

物种幼体图片：

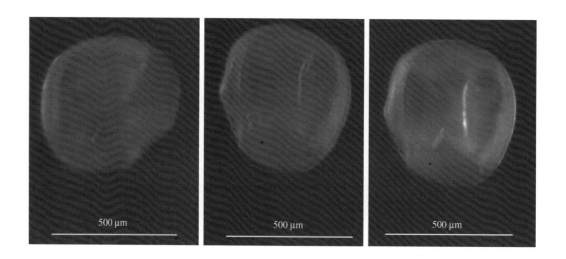

暗色刺尾鱼 *Acanthurus mata*

刺尾鱼科 Acanthuridae；刺尾鱼属 *Acanthurus*

形态特征：卵子呈圆球形，彼此分离，浮性，卵膜光滑。固定样本的卵径为0.598~0.626 mm。胚体围绕卵黄囊超过1/2时，躯体未见明显黑色素分布。卵黄囊透明，表面有1个色素点分布。油球1个，前位，油球径约0.135 mm，表面无明显色素点分布。

繁殖：未知。

生态生境：属热带海洋珊瑚礁相关种类，非洄游鱼类，栖息深度为5~100 m，通常为5~45 m。主要栖息于珊瑚礁区斜坡，亦常被发现于邻近珊瑚礁或岩石底部的浑浊水域中，是刺尾鲷科鱼类中最能容忍浑浊水域的种类。以浮游动物为食，觅食和产卵时都有聚集成群的习性。

地理分布：广泛分布于印度洋和太平洋海域。

DNA 条形码：MN870416。

保护等级：Least Concern(无危)。

生态与应用价值：属经济鱼类，也可用于水族观赏。其多活动于珊瑚礁丰茂的地区，是珊瑚礁生态系统中重要的一类消费者。

物种幼体图片：

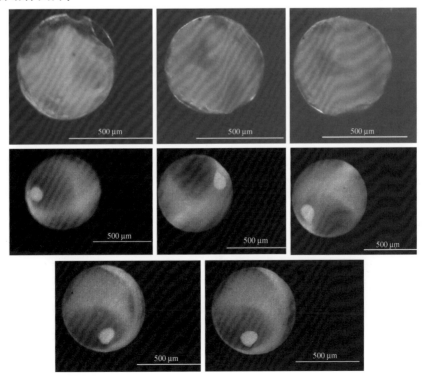

褐斑刺尾鱼 *Acanthurus nigrofuscus*

刺尾鱼科 Acanthuridae；刺尾鱼属 *Acanthurus*

形态特征：体长 1.278~1.658 mm 的前期仔鱼，脊索末端平直，体侧扁，头部和尾部体高差异明显，头部较大，躯体及尾部极细长；吻端突出，口小，下颌略长于上颌，口裂浅，仅达眼前缘的前方。眼大，圆形，眼径约 0.162 mm，约占头长的 40.8%。颅顶明显隆起。各鳍条未充分发育，背鳍和腹鳍鳍膜较浅。腹囊粗大，肛门位于体中央稍前，距吻端距离约占体长的 45.3%。腹囊后上部、肛门处及尾鳍下叶的各有 1 个色素点分布，其余部位未见明显色素分布。

繁殖：未知。

生态生境：属热带海洋珊瑚礁相关种类，非洄游底栖性鱼类，栖息深度为 0~25 m，通常为 2~25 m。主要栖息于潟湖浅滩及海向礁石的坚硬底部，是浅水礁区常见的鱼类。产卵期时有聚集成群的习性；成鱼常以小群出现，但在某些大洋性岛屿区域可聚集成大群。幼鱼有与其他鱼类集群混居的现象。该种类处于刺尾鱼类等级的底层，因此，在觅食时采取聚集成群的策略以抵抗其他具有领地性的草食鱼类攻击。以丝状藻类为食。

地理分布：广泛分布于印度洋—太平洋海域。

DNA 条形码：MK658636。

保护等级：Least Concern（无危）。

生态与应用价值：属经济鱼类，也可用于水族观赏。其多活动于珊瑚礁丰茂的地区，以礁石上的藻类为食，有助于珊瑚的生长。

物种幼体图片：

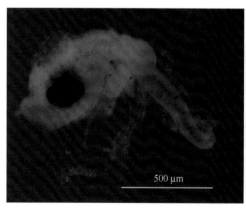
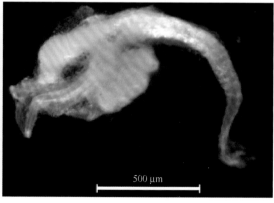

黑鳃刺尾鱼 *Acanthurus pyroferus*

刺尾鱼科 Acanthuridae；刺尾鱼属 *Acanthurus*

形态特征：卵子呈圆球形，彼此分离，浮性，卵膜光滑。固定样本的卵径为 0.539 mm。胚体围绕卵黄囊超过 1/2 时，胚体、卵黄囊表面均无明显黑色素分布。油球 1 个，后位，透明，油球径 0.146 mm，表面无色素点分布。

繁殖：产卵时有聚集成群的习性，产卵期未知。

生态与应用价值：属经济种类，体色艳丽，可作为水族养殖种类。作为一类泛珊瑚礁区域的热带海水鱼，多活动于珊瑚礁丰茂的地区，觅食礁石上的多种藻类和有机碎屑，是珊瑚礁生态系统中重要的一类消费者。其不仅可以清除珊瑚礁上的藻类和沉积物以促进珊瑚的生长，还具有较强的环境适应能力，可作为人工修复岛礁的优先恢复工程物种。

物种幼体图片：

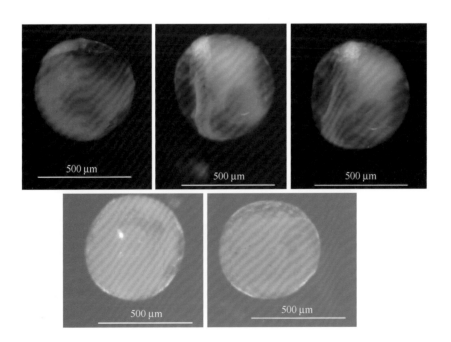

坚头天竺鲷 *Apogon crassiceps*

天竺鲷科 Apogonidae；天竺鲷属 *Apogon*

形态特征：体长 5.714 mm 的后期仔鱼，外形梭状，体侧扁。体高较高，约为体长的 37.6%。除胸鳍外，其余鳍的鳍条已发育完全。口端位，上下颌约等长；吻部稍尖凸，口裂大，可达眼后部的下方。头部宽大，尾柄略显粗壮。眼圆形，眼径 0.757 mm，约占头长的 35.2%。腹囊梨形，消化道细长，肛门位于体中央稍前。腹鳍鳍膜具有浓密的色素胞分布。腹囊表面连片分布有密集的丛状色素胞。其上方的体侧中部有 1 大型色素带分布。眼部上方的头部及眼后方的头部各有 1 个短弧状色素带。

体长 7.048 mm 的稚鱼，体型略显细长；肛门位置略向头部迁移；胸鳍扇形；第一背鳍的第三棘和第四棘之间的鳍膜有黑色素胞出现；其余特征无明显变化。

体长 8.801 mm 的稚鱼个体，尾柄显得细长；肛门位置位于体中央，与吻端距离占体长的 49.6%。第一背鳍的黑色素斑加大并向腹侧扩展。眼上方的色素带明显增大。体侧中部的色素带略有增大，并与其下方卵黄囊表面的丛状色素相接形成大型色素块。

繁殖：鱼卵娩出后在亲鱼的口中孵化，求偶和产卵期间明显配对生活。

生态生境：属热带海洋珊瑚礁相关鱼类，栖息深度为 18~55 m。主要栖息于近岸珊瑚礁、潟湖或海向的珊瑚礁区域。为夜行性鱼类，日间停留在岩礁下方或洞穴内，夜间则外出觅食多毛类以及其他小型底栖无脊椎动物。

地理分布：分布于印度洋—太平洋海域。

DNA 条形码：MW054504。

保护等级：Not Evaluated(未评估)。

生态与应用价值：属小型鱼类，无经济价值，多在珊瑚礁中活动，是珊瑚礁生态系统重要的一类消费者，同时也是其他大型鱼类等高等级消费者的重要食物来源。

物种幼体图片：

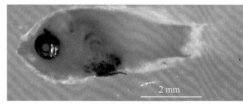
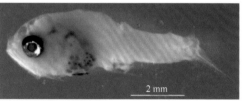

扁舵鲣 *Auxis thazard*

鲭科 Scombridae；舵鲣属 *Auxis*

形态特征：卵子呈圆球形，彼此分离，浮性，卵膜光滑。固定样本的卵径为 0.769~0.817 mm。油球 1 个，后位，油球径 0.283 mm，近头部侧的边缘有约 4 个色素点分布。胚体自眼后头部起至近尾部末端分布有许多等大的点状黑色素胞分布，相邻色素点的间距大致相等；色素明显分为两列，其中近头侧色素列间距较宽，往尾部逐渐减小至约等宽。卵黄囊表面有 1~2 个同等大的色素点散布。

体长 1.723~1.864 mm 的前期仔鱼，体细长，尾部平直。卵黄囊还未完全吸收，油球仍依稀可见。眼大，仍呈灰褐色，眼径约 0.180 mm。吻圆钝，口裂未形成。背部鳍膜较低，从头部延续至尾鳍。黑色素分布在吻部、眼后上方、躯体腹侧、胸鳍基部及卵黄囊上。其中，卵黄囊有许多丛状色素分布，呈浓而大的色素块。消化道略弯曲，肛门开口未形成，与吻端距离占体长的比例随个体发育由 41.1% 增至 46.2%，其上方有 1 条状黑色素分布。肛后臀鳍基具有约 10~12 个星状黑色素，沿腹缘至尾鳍末端排列。

体长 2.763 mm 的后期仔鱼，脊索已轻微上屈。仔鱼体型侧扁，头粗壮，头部鳃盖骨棘发达。吻部尖长，上下颌约等长，各具有尖齿排列。口裂中等，达眼中部的下方。眼大，圆形，眼径 0.359 mm，与眼前头长约等长。胸鳍大，呈扇形。腹囊呈梨形，肛门位于体中央，与吻端距离占体长的 51.3%。眼后上方具有约 3 个星芒状黑色素胞分布，与腹囊背侧的浓密色素带几乎呈带状排列，胸鳍基部有 1 个较大的星状色素点；鳃盖后部的腹囊边缘至峡部也具有约 3~4 个较大的色素点排列。尾部腹侧有 3 个中等色素点分布。

繁殖：产卵期与温度和其他环境变化相关，因地区而异，在某些区域的产卵期可能贯穿全年。

生态与应用价值：具有较高的商业捕捞价值，也是重要的游钓对象之一。渔获可直接销售和冷冻，也可干制或盐渍、烟熏或制作罐头。该种类可在珊瑚礁中活动，是重要的一类消费者；个体数量较多，被认为是食物网的重要组成部分；特别是可作为其他具有重要商业价值种类的饵料。它们可被更大型的鱼类，包括其他金枪鱼类所捕食。

物种幼体图片：

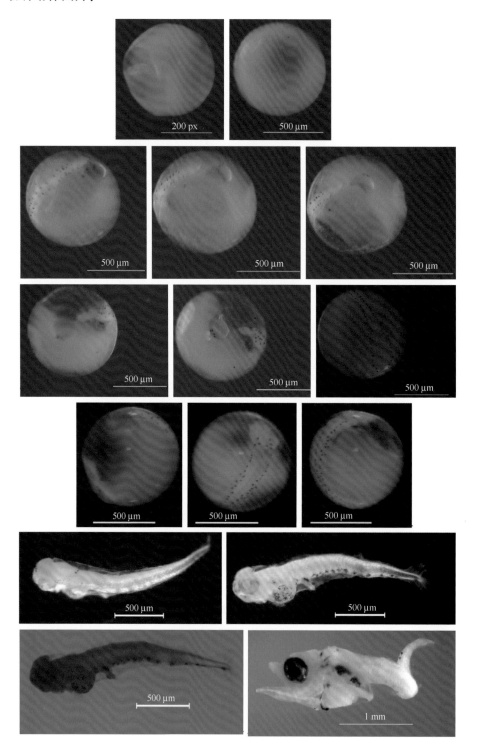

日本乌鲂 *Brama japonica*

乌鲂科 Bramidae；乌鲂属 *Brama*

形态特征：卵子圆球形，分离，浮性，卵膜光滑。固定样本的卵径约为 1.155～1.323 mm。卵周隙较窄，卵黄囊中等大，胚体围绕卵黄超过 1/2 时，胚体头部明显发育，眼球凸出，眼球黑色素明显发育；头部表面有数个大型丛状色素点散布。胚体其余部分未见明显的黑色素分布。

繁殖：不同海域的产卵期有较大差异，太平洋北部 140°—177°W 海域为 6 月初至 7 月，160°—170°E 海域为 12 月至翌年 3 月。

生态生境：属亚热带大洋底栖性鱼类，栖息深度为 271～620 m。日间栖息于水深 150～400 m，夜间则到表层活动觅食。肉食性，以其他鱼类、甲壳类及头足类等为食。

地理分布：属高度洄游鱼类，广泛分布于太平洋的亚热带至亚寒带海域。

DNA 条形码：JF952690。

保护等级：Not Evaluated(未评估)。

生态与应用价值：为经济种类，是较好的食用性鱼类；生态价值信息缺乏。

物种幼体图片：

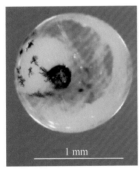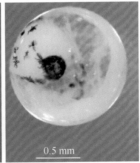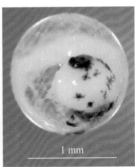

基岛深水鲻 *Callionymus kaianus*

鲻科 Callionymidae；深水鲻属 *Callionymus*

形态特征：体长 3.173~3.295 mm 的稚鱼，外形较粗短，头部较大，头长约为体长的 1/3。体中部粗壮，尾部相对细长。吻钝尖，口斜位，口裂小，达眼前缘的下方。鼻孔较小，位于眼前缘。眼较大，圆形，眼径为头长的 43.6%。腮盖后缘平滑。背鳍出现 6 枚鳍棘；臀鳍鳍条未完全分化；胸鳍小扇状；尾鳍楔形，极延长。腹囊较大，梨形，消化道粗短；肛门位于体中央以后，与吻端的距离约为体长的 63.7%。星点状黑色素细胞紧密覆盖躯干至尾部的背面、体侧中线和腹部。颅顶部、眼后缘和胸鳍基上各有数个星状黑色素；腹囊上部有暗色的色斑，但体侧缺少色素分布，仅邻近肛门的下部腹侧有少量丛状和星状黑色素分布。

繁殖：属分批次产卵种类，单次产卵量较少，但全年均可产卵。娩出前卵的直径为 0.51mm，卵数量为 1 285~22 478 颗。雌性的平均寿命为 6 年，雄性在繁殖活动后即死亡。

生态生境：属海洋底栖小型鱼类，主要活动水深为 180~290 m。主要分布于陆架区边缘海域。以底栖生物为食。

地理分布：主要分布于印度洋和太平洋西部海域，日本南部和我国沿海都有分布。

DNA 条形码：KY371212。

保护等级：Not Evaluated(未评估)。

生态与应用价值：小型鱼类，无经济价值，仅具学术研究价值。缺乏生态价值信息。

物种幼体图片：

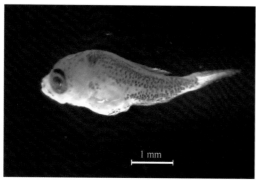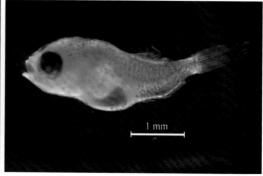

星眼绚鹦嘴鱼 *Calotomus carolinus*

鹦哥鱼科 Scaridae；绚鹦嘴鱼属 *Calotomus*

形态特征：卵子呈圆球形，彼此分离，浮性，卵膜光滑。固定样本的卵径约为 0.685~0.728 mm。卵周隙窄；卵黄囊较大，表面无明显龟裂；卵黄囊和胚体表面无明显色素分布。油球 1 个，后位，油球径约 0.175 mm，透明，表面无明显色素分布。

繁殖：在亚达伯拉环礁海域，曾被观察到落潮时在珊瑚礁前缘产卵。

生态生境：属海洋珊瑚礁相关鱼类，为中底层鱼类，栖息深度为 1~71 m。栖息环境多样，常栖息于水深大于 27 m 的潮下珊瑚浅滩、潟湖和海向珊瑚礁水域。也可在珊瑚礁、碎石、海草床及杂草丛生的区域出现。独自或以小群活动。以扇藻等多种底栖硬壳藻类和海草为食。为雌雄同体种类，雌性先性成熟，可能仅有次级雄性。

地理分布：广泛分布于印度洋—太平洋海域及太平洋东部海域。

DNA 条形码：KU176387。

保护等级：Least Concern（无危）。

生态与应用价值：属经济种类，体色艳丽，可作为水族观赏种类。作为一类泛珊瑚礁区域的海水鱼，其多活动于珊瑚礁丰茂的地区，觅食礁石上的多种藻类，是珊瑚礁生态系统中重要的一类消费者。清除珊瑚礁上的藻类，可调节平衡珊瑚礁生态系统中珊瑚和藻类间的竞争关系，同时也可促进珊瑚的生长。

物种幼体图片：

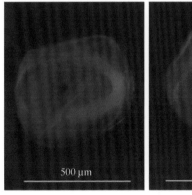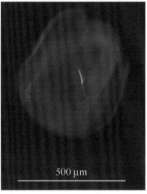

黄点若鲹 *Carangoides fulvoguttatus*

鲹科 Carangidae；若鲹属 *Carangoides*

形态特征：卵子为圆球形浮性卵；卵膜透明，薄而光滑，卵表面无突刺及其他特殊结构；卵径约 0.911 mm；卵周隙小，卵黄囊大，边界清晰；油球 1 个，透明，表面有若干色素点分布；胚体表面有许多细小的黑色素点分布。

繁殖：属产卵繁殖种类，主要产卵期为春、夏季。

生态生境：海洋珊瑚礁相关种类，栖息水深为 0~100 m。主要栖息于近岸岩礁区，偶尔出现在外海水深 100 m 处。可单独或以群体出现，一般成群巡游于礁盘外侧斜坡。主要以小型无脊椎动物和鱼类为食。

地理分布：广泛分布于印度洋—西太平洋海域。我国南海和东海有分布。

DNA 条形码：KX712507。

保护等级：Least Concern（无危）。

生态与应用价值：属经济鱼类，同时也是延绳钓的重要渔获种类。常在珊瑚礁区活动，是珊瑚礁重要的一类消费者，同时也是更高级肉食性鱼类的主要捕食对象。

物种幼体图片：

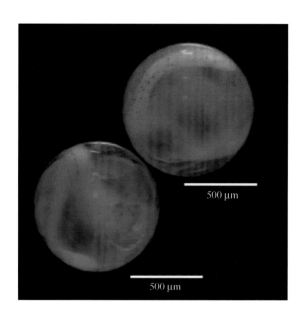

条尾刺尻鱼 *Centropyge fisheri*

盖刺鱼科 Pomacanthidae；刺尻鱼属 *Centropyge*

形态特征：体长 1.619 mm 的前期仔鱼，体长侧扁。口水平位，尖长，口裂较小，距眼前下缘仍有较大距离。眼大，椭圆形，长径 0.255 mm，短径 0.177 mm。获得的样品腹侧消化道及部分臀鳍缺失。除末端部分外，身体体表都有浓密的黑色素胞出现。其中，体侧中线和背鳍各有 1 条明显的色素线分布，从尾部端延伸至头部，腹侧色素线则从头后下方延伸至吻端。躯体各部位有若干密集点状色素散布。

繁殖：自然条件下的条尾刺尻鱼产卵期较长，产卵期内每天只产中等数量的卵。

生态生境：属海洋珊瑚礁相关种类，为非洄游种类，草食性，活动于水体中底层，栖息水深 10~95 m，通常在 24 m 以深活动。生活在珊瑚礁沟槽的珊瑚底部及岩礁斜坡的上方。常以小群体形式与豆娘鱼和小型隆头鱼共同出现在小型珊瑚礁与珊瑚藻混合区的内侧。行雌性先成熟的性转变行为。

地理分布：广泛分布于印度洋—西太平洋海域。

DNA 条形码：MK566837。

保护等级：Least Concern（无危）。

生态与应用价值：偶以潜水方式捕捉，为罕见种类。无食用经济价值，可作为水族观赏鱼类。

物种幼体图片：

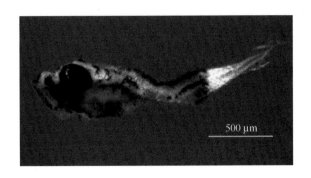

500 μm

福氏刺尻鱼 *Centropyge vrolikii*

盖刺鱼科 Pomacanthidae；刺尻鱼属 *Centropyge*

形态特征：体长 1.565 mm 的前期仔鱼，形态侧扁，体高约为体长的 28.8%。全身仍被鳍膜，尾部细长，尾鳍未分化。吻部尖长，口裂中等大，微斜，达眼前部的下方。眼呈椭圆形，中等大，眼径约等于吻长。下颌略长于上颌。腹囊长圆形，消化道较粗；肛门位于身体中部的稍后方，距离吻端约 0.973 mm。上下颌前端都有色素点。颅脑部有 5~6 个丛状色素点。头后体侧及背侧色素浓密，呈带状分布，覆盖了自头部后端至臀鳍基底中部、消化道背侧至背部区域。体侧中线部分的色素更为明显，呈线状。

繁殖：为产卵鱼类，卵呈球状。一雄一雌成对生活。在分布重叠区可与艾伯氏天使鱼（*C. eibli*）和黄刺尻鱼（*C. flavissima*）产生杂交后代。

生态与应用价值：无经济价值，体色艳丽，可作为水族箱养殖的观赏鱼。

物种幼体图片：

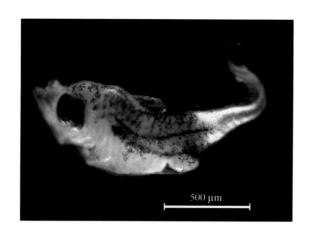

500 μm

弓月蝴蝶鱼 *Chaetodon lunulatus*

蝴蝶鱼科 Chaetodontidae；蝴蝶鱼属 *Chaetodon*

形态特征：卵子为圆球形分离浮性卵，卵膜表面光滑。固定样本的卵径约为 0.591 mm。卵周隙窄；卵黄囊较大，表面无明显龟裂。胚体有许多大小较规则的点状黑色素分布，排列密集但无明显的多个色素点相连。卵黄囊近胚体尾部的表面约有 10 个黑色素点散分。油球 1 个，透明，后位，油球径约 0.125 mm，表面无色素点分布。

繁殖：繁殖期间明显配对，且配对现象仅在个体发育成熟后才出现。

生态与应用价值：属小型鱼类，无经济价值。体色艳丽，可用于水族观赏。作为一类泛珊瑚礁区域的海水鱼，其多活动于珊瑚礁丰茂的地区，该鱼只以珊瑚虫为食，具有控制珊瑚礁种群平衡的作用。

物种幼体图片：

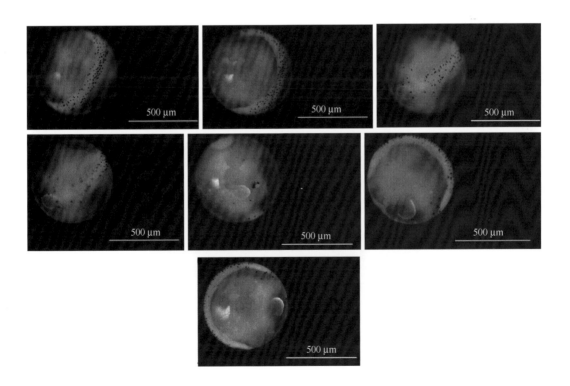

珠赤鮨 *Chelidoperca margaritifera*

鮨科 Serranidae；赤鮨属 *Chelidoperca*

形态特征：体长 1.243 mm 的前期仔鱼，体型侧扁，体中等延长，尾部尖细。最大体高约为体长的 24.5%。口裂较大，可达眼部前缘的下方。肛门位于体中央稍后，与吻端距离约为体长的 57.8%。各鳍的鳍条未开始发育，鳍膜不发达。体表黑色素胞位于头部背面、腹囊腹侧、胸鳍基底、尾部中央的体侧、臀鳍基底末端和腹中线。其中，臀鳍基底为明显而黑的大型色素斑；腹中线为条状色素线，从胸鳍后端起延伸至尾柄部。

繁殖：未知。

生态生境：属海洋底层非洄游性鱼类，栖息水深为 118 m 以浅。出现在陆架区的软底水域。

地理分布：分布于太平洋西部海域。

DNA 条形码：KY371338。

保护等级：Not Evaluated(未评估)。

生态与应用价值：非经济种类。

特种幼体图片：

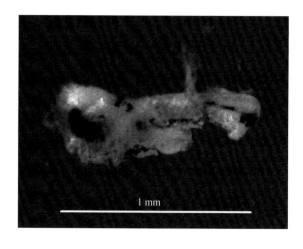

1 mm

白斑鹦哥鱼 *Chlorurus spilurus*

鹦哥鱼科 Scaridae；鹦哥鱼属 *Chlorurus*

形态特征：体长 4.717 mm 的仔鱼呈长卵形，侧扁而延长，肌节清晰。吻部尖长，口中等大，口裂小，未达眼部前缘。上颌骨粗壮，凸出。眼睛较小，椭圆形，略向前倾，水平端眼径小于吻长。头部明显小于躯干高度，头高约为体高的 62.2%；头部末端与躯干部连接处呈明显的凸起过渡。肠道平直，细长，肛门位于身体的中央稍后，与吻端距离为体长的 58.6%。消化道背侧体内有 1 浅色的色素斑。肛门处有长条形色素斑，其后臀鳍基底处至尾柄有 6~7 个色素点大致呈线状分布，邻近肛门处的 3~4 个色素点较明显。

繁殖：产卵生殖，卵浮性，呈纺锤状。繁殖期间亲鱼成对出现。

生态生境：属热带礁栖鱼类，生活于热带沿海的岩礁区，以藻类、贝类及珊瑚等无脊椎动物为食。

地理分布：分布于日本南部至昆士兰海岸、皮特凯恩群岛至夏威夷群岛间的太平洋中西部海域。

DNA 条形码：MN870613。

保护等级：Least Concern（无危）。

生态与应用价值：无经济价值，体色艳丽，常作为水族箱养殖的观赏种类。鹦哥鱼咬下附着在珊瑚礁上粗硬的海藻甚至可捕食多刺的海胆，可减缓珊瑚礁藻类的生长及海胆对珊瑚的破坏；从珊瑚上刮下微生物，并进食，有助于白化珊瑚礁恢复；通过影响珊瑚生长和抑制藻类繁殖来塑造珊瑚礁的结构。

物种幼体图片：

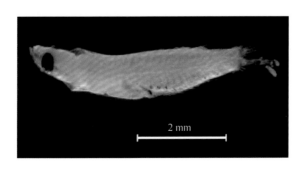

2 mm

双斑光鳃鱼 *Chromis margaritifer*

雀鲷科 Pomacentridae；光鳃鱼属 *Chromis*

形态特征：体长 1.294 mm 的前期仔鱼，脊索平直。体型呈长条状，头部和体的高度差异较小，尾部细长。吻部钝圆，稍凸出，上下颌约等长。口裂小，仅达眼前部的下方。尾鳍鳍条未完成分化，其余各鳍未开始发育，鳍膜不明显。腹囊长形，消化道长直，肛门位于体中部，距吻端为体长的 54.2%。头后背部有 1 个丛状色素点分布；腹腔体侧具有 1 个大型的色素斑；消化道前端下侧和后端的上侧各有 1~2 个色素点分布。肛后至尾鳍末端的腹侧有约 13 个星状色素点，其中位于尾柄部至尾鳍下叶的后 4 个色素点较小。

繁殖：产卵生殖，繁殖期间明显配对。卵沉性，有黏性，附着于海底基质孵化，雄性具有守卫和看护卵的习性。

生态与应用价值：小型鱼类，无经济价值，可用于水族观赏。

物种幼体图片：

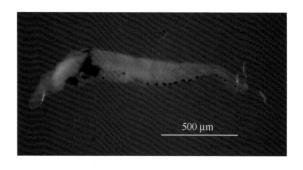

500 μm

深棕丝隆头鱼 *Cirrhilabrus brunneus*

隆头鱼科 Labridae；丝隆头鱼属 *Cirrhilabrus*

形态特征：卵子呈圆球形，彼此分离，浮性，卵膜光滑。固定样本的卵径约为 0.713 mm。围卵腔窄，胚体的头部及尾部各有 1 个较明显的点状色素点，其余部位无明显的黑色素细胞分布。

繁殖：繁殖期间明显配对生活，产卵期未知。

生态生境：属海洋珊瑚礁相关种类，栖息深度为 30~60 m，通常为 40 m 以浅。栖息于较深水域边缘的陡坡区域。

地理分布：仅在太平洋西部的印度尼西亚海域有分布记录。

DNA 条形码：KRO52200。

保护等级：Data Deficient（数据缺乏）。

生态与应用价值：无相关信息。

物种幼体图片：

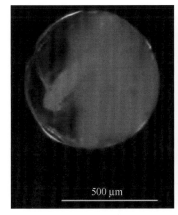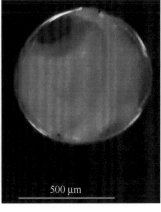

艳丽丝隆头鱼 *Cirrhilabru sexquisitus*

隆头鱼科 Labridae；丝隆头鱼属 *Cirrhilabrus*

形态特征：卵子呈圆球形，彼此分离，浮性，卵膜光滑。固定样本的卵径约为 0.628～0.680 mm。围卵腔窄；胚囊期时，胚囊饱满，居于卵的一侧，约占卵体积的 1/3，表面未见色素点分布；未见油球。胚体围绕卵黄囊超过 1/2 时，卵黄表面未见明显色素分布；油球 1 个，油球径约 0.086 mm。

全长约 1.727 mm 的前期仔鱼，体细长。脊索平直，头中等大，体前半部体高约等，尾部细长。口水平位，吻短，上下颌约等长，口裂较浅，仅达眼部的前方。眼大，呈椭圆形，眼径约 0.133 mm。腹囊长形，消化道平直，肛门位于体中央稍后，距吻端长度占全长的 65.6%。体表无明显色素分布。

繁殖：雌鱼常在基质上方约 60 cm 的地方进行产卵。

生态与应用价值：为小型隆头鱼，无经济价值；体色鲜艳，可作为观赏鱼。其主要在珊瑚礁中活动，是珊瑚礁生态系统中重要的一类消费者。

物种幼体图片：

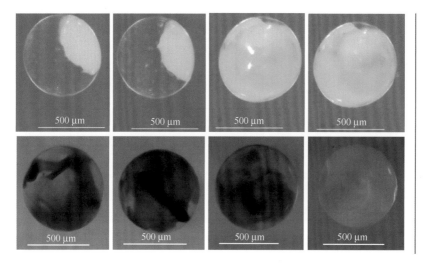

棘鲯鳅 *Coryphaena equiselis*

鲯鳅科 Coryphaenidae；鲯鳅属 *Coryphaena*

形态特征：卵子呈圆球形，彼此分离，浮性，卵膜光滑。固定样本的卵径约为1.131~1.188 mm。油球1个，后位，油球径约0.303 mm。卵周隙窄，卵黄囊大，表面无龟裂。卵内部色素极为丰富，许多等大的星状色素点均匀分布于卵黄囊表面，以油球为中心，略呈放射状排列。躯体除尾部末端外，包括卵黄囊侧在内的整体被浓密的星状色素点及丛状色素覆盖。

全长3.846 mm的前期仔鱼，体形细长侧扁。吻部凸起，钝圆，上下颌约等长；口斜位，口裂中等大，达眼前方的下缘；眼圆形，中等大，眼径0.340 mm，与眼前头长约等；肛门位于体的后方，与吻端距离为体长的65.4%。尾鳍鳍条未完成分化，背鳍仍具有低的鳍膜，臀鳍为鳍基状态。头部具有骨质凸起。尾鳍末端无色素分布，头部鳃盖骨色素相对偏少，仔鱼身体其余部位色素发达，均有分散或密集的色素点及色素块分布。

繁殖：配对产卵，亲鱼初次产卵时个体体长约为20 cm。产卵期相对较长，但主要产卵季节为夏季，冬末春初是另一个产卵季节；同一个产卵季节里雌鱼可产卵多次；仔鱼孵化时体长近4 mm。

生态生境：属亚热带大洋性上层洄游鱼类，栖息深度为0~400 m。

地理分布：广泛分布于各大洋的热带和亚热带海域。该种类幼鱼或雌鱼常被误鉴定为鲯鳅(*Coryphaena hippurus*)。该种类属于大洋性种类，高度洄游，但也可进入沿岸水域。常成群巡游。一般栖息于海洋表层，喜生活于阴影下。常发现跟随船只或出现在漂浮物体下。昼行性种类，以小型鱼类和鱿鱼为食，常追捕飞鱼及沙丁鱼类等表层鱼类，有时会跳出水面捕食。

DNA条形码：MN549738。

保护等级：Least Concern（无危）。

生态与应用价值：经济种类，但经济价值不高；是游钓的主要渔获种类。

物种幼体图片：

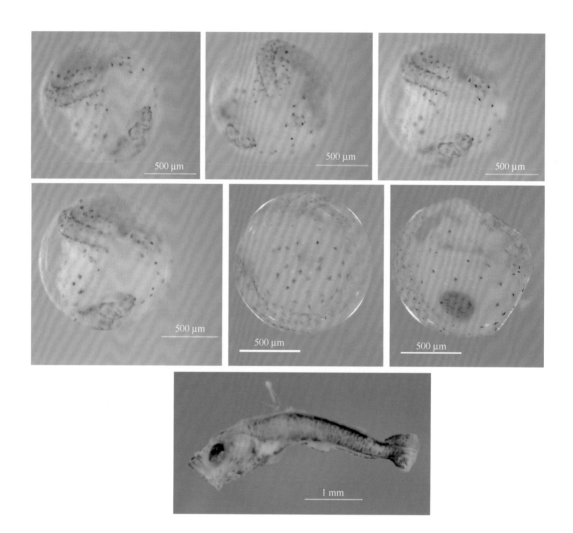

双斑栉齿刺尾鱼 *Ctenochaetus binotatus*

刺尾鱼科 Acanthuridae；栉齿刺尾鱼属 *Ctenochaetus*

形态特征：卵子呈圆球形，彼此分离，浮性，卵膜光滑。固定样本的卵径约为 0.493~0.575 mm。

繁殖：未知。

生态生境：属海洋珊瑚礁相关种类，栖息深度为 8~53 m，通常为 10~50 m。栖息于礁石底且较深的潟湖和海向珊瑚礁，通常单独活动。主要以碎石表面的碎屑和单细胞藻类为食，可使其成为肉毒杆菌食物链的关键一环。

地理分布：广泛分布于印度洋—太平洋区。

DNA 条形码：JQ349920。

保护等级：Least Concern（无危）。

生态与应用价值：属经济种类，常在珊瑚礁区活动，是珊瑚礁重要的一类消费者。

物种幼体图片：

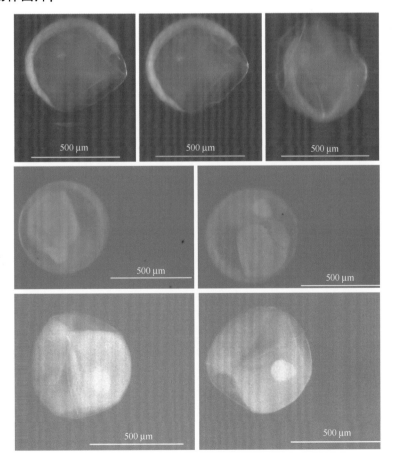

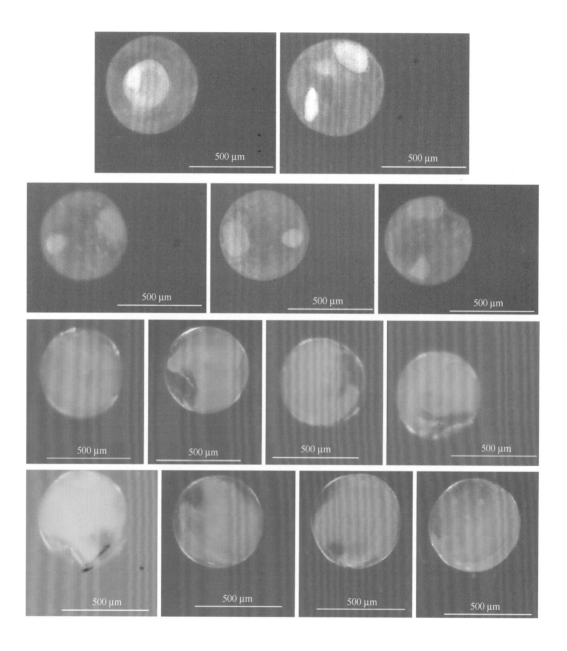

少鳍方头鲳 *Cubiceps pauciradiatus*

圆鲳科 Nomeidae；方头鲳属 *Cubiceps*

形态特征：体长 1.557 mm 的前期仔鱼，体略侧扁，极细长；卵黄囊已基本吸收；尾鳍开始发育，背鳍鳍膜较高；头部圆，明显凸于身体之上，尾部尖长；肛门位于身体约 47.5% 处。眼部未完全变黑，自吻端起至腹囊的腹侧、头部后的消化道背部至臀鳍末端各有粗黑的色素带，尾柄至尾鳍后端的腹侧有 7 个色素点呈线状排列，尾鳍上叶基底上方有 1 个色素点分布。

体长 3.217 mm 的中期仔鱼，体型明显侧扁，略呈带状，最大体高约占体长 35.5%；尾部细长，脊索末端未上屈。吻部凸出，下颌长于上颌；口裂中等，达眼的前缘下方；鳃盖棘弱。眼大，圆形，眼径约等于吻长。腹囊较大，长圆形，消化道粗短，肛门位于身体的中央的后方，距吻端长度占体长的 61.5%。黑色素细胞存在于上下颌的前端，肠道背缘、颅顶部也有许多黑色素分布。臀鳍基底中部稍前的腹侧、相同位置上方的体中线及背鳍基底各有 1 个大的星芒状黑色素斑。

体长 3.607 mm 的后期仔鱼，脊索末端向上弯曲。外形侧扁，体较高，尾部短，头部隆起，头长为体长的 34.5%。吻钝，截形，上下颌约等长，口裂较浅，达眼前缘的下方。眼较大，眼径大于吻长。鼻孔 1 个，长圆形，位于吻部的中间。前鳃盖骨后缘具钝刺。腹囊似葫芦状，肛门位于体中央以后，距吻端的距离为体长的 62.7%。第一背鳍和第二背鳍的支鳍骨形成，第二背鳍出现少数鳍条。臀鳍支鳍骨形成并出现少数鳍条。胸鳍扇形。吻端和上下颌端有数个星状黑色素，眼前上方和颅顶部有大小不等的弧状黑色素带，略呈新月形。臀鳍基底中部位置体侧的 3 个星芒状色素斑增大，向头部和尾部略微延伸。肠道背缘的色素块颜色同样加深，连续成色素带，从胸鳍后部延续至肛门上方。

体长 9.198 mm 的稚鱼，头部更加隆起，头长为体长的 41.4%。吻钝，口裂浅。眼正圆形，眼径为头长的 30.5%。前鳃盖骨后缘有 2 个小刺。腹囊葫芦形，直肠较细，肛门距吻端的距离为体长的 69.9%。各鳍条已发育完全。吻端和上下颌仍有数个星状黑色素，峡部出现 2 个星状黑色素。颅顶部的黑色素胞增大、增多。眼后鳃盖骨上有少量星状黑色素。头后体侧的背缘有 1 列小的星状黑色素分布，直达尾鳍基底。臀鳍基部末端的色素点仅达臀鳍末端；自头后至尾端的体侧以及腹囊上有许多星状和放射状黑色素。

繁殖：塞舌尔东部海域繁殖期为 11 月至翌年 1 月和 3—4 月。

生态生境：属热带深海鱼类，栖息深度 58～1 000 m；栖息于陆架区边缘至水深 1 000 m；夜间可上浮至表层；成体主要以海樽类为食。

地理分布：广泛分布于大西洋、印度洋和太平洋的环热带海域。我国南海和东海有分布。

DNA 条形码：MH777677。

保护等级：Least Concern（无危）。

生态与应用价值：属小型鱼类，无经济价值。早期生长阶段的少鳍方头鲳多出现在水体中上层，也在珊瑚礁中活动；作为数量丰富的中间营养级鱼类，是许多高营养级捕食性动物如金枪鱼、剑旗鱼和海洋哺乳动物的食物来源。

物种幼体图片：

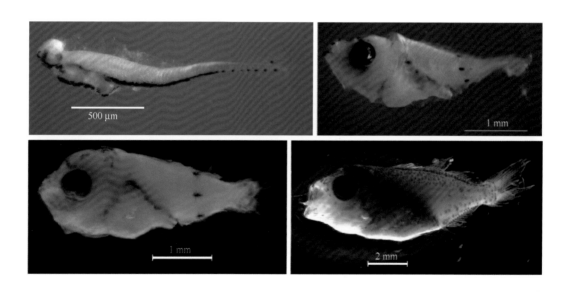

环状钝头鱼 *Cymolutes torquatus*

隆头鱼科 Labridae；钝头鱼属 *Cymolutes*

形态特征：体长 10.579 mm 的稚鱼，外形侧扁，细长条状，前后体高变化较小。头中等大；口斜位，口裂较浅，达眼中部稍前的下方。眼中等大，圆形，眼径约 0.512 mm。吻钝尖，上下颌约等长，吻长约等于眼径。腹囊长形，消化道细长，肛门位于体中部，距吻端长度约为体长的 45.8%。各鳍鳍条充分发育，尾鳍鳍条已分化，脊索末端已弯曲。体侧无明显色素分布。

繁殖：每只雄性维持近 10~14 m² 的领地，其内生活有四五只雌性。交配的时间约为上午的 9:00—11:00，产卵时具有散布鱼卵的行为。

生态生境：属海洋珊瑚礁相关种类，栖息深度为 2~20 m。属于独自生活的种类，分布于沙质礁坪及沙质潟湖浅滩，也可出现于河口。通常出现在潮沟等水流区域。幼鱼常出现在小碎石和海藻的顶部，或出现在稀疏海草的边缘周围。当受到威胁时，能够潜入沙子中。日行性，属肉食性鱼类，以底栖无脊椎动物为食。尖长的犬齿是它觅食的利器，凡是躲在沙中的贝类或小螃蟹，都会被它用下颌翻起，以犬齿咬碎。

地理分布：广泛分布于印度洋—太平洋海域。

DNA 条形码：GU674375。

保护等级：Least Concern（无危）。

生态与应用价值：属小型隆头鱼类，无经济价值。外表色彩也没有其他隆头鱼种类那么鲜艳，因此，观赏经济性及食用价值均较低。其主要在珊瑚礁中活动，是珊瑚礁生态系统重要的一类消费者。

物种幼体图片：

宅泥鱼 *Dascyllus aruanus*

雀鲷科 Pomacentridae；宅泥鱼属 *Dascyllus*

形态特征：体长 6.596~7.164 mm 的稚鱼，外形侧扁。头部粗壮，较高；体较短，呈梭状；尾柄粗壮，体高占体长比例随个体发育由 46.9% 降至 41.9%。腹鳍发育已完成。吻端粗短，稍凸出。口裂中等大，仅达眼前缘的下方。眼大，圆形，眼径约 1.368 mm。前鳃盖骨的内外缘均有小棘出现。肛门位于体中央稍后的位置，与吻端距离由 60.9% 增加至 63.7%。不同个体大小稚鱼的色素分布状况较一致，变化较小。背鳍棘及腹鳍棘都有出现有较大的色素斑。大型色素块密集覆盖了体中后部及尾柄部间除背鳍和臀鳍基部外的整个体侧。眼上方的颅顶、鳃盖表面和腹囊在内的连片体侧也被密集的丛状色素点或大型色素块覆盖。

繁殖：繁殖期间配对出现。生殖期雄鱼会邀请雌鱼在其巢中产卵，并保护卵直至孵化，此时的亲鱼对其他鱼类变得非常具有攻击性。卵约在 3~5 天后孵化，浮游仔鱼以浮游生物为食。

生态生境：属热带海洋珊瑚礁相关种类，为非洄游种类，栖息深度为 0~20 m。具有领域性，栖息于潟湖浅滩和潮下带珊瑚礁台地。在鹿角珊瑚丛上方可形成较大的聚集群，在孤立的珊瑚顶部只形成小群。以浮游动物、底栖无脊椎动物和藻类为食。

地理分布：广泛分布于印度洋—太平洋海域。

DNA 条形码：MK658108。

保护等级：Not Evaluated（未评估）。

生态与应用价值：属小型雀鲷鱼类，无经济价值。体色艳丽，可用于水族观赏和行为学研究。作为典型的专性珊瑚鱼类，其从珊瑚中去除不需要的藻类，可促进珊瑚的生长和维持珊瑚–藻类平衡。

物种幼体图片：

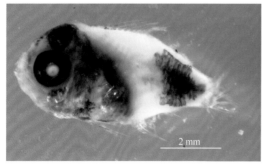 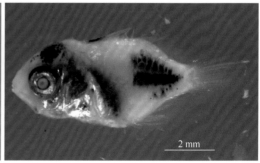

黄尾宅泥鱼 *Dascyllus flavicaudus*

雀鲷科 **Pomacentridae**；宅泥鱼属 *Dascyllus*

形态特征：体长 8.366~8.584 mm 的稚鱼个体，各鳍已发育完善。体侧扁，呈椭圆形。头部和尾柄粗壮，体中部体高最大，最大体高/体长的比值随个体发育由 55.4% 降至 51.1%。吻端粗短，凸出，口端位，上下颌等长，口裂中等大，达眼前缘的下方。眼大，圆形，眼径约 1.371 mm。前鳃盖骨的内外缘也具有小棘。肛门位置无明显变化，均位于体中央稍后，与吻端距离约为体长的 65.5%。稚鱼体表的色素十分密集，且变化较小。吻部、颅顶后部及背鳍、尾鳍和臀鳍的鳍基部缺少色素分布，体表其余部位均被大小均匀的星状或丛状色素胞密集覆盖。其中颅顶部和体侧的星状色素点均较小且分布较规则；其余部分为较大的丛状色素点，色素间距较小。背鳍棘及腹鳍棘分别有大型色素斑分布。

繁殖：属于非功能性雌雄同体种类，繁殖期间明显配对，产底栖性卵，卵黏性，附着于海底基质，雄鱼在旁守卫及看护。

生态生境：属热带海洋珊瑚礁相关种类，为非洄游种类，栖息深度为 3~40 m。成体栖息于珊瑚礁和岩礁区，形成固定的小群，由一只雄鱼和几只较小的雌鱼组成。以浮游动物为食。

地理分布：分布于太平洋热带海域。

DNA 条形码：MK658308。

保护等级：Not Evaluated（未评估）。

生态与应用价值：小型鱼类，无经济价值。常用于水族观赏。

物种幼体图片：

 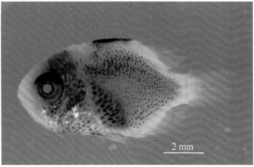

颏圆鲹 *Decapterus macarellus*

鲹科 Carangidae；圆鲹属 *Decapterus*

形态特征：卵子呈圆球形，彼此分离，浮性，卵膜光滑。固定样本的卵径约为 0.638~0.783 mm。胚体自头部起至尾部列状分布有许多大小较规则的点状黑色素，排列不十分规则，但色素分布区域侧边相对平整。卵黄囊表面无明显黑色素分布。油球 1 个，后位，油球径约 0.205 mm，表面有约 11 个色素点，分布较集中。

体长 1.020 mm 的初孵仔鱼，身体略侧扁，尾部细长，头部较大，眼睛未变黑，鳍膜透明无色，肌节清晰；卵黄囊未完全吸收，肠道平直，肛门位于体中部稍前。口裂已成形，上下颌、卵黄囊、消化道腹侧、胸鳍上方的肠道背缘、背鳍中点、体侧中线及肛门均有色素点分布。

体长 1.535~1.584 mm 的前期仔鱼，体长侧扁，头及肠道位置的体高是尾部的 3 倍左右；肛门开口位于身体中央稍后。头部已出现鳃盖棘，前鳃盖有棘，前鳃盖外缘隅角棘发达，后头部有棘冠。各鳍鳍条未见分化。上颌吻端色素发达，胸鳍上方的肠道背缘以及胸鳍下方的锁骨附近有色素分布；近背鳍中部的体背侧及腹侧对应位置各有 3 个短棒状色素分布。

体长 1.927 mm 的仔鱼，尾部高度增加；身体呈长纺锤形；尾鳍下半部的鳍条已开始分化；后头部的棘冠仍然存在；脊索未上翘；色素分布与早期仔鱼无明显变化，身体侧面的 3 条对应色素线的相对位置稍往后移，其余位置色素点明显变粗，尾鳍下叶出现若干色素点。

体长 6.4 mm 的个体已进入稚鱼阶段，头部较大，头长约为体长的 33%。吻钝，截形，上下颌约等长，吻长为头长的 25%。口斜位，口裂深，达眼中部的下方。鼻孔 2 个，长圆形，位于吻部的中间。眼圆形，眼径为头长的 32%。腹囊较大，似三角形，肛门距吻端的距离为体长的 59%。头顶的枕骨嵴明显，呈三角形。前鳃盖骨有数枚小刺，鳃盖骨有 7 枚刺，以第三枚刺最大。各部位的鳍条尚未发育完全，胸鳍扇形，腹鳍芽状。前鳃盖隅角棘发达，后头部棘冠已消失。上下颌星状色素点明显，颅脑部色素密集，眼部前方以及鼻部的色素增多；腹囊上缘出现 1 列较大的星状黑色素分布，直至肛门上方，同时腹囊的下缘也有少量的星状黑色素分布。体侧自背鳍前方至背鳍基末端、体侧正中线、臀鳍腹侧各有 1 条色素线；背鳍鳍基下方的体侧背缘有 6 个大星状黑色素，臀鳍基上方的体侧腹缘有 6 个小星状黑色素。尾柄部末端出现若干小型星状黑色素细胞。

繁殖：产卵期为 3—5 月。

生态生境：属游泳能力较强的海洋上层鱼类，分布于热带及温带海洋，主要栖息水深 0~400 m，通常在水深 40~200 m 活动。成体通常偏好栖息于岛屿周边清澈海域，常在珊瑚礁边缘成群地快速移动，偶尔分布于表层。多被采获于 40~200 m 水深。主要以浮游动物为食。

地理分布：全球各大洋的温带、热带海域均有分布。我国南海、台湾沿海和东海有分布。

DNA 条形码：GU673672。

保护等级：Least Concern（无危）。

生态与应用价值：重要经济性鱼类。也是其他肉食性鱼类重要的饵料生物。通常可被围网和底拖网捕获，渔获物可用于鲜食，也可腌制或干燥后上市销售。

物种幼体图片：

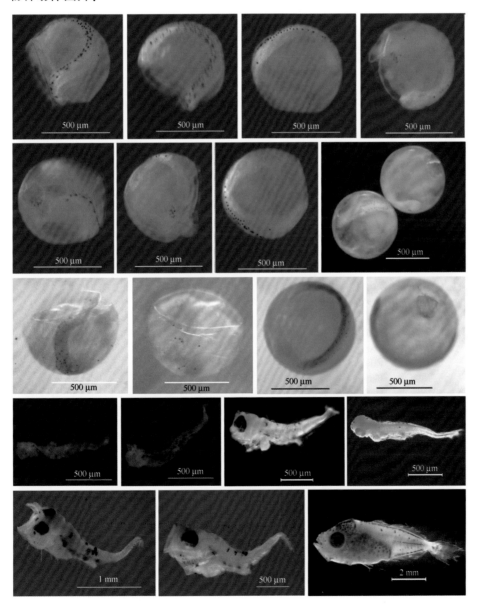

长身圆鲹 *Decapterus macrosoma*

鲹科 Carangidae；圆鲹属 *Decapterus*

形态特征：卵子呈圆球形，彼此分离，浮性，卵膜光滑。固定样本的卵径约为 0.709~0.767 mm。胚体围绕卵黄囊超过 1/2 时，卵周隙较宽，卵黄囊占据卵内约 1/2 的面积。胚体有点状黑色素分布。卵黄囊表面无明显黑色素分布。油球 1 个，近后位，油球径约 0.142 mm，表面有约 11 个色素点聚集成椭圆形，色素点均分布于油球的边缘。

繁殖：全年均可产卵，产卵盛期为 2 月和 8—10 月。

生态生境：属海洋珊瑚礁相关种类，为中上层鱼类，栖息深度为 20~214 m，通常为 30~70 m。偶尔可在靠近深水的礁石斜坡看到以小群捕食浮游动物。成鱼主要以小型无脊椎动物为食。

地理分布：广泛分布于印度洋—太平洋和大西洋东南部海域。

DNA 条形码：MF956639。

保护等级：Least Concern（无危）。

生态与应用价值：经济种类，但价值不高，常用作钓饵。其可在珊瑚礁中活动，是珊瑚礁生态系统中重要的一类消费者；同时也是其他肉食性鱼类和其他海洋动物重要的捕食对象。

物种幼体图片：

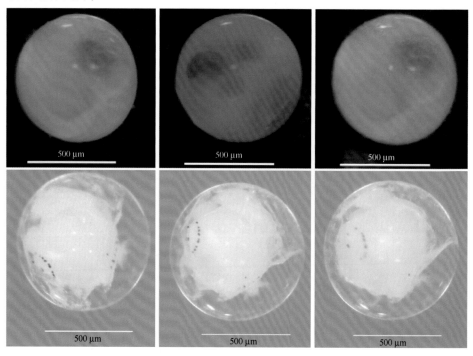

罗氏圆鲹 *Decapterus russelli*

鲹科 Carangidae；圆鲹属 *Decapterus*

形态特征：卵子呈圆球形，彼此分离，浮性，卵膜光滑，表面有许多小型油球状透明颗粒分布。固定样本的卵径约为 0.685～0.728 mm。胚体围绕卵黄囊超过 1/2 时，卵周隙窄，卵黄囊占据卵内大部分空间。胚体自头部起至尾部有许多大小较规则的点状黑色素呈带状分布，但排列不规则，分布的边缘不平整。卵黄囊表面无明显黑色素分布。油球 1 个，前位，油球径约 0.210 mm；表面有 9～11 个色素点聚集成椭圆形，分布于表面或油球的一侧边缘。

繁殖：主要产卵期为 3—5 月。

生态生境：属大洋底栖性鱼类，栖息深度为 40～275 m。成体在中底层生活，可在深水中形成大的鱼群，但偶尔在有遮蔽的海湾中形成或小或大的鱼群；是印度洋沿海和开阔近岸水域最常见的圆鲹属种类。主要以较小的浮游无脊椎动物为食。

地理分布：广泛分布于印度洋—西太平洋海域。我国东海和南海有分布，但不常见。

DNA 条形码：KM538324。

保护等级：Least Concern（无危）。

生态与应用价值：经济种类，具有较高经济价值。其可在珊瑚礁中活动，是珊瑚礁生态系统中重要的一类消费者；同时也是其他肉食性鱼类和其他海洋动物重要的捕食对象。

物种幼体图片：

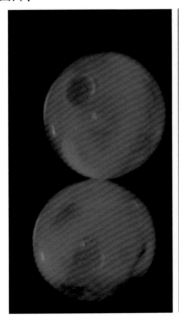

500 μm

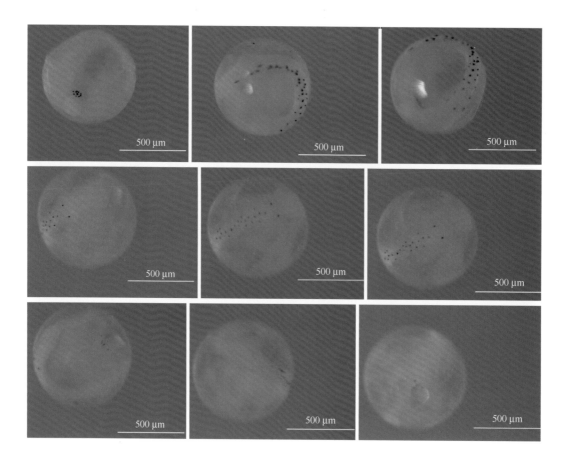

双鳍梅鲷 *Dipterygonotus balteatus*

梅鲷科—乌尾鲛科 Caesionidae；细谐鱼属 *Dipterygonotus*

形态特征：卵子呈圆球形，彼此分离，浮性，卵膜光滑。固定样本的卵径约为 0.612~0.663 mm。胚体围绕卵黄囊超过 1/2 时，头部起至尾部有许多大小规则的点状黑色素列状分布；近头侧的前半部分排列不规则，后半部分表现为规则的两列；相邻色素点间的距离约相等。卵周隙窄，边界不清晰；卵黄囊大，表面无明显黑色素分布。油球 1 个，后位，油球与胚体互相远离；油球径约 0.120 mm，表面约有 8~9 个色素点高度聚集成块，仅分布在油球的一侧边缘。

体长 4.30 mm 的后期仔鱼，体梭形，侧扁，体较高；头较大，头长约为体长的 45.7%。口斜位，口裂中等，达眼中央的下方。鼻孔长圆形，近吻端。眼大，呈圆形，眼径 0.658 mm。鳃盖骨发达，其上有 4 刺，以第一刺最大。腹囊梨形，消化道粗短；肛门位于体中央稍后，距吻端 2.288 mm。背鳍出现 5 棘；以第二棘最强壮，长度达体长的 32.9%，其前后缘有小刺；第二背鳍的支鳍骨形成并有少量的短鳍条出现。腹鳍也有 1 发达的鳍棘，长度与背鳍第二棘约等长。尾柄粗壮，脊索末端明显上弯。腹囊的上缘及鳃盖骨后方具有浓密的黑色素相连，呈倒"U"状色素带分布。颅顶部有若干浅的小型色素点分布。尾部体侧星状黑色素明显，腹侧自臀鳍基部至尾柄和尾鳍下叶有 4 个大型色素块分布。背鳍和腹鳍的长棘上部有较长的线状色素带，分布于棘中上部。

繁殖：单次产卵量大。

生态生境：属海洋珊瑚礁相关种类，栖息深度为 37~91 m。为近岸上层鱼类。成鱼主要栖息于近海开放水域，鲜少活动于沿岸礁石区，但幼鱼则与同科的其他幼鱼成群混居于沿岸礁石区；可形成密集的群体。以浮游动物为食。

地理分布：分布于印度洋—太平洋的热带海域。

DNA 条形码：GU673813。

保护等级：Least Concern（无危）。

生态与应用价值：属小型鱼类，经济价值不高，常用作钓饵。该种类可在珊瑚礁中活动，是珊瑚礁重要的一类消费者，同时也是肉食性鱼类如金枪鱼重要的饵料食物来源。

物种幼体图片：

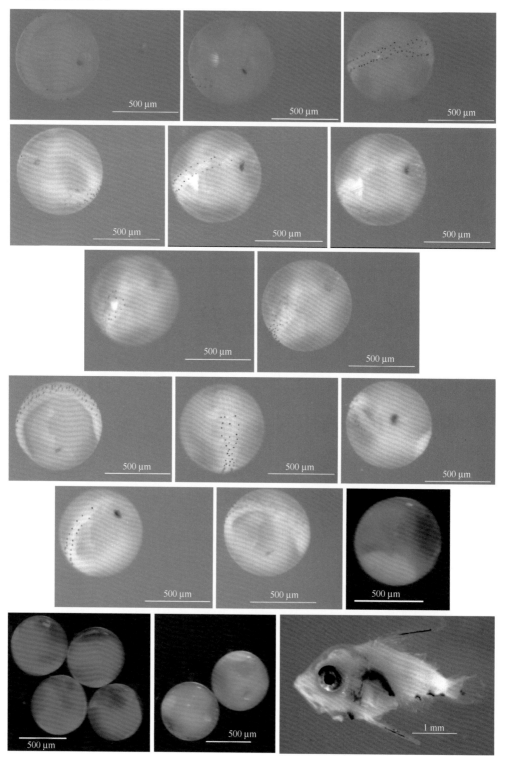

纺锤鰤 *Elagatis bipinnulata*

鲹科 Carangidae；纺锤鰤属 *Elagatis*

形态特征：体长约 4.978 mm 的后期仔鱼，体呈纺锤形，侧扁。头大，头长为体长的 41.8%。吻钝，吻长为头长的 27.2%。口微斜，口裂稍浅，达眼中央前的下方。眼较大，圆形，眼径为头长的 32.9%。眶上骨嵴隆起，上缘有小锯齿状的小刺。前鳃盖棘刺发达，两侧均有明显的锯齿缺刻。消化道及体内结构已不可见；肛门位于体中央的后方，距吻端的距离约为体长的 66.6%。各鳍鳍条已经分化完全。尾鳍、背鳍和臀鳍的鳍条及尾柄无色素点分布，体侧中线上方自眼部起至尾柄间无色素点分布。其余体表都有或密集的色素点或分散的浅色素斑覆盖；其中，眼部下方有 1 个较大的月牙状色素斑分布；腹侧自吻部起至肛门、臀鳍基底和背鳍基底都被较粗的黑色素覆盖。

体长 9.918 mm 的幼鱼，体呈纺锤形，稍侧扁。头部中等大，头长与体长比值未明显变化，体高与体长比值稍降低。眶上骨嵴隆起、前鳃盖棘刺和锯齿缺刻更明显。肛门位置未明显变化。体侧色素数量更多且更浓密，但色素斑数量减少。头后体侧色素点连接成片，体色几乎为黑褐色，体侧中线上方已被色素点覆盖，侧线色素呈线状；尾柄也已被浓密色素点覆盖；第二背鳍鳍条顶端出现黑色色斑；臀鳍和尾鳍仍为无色。眼部下方月牙状色素斑消失，腹侧、臀鳍基和背鳍基覆盖的连续色素带转变为丛状色素点或浓密的星状色素点。

繁殖：主要繁殖期为春、夏季。

生态生境：成体通常分布于亚热带开放海域或近岸岩礁海域的近表面，栖息深度 0~150 m，通常为 2~10 m。有时远离海岸，或围绕在漂浮的原木或其他碎片周围。可形成较大的鱼群。主要捕食浮游动物中的大型甲壳类动物和小型鱼类。

地理分布：广泛分布于大西洋、印度洋—太平洋海域。我国渤海、黄海、东海和南海都有分布。

DNA 条形码：MH777673。

保护等级：Least Concern（无危）。

生态与应用价值：重要的优质食用鱼类，渔获多直接上市销售、用于制作生鱼片、腌制或干燥后食用。该种类多在珊瑚礁区活动，是珊瑚礁重要的一类消费者；同时也是其他肉食性鱼类和其他海洋动物重要的捕食对象。

物种幼体图片：

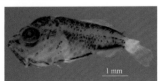

长身马鲾 *Equulites elongatus*

鲾科 Leiognathidae；马鲾属 *Equulites*

形态特征：卵子呈圆球形，分离浮性，卵膜光滑，表面无特殊结构。固定样本的卵径约为 0.656~0.681 mm。卵周隙窄；卵黄囊较大，表面无龟裂，无色素分布。胚体自头部后端起至尾部有许多色素点分布，略呈单列状；体前半段色素点排列不规则，体中部色素点排列较为紧密，尾部末端无色素点分布。油球 1 个，后位，油球径约 0.102 mm，透明，表面无明显色素点分布。

繁殖：未知。

生态生境：属热带海洋底栖性种类，主要栖息于砂泥底质的沿海地区，亦可生活于河口区。为群游性鱼类，一般在底层活动，栖息深度为 40 m 左右，有时会进入较深的水域。杂食性，以小型甲壳类、多毛类及藻类为食。

地理分布：分布于印度洋—西太平洋海域。

DNA 条形码：LC176698。

保护等级：Not Evaluated(未评估)。

生态与应用价值：属小型鱼类，无经济价值，常作为钓饵或作为养殖用饵料。可在珊瑚礁区活动，是珊瑚礁重要的一类消费者；也是其他珊瑚礁鱼类重要的捕食对象。

特种幼体图片：

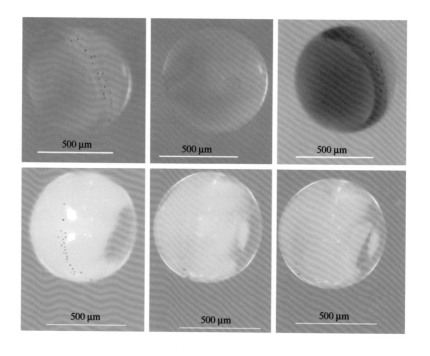

鲔 *Euthynnus affinis*

鲭科 Scombridae；鲔属 *Euthynnus*

形态特征：卵子呈圆球形，彼此分离，浮性，卵膜光滑。固定样本的卵径约为 0.797~0.859 mm。油球 1 个，后位，油球径约 0.201~0.217 mm，油球表面龟裂，表面有约 3 个色素点，呈一字排列。胚体自眼后头部起至近尾部末端有许多等大的点状黑色素胞分布，相邻色素点的间距大致相等；色素明显分为两列，其中近头侧色素列间距较宽，往尾部逐渐减小至约等宽。卵黄囊表面无明显色素点分布。

孵化后的仔鱼，身体侧扁细长；随着发育时间增长，体高增加，头部亦增大。体长 1.935 mm 的初孵仔鱼，尾部细长，头中等大，头高约为体长的 18.0%。吻部钝圆，额部隆起。眼大，圆形，眼球尚未发育完全。卵黄囊未完全吸收，消化道弯曲细长；肛门稍凸出于体外，与吻端距离约占体长的 41.2%；仔鱼鳍膜发达，背部鳍膜与臀鳍鳍膜同形。腹囊的前缘和腹缘各有数个星状黑色素。腹囊后端正上方的背部鳍膜处、直肠近肛门端的上缘、体约 2/3 处的背部及其斜下方的腹侧各有 1 个较大的色素斑分布。此外，尾部腹侧还有 10~11 个星状黑色素分布，自肛后延伸至尾鳍下叶。

体长 2.245 mm 的仔鱼，尾部仍细长，脊索末端平直。头部明显增大，头高占体长的 28.7%。背部鳍膜略退行，腹侧鳍膜仍发达。头长为体长的 24.1%。吻钝圆，稍尖，下颌稍长于上颌；口裂加深，达眼中央的下方。眼球已发育完全，眼径为头长的 43.0%。腹囊梨形；肛门位置稍后移，距吻端的距离为体长的 46.1%。颅顶部出现 3 个浅的星状色素点。背部鳍膜的前后两个色素斑及体 2/3 处腹侧的色素斑消退。腹囊前缘和腹缘的黑色素点增大。直肠上缘黑色素丛稍前移至腹囊的上方。尾部腹缘星状黑色素更为明显，位置未明显变化。

体长 3.340 mm 的后期仔鱼，脊索末端上屈。头部增大，头高为体长的 41.4%。体更为侧扁，躯体及尾部变粗壮。口裂加深，达眼中央稍后的下方，上下颌生有小尖牙。鼻孔 1 个，呈蜂腰状，位于近眼前。前鳃盖骨有 3 个骨刺，以中间的骨刺最大。肛门位置再往后移，距吻端的距离为体长的 51.0%。背鳍开始发育，分化为第一背鳍和第二背鳍；腹侧仍为鳍膜状态，臀鳍未见明显发育。颅顶的黑色素变淡。腹囊前缘和腹侧色素都减小、变淡，腹囊上方的色素丛增粗加长，呈条带状。肛后腹侧色素点变淡消失，仅臀鳍基底残留 1 列小星状黑色素，但尾柄处色素发展为一个大型色素块。

繁殖：自然条件下，2 年龄的鲔可达到性成熟，成熟个体最小个体的总体长为 45~50 cm。自然条件下产卵期为 8—10 月（日本），水温 25℃以上时可多次产卵。

生态生境：属高度洄游鱼类，栖息于大洋水体上层，生活水深 0~200 m。属典型的亚热带种类，通常分布于水温 18~29℃ 的海域。成体分布于开放海域，但常靠近海岸线，幼鱼还可能进入海湾或港口中。可与其他相似大小的多个鲭科鱼类形成 100 至超过 5 000 个体的鱼群。作为高度机会主义捕食者，该种鱼类会不加区分地捕食小型鱼类，特别是鲱鱼和银汉鱼，同时也捕食鱿鱼、甲壳类和浮游动物。

地理分布：广泛分布于印度洋—太平洋热带和温带水域。我国南海西沙群岛海域有分布。

DNA 条形码：GU673853。

保护等级：Least Concern（无危）。

生态与应用价值：具有较高的渔业捕捞价值，同时也是游钓的主要对象之一。可被多种捕捞方式捕获，主要为表层拖网和刺网。渔获可直接销售和冷冻，也可干制或盐渍、烟熏或制作罐头。该种类多在珊瑚礁中活动，是珊瑚礁生态系统中重要的顶级捕食者。

物种幼体图片：

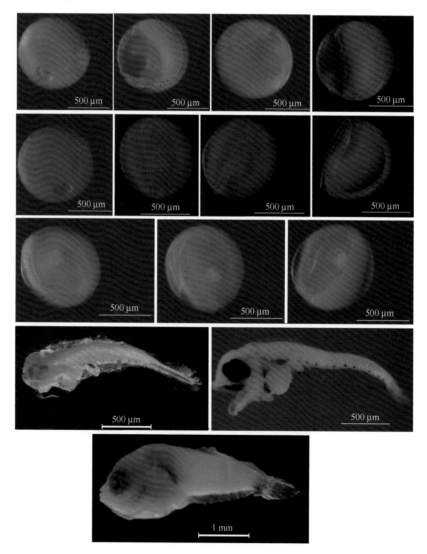

岛田氏矶塘鳢 *Eviota shimadai*

虾虎鱼科 Gobiidae；矶塘鳢 *Eviota*

形态特征：体长 1.476 mm 的前期仔鱼，脊索末端平直；体延长，圆棒状。头部中等大，头长为体长的 21.0%；吻短，口斜位，上下颌约等长；口裂较深，达眼中央的下方。眼较大，近圆形，眼的上缘略高于头部，眼径约 0.179 mm。头部与躯体间有 1 个较明显的凹陷过渡。腹囊长形，消化道细长，肛门居体中央，距吻端的距离为体长的 51.7%。身体几乎透明，体侧中部及后部的肌节清晰可见。鳔及邻近的消化道有浓密的小色素点分布，形成较大的色素斑；肛门处有 1 个中等大色素点分布；肛门后方至尾鳍前方的腹侧边缘有 10 个相近大小的规则色素斑线状排列，其中前 7 个色素呈星状，后 3 个色素呈短线状。

体长 2.192 mm 的后期仔鱼，体形未明显变化，但头部较前期仔鱼更圆，头部与躯体间的凹陷略有加深；背鳍鳍条开始发育，臀鳍位置与背鳍相对，尾鳍下半叶发育较完全，鳍条分叉；脊索末端上弯。尾部腹侧色素点排列与中期仔鱼相同，消化管背部及鳔处的色素斑加大，颜色加深。

繁殖：未知。

生态生境：属亚热带海洋小型珊瑚礁鱼类，栖息深度 0~29 m。主要栖息于水深 3~20 m、有遮蔽的岩礁生境中。

地理分布：主要分布于西太平洋海域。

DNA 条形码：KP013265。

保护等级：Least Concern（无危）。

生态与应用价值：无经济价值。缺乏生态价值信息。

物种幼体图片：

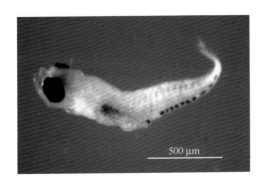

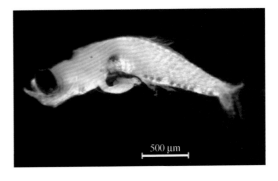

蛇鲭 *Gempylus serpens*

蛇鲭科 Gempylidae；蛇鲭属 *Gempylus*

形态特征：卵子呈圆球形，彼此分离，浮性，卵膜光滑。固定样本的卵径约为 0.855 mm。卵周隙中等宽，卵黄囊较大，表面无明显黑色素分布；胚体围绕卵黄囊超过 1/2 时，头部起至尾部可见两列由短色素条连成的淡色素线，间距较大，平行；油球 1 个，中位；油球径约 0.223 mm，表面约有 3~4 个不甚明显的色素点分布。

体长 3.064 mm 的前期仔鱼，体型细长侧扁，略呈带状；头部粗壮，尾部脊索末端平直。头长占体长约 29.3%；吻稍尖，凸出，吻长约占体长的 11.8%；上颌骨明显粗壮，下颌略长于上颌，上下颌均生有小牙；口裂较深，达眼后部的下方；鼻孔 1 个，位于吻部的中间。眼较大，近似圆形，眼径约与吻长相等。腹囊长梨形，消化道粗壮平直；肛门位于身体中央的后方，距吻端的距离为体长的 69.4%。背鳍及臀鳍有发达的鳍膜，均与尾鳍鳍膜相连。尾鳍上下半叶已分化，胸鳍小扇形，腹鳍芽状。上下吻端均有若干色素点分布；眼前方的上颌骨及眼上方的颅顶各有 1 个浅的色素点分布；背鳍基部色素呈浅褐色带状分布；中线及肠道上方各有 1 条较粗的短色素带，长度约相等，均与背鳍基部色素带后半段大致平行。

繁殖：在热带海域全年均可产卵。雌性体长 50 cm 左右达到性成熟，雄性为 43 cm。雌性随个体体型大小产卵量为 30 万~100 万粒。

生态生境：属大洋洄游性上层鱼类，栖息水深 0~600 m，通常生活水深 0~200 m。成体主要分布于热带和亚热带的深海海域，在温带海域也常被捕获。通常仅栖息于大洋中，不成群出现。成体夜间迁移至水面，而仔稚鱼和幼鱼日间分布于近水面。主要以鱼类、头足类和甲壳类动物为食。

地理分布：为全世界分布种类，我国分布于南海和台湾海峡。

DNA 条形码：GU673629。

保护等级：Least Concern（无危）。

生态与应用价值：为经济种类但价值不高。肉质多油脂，不适宜生食。通常以其他方式烹饪或加工成香肠或鱼糕后食用。该种类可在珊瑚礁海域活动，是珊瑚礁生态系统中的重要的一类消费者。

物种幼体图片：

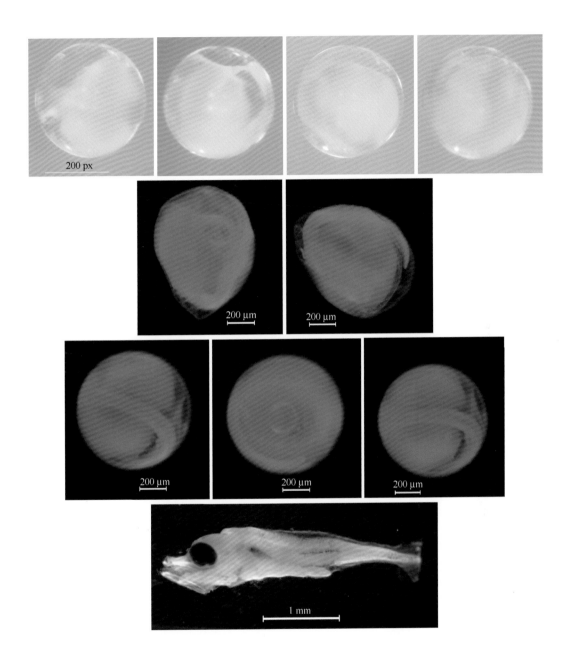

大眼双线鲭 *Grammatorcynus bilineatus*

鲭科 Scombridae；双线鲭属 *Grammatorcynus*

形态特征：体长 2.337 mm 的前期仔鱼，外形侧扁，头中等大，尾部细长。头长为体长的 23.5%，额部凸出。仔鱼开口形成；眼圆形，眼球未发育完全。消化道发育完成，但卵黄未完全吸收。肛门发育完成，开口位于体中央稍前，距吻端的距离为体长的 39.7%。除尾鳍外其余各鳍仍未发育，体背部及腹部鳍膜不甚明显。头后背部有 1 个色素点分布。卵黄囊后端及消化道上方有许多较大的丛状色素胞密集分布，聚集成堆状。肛后腹侧约有 10 个色素点呈列状分布。

繁殖：通常仅在表面水温大于 24℃ 的水域产卵。赤道海域全年均可产卵，而在高纬度海区仅在温暖季节产卵。

生态生境：属海洋洄游性鱼类，生活于亚热带的岩礁区，栖息水深 15~50 m。分布于 31°N—25°S，32°E—175°W 的亚热带海域。生活在开放水域，但常出现在岩礁区或深水斜坡外侧。较大的鱼群常出现在浅的岩礁水域中。主要以甲壳类和鱼类为食，特别是鲱鱼、梭鱼和鳞鲀等鱼类。

地理分布：分布于印度洋—西太平洋热带和亚热带水域。在红海、安达曼海、澳大利亚、斐济群岛、日本以及我国南海有分布。

DNA 条形码：HQ564453。

保护等级：Least Concern(无危)。

生态与应用价值：渔业价值不高，是游钓的重要对象之一。渔获可用于制作罐头和冷冻食品。该种类多在珊瑚礁中活动，是珊瑚礁生态系统中重要的顶级捕食者。

物种幼体图片：

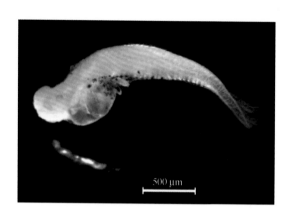

500 μm

橙色叶虾虎 *Gobiodon citrinus*

虾虎鱼科 Gobiidae；叶虾虎鱼属 *Gobiodon*

形态特征：体长约 14.165 mm 的幼鱼鲜活样本，体侧扁，呈椭圆形；头部高而圆，头部与身体完全无鳞；口小，前位，略倾斜，两颌约等长；上下颌均有多行细齿，牙尖锐；眼小，圆形，眼径 1.098 mm，与吻部约等长；鳃孔侧位，略垂直，峡部宽。尾柄粗壮；两背鳍相连，有凹刻，第一背鳍 6 鳍棘，第二背鳍 12 鳍条，胸鳍无丝状游离鳍条。腹鳍愈合，短小。胸鳍圆形，长度可达臀鳍起点，尾鳍圆形。肛门位于身体的中部稍后，与吻端距离为体长的 60.3%。体呈浅绿—褐色，头侧及体侧前部有 4 条粉色横线纹，第一条由眼前上缘起向下经口角向下延伸；第二条由眼后上缘起向下，穿越眼后缘斜向下延伸，直至鳃盖下缘；第三条经鳃盖向下延伸；第四条由胸鳍上部向下，至腋部后则向后弯折而沿胸鳍基底斜向下延伸。各鳍略呈暗褐色，以第一背鳍、臀鳍与胸鳍的色较暗；沿背鳍基底有 1 淡纵带纹，尾鳍有类似色带的色斑。

繁殖：产卵繁殖，卵沉性。

生态生境：属热带海洋岩礁鱼类，栖息水深 0～20 m，通常为 2～20 m。喜栖息于宽分枝的珊瑚（如鹿角珊瑚 *Acropora* spp.）丛中；是珊瑚同栖种类；可产生有毒的黏液；常以单个体或成对出现。以小型无脊椎动物和浮游动物为食。

地理分布：广泛分布于印度洋—太平洋海域。

DNA 条形码：MF123901。

保护等级：Not Evaluated（未评估）。

生态与应用价值：无经济价值，可作为水族馆观赏种类。缺乏生态价值信息。

物种幼体图片：

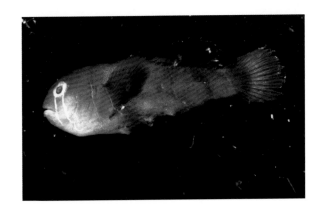

裸狐鲣 *Gymnosarda unicolor*

鲭科 Scombridae；裸狐鲣属 *Gymnosarda*

形态特征：体长 2.185 mm 的前期仔鱼，体侧扁，头部显得较大，尾部细长。前额微凸，眼圆形，眼球褐色，色素未完全沉着。消化道较细长，肛门距吻端的距离占体长的 40.7%。背部和腹部鳍膜明显，鳍膜向后延长，尾鳍未发育完全。颅顶部至吻端有密集的丛状色素点分布。腹囊前端出现数个星状黑色素；背部鳍膜前端和中部各有 1 个较大的色素斑分布；消化道下侧及其上方的体侧中部各有 1 个点状黑色素分布。

繁殖：性成熟个体的体长具有区域差异，印度近海初次产卵时亲鱼全长为 65 ~ 70 cm。全年均可繁殖，印度尼西亚海域的主要产卵期为 8 月至翌年 1 月。

生态生境：属海洋珊瑚礁相关种类，大洋性洄游鱼类，栖息深度为 10 ~ 250 m。主要出现在珊瑚礁周围水域。游泳快速，常单独或以 6 尾及更少个体组成小群活动，以圆鲹、梅鲷、丝隆头鱼和鳞鳍梅鲷等集群小型鱼类和鱿鱼为食。

地理分布：分布于印度洋—太平洋海域。

DNA 条形码：MK657034。

保护等级：Least Concern（无危）。

生态与应用价值：属经济种类，同时也是游钓的主要种类，但经济价值不高。该种类多在珊瑚礁中活动，是珊瑚礁生态系统中重要的顶级捕食者。

物种幼体图片：

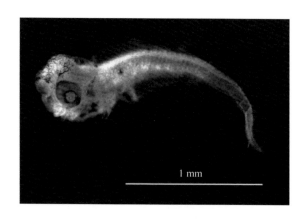

短项鳍鱼 *Iniistius aneitensis*

隆头鱼科 **Labridae**；项鳍鱼属 *Iniistius*

形态特征：体长 10.237 mm 的稚鱼，外形侧扁延长。头中等大；吻端前突，下颌略长于上颌；口斜位，口裂较浅，达眼中央稍前的下方。眼小，近圆形，眼径约 0.576 mm。腹囊长形，消化道较粗，有皱褶；肛门位于体中央稍前，距吻端长度约为体长的 44.6%。背鳍和臀鳍鳍基形成，出现少量短鳍条，尾鳍鳍条发育完全。眼部前端下缘具有月牙状红棕色素斑，其上方有 1 短弧状黑色斑。腹部鱼鳔呈粉红色，其余体表未见明显色素分布。

繁殖：繁殖期间有明显配对的现象，产卵期未知。

生态生境：属海洋珊瑚礁相关种类，为底栖性鱼类，栖息深度为 12~92 m。栖息于干净清澈且为砂泥底的潟湖区或珊瑚礁边缘的外围，通常以大的群体活动，偶尔单独出现。日间捕食附着于海床上的贝类，以及岩礁上攀爬的小型甲壳类，夜间则钻入砂中休息。当受到惊扰时，立即钻入砂中躲藏。

地理分布：广泛分布于印度洋—太平洋海域。

DNA 条形码：FOAN684-11（BOLD systems）。

保护等级：Least Concern（无危）。

生态与应用价值：属中小型鱼类，无经济价值。体色多彩多样，可用作水族观赏鱼类。该种类多在珊瑚礁中活动，是珊瑚礁生态系统重要的一类消费者。

物种幼体图片：

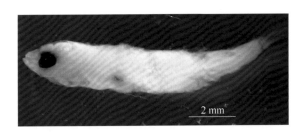

黑斑项鳍鱼 *Iniistius melanopus*

隆头鱼科 Labridae；项鳍鱼属 *Iniistius*

形态特征：卵子呈圆球形，彼此分离，浮性，卵膜光滑。固定样本的卵径约为 0.608 mm。卵黄囊较小，边界不清，表面无明显色素分布。油球 1 个，油球径 0.162 mm，表面无色素点分布。

繁殖：繁殖期间有明显配对的现象，产卵期未知。

生态生境：属海洋珊瑚礁相关种类，栖息深度为 0~64 m，通常为 6~15 m。主要栖息于珊瑚礁周围砂泥地，常出现在礁坪区。幼鱼常在沿岸近礁处游动，而成鱼则喜爱在较深水域活动。以分散的群体出现，常与五指连鳍唇鱼（*Xyrichtys pentadactylus*）同时出现，但本种类长得更大，占据主导地位。夜间潜入沙中入睡或在受惊扰时进行躲避。当潜水员接近它们时，体型最大的雄性会迅速游出较远距离并迅速离开，而不是潜入海底。主要以底栖软体动物、甲壳类、小鱼以及海胆等为食。有时可见其跟在须鲷左右，伺机捡拾被须鲷翻搅后露出于沙泥外的底栖无脊椎动物。

地理分布：分布于西太平洋海域。

DNA 条形码：FOAN664-11（BOLD systems）。

保护等级：Least Concern（无危）。

生态与应用价值：属中小型鱼类，无经济价值。体色多彩，是较适合水族观赏的种类。该种类多在珊瑚礁中活动，是珊瑚礁生态系统重要的一类消费者，对于维持珊瑚礁正常生长和恢复具有重要的作用。

物种幼体图片：

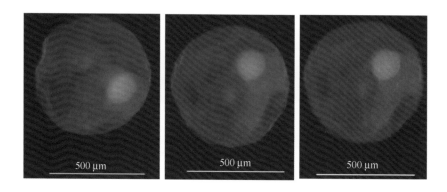

鲣 *Katsuwonus pelamis*

鲭科 Scombridae；鲣属 *Katsuwonus*

形态特征：体长 2.681 mm 的仔鱼体型侧扁，细长。头部及尾部的体高差异较大。吻部尖，呈三角形，特别凸出。上下颌约等长，两颚都有显著的 1 列细齿。头、眼、口都极大；头长占体长的 36.0%；眼上有较弱隆起；口裂达眼中部的下方。腹囊梨形，消化道细长。肛门开口位于体中央，与吻端距离为体长的 50.5%。下颌的吻端由浓密色素带覆盖。眼部上方及颅顶部共有约 7 个较大的星状黑色素胞分布。腹囊上方的体侧分布 1 个大型色素块。肛后至尾柄部的腹侧有 2 个黑色素胞排列，尾鳍下叶的基部也有 1 个类似大小的色素点分布。

繁殖：热带水域繁殖期活跃的雌鱼可几乎每天产卵，热带地区全年都可产卵，卵子分多批次产出。

生态生境：属大洋性中上层洄游鱼类，高度洄游；栖息深度为 0~260 m。成鱼在外海水域活动，游泳快速。在有鸟类、漂浮物、鲨鱼、鲸鱼的水面上表现出强烈的聚集倾向，并可能表现出跳跃、觅食、起泡等特有行为。以鱼类、甲壳类、头足类和软体动物为食。同类相食是很常见的现象。鱼卵和仔鱼营浮游生活，是大型中上层鱼类的饵料之一。仔鱼仅在海表面水温 15~30 ℃ 的水域有分布。

地理分布：广泛分布于热带和暖温带海域。

DNA 条形码：MT455244。

保护等级：Least Concern（无危）。

生态与应用价值：为重要的经济鱼类，是远洋渔业的重要捕捞对象，也是游钓的主要种类。该种类多在珊瑚礁中活动，是珊瑚礁生态系统中重要的顶级捕食者。

物种幼体图片：

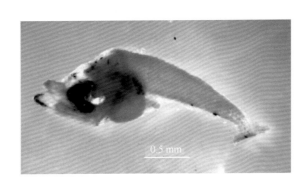

0.5 mm

孟加拉国湾笛鲷 *Lutjanus bengalensis*

笛鲷科 Lutjanidae；笛鲷属 *Lutjanus*

形态特征：卵子为圆球形浮性卵，彼此分离，卵径 0.748 mm。表面光滑，无网状结构或绒毛。卵周隙较宽。卵黄囊中等大，表面无龟裂。油球 1 个，前位，半透明状，球径 0.102 mm，表面无色素点分布。胚体围绕卵黄囊超过 1/2 时，卵黄囊表面无明显色素点分布；胚体背部有较密集的色素点从头部后端至尾部连续均匀分布，但不呈排列规则的列或条带状。体长约 1.293 mm 的初孵仔鱼，体细长侧扁，仔鱼未见开口，消化道仍未发育完成，卵黄囊未完全吸收，肛门未见开口。鳍膜较不明显。眼球发育未完善，仍呈灰褐色。吻部和眼部下缘有明显黑色素胞分布。腹侧具有浓密的条状和点状色素胞，自眼后下方延伸至尾部。

繁殖：为产卵聚集种类，其产卵聚集通常在 3—9 月的月圆前 2 天至月圆后 12 天内形成，产卵高峰期为 5 月。

生态与应用价值：属经济种类，是较常见的食用鱼类。作为一类泛珊瑚礁区域的海水鱼，其多活动于珊瑚礁丰茂的地区，是珊瑚礁生态系统中重要的一类消费者。

物种幼体图片：

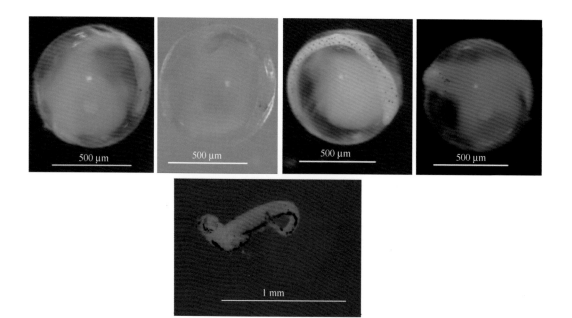

镶带笛鲷 *Lutjanus viridis*

笛鲷科 Lutjanidae；笛鲷属 *Lutjanus*

形态特征：体长 1.827 mm 的前期仔鱼，体形侧扁，脊索末端平直。各鳍未开始发育，鳍膜不明显。头部中等大，体高自头部往后逐渐减小，尾部极尖细。口裂大，达眼中部的下方。眼近圆形，眼径约 0.223 mm，约占头长的 38.7%。腹囊长形，消化道细长弯曲。肛门位于体中央，与吻端距离占体长的 53.7%。胸鳍基部和鳃盖骨下方各分布 2 个稍浅的星状色素。腹囊前端的腹侧和消化道末端下方各有 1 个明显的色素点。消化道上方及体中线有 1 个粗的黑色素带分布。肛后至尾柄部的腹缘有 13~14 个星状色素点呈线状排列。

繁殖：未知。

生态生境：属热带海洋珊瑚礁相关种类。栖息深度为 3~30 m，通常为 9~15 m。成鱼栖息于近海水域，常分布于岩礁和珊瑚礁周围，偶以大集群出现。

地理分布：分布于太平洋东部海域。

DNA 条形码：KJ557436。

保护等级：Least Concern（无危）。

生态与应用价值：属经济种，但经济价值不高。作为一类泛珊瑚礁区域的海水鱼，其多活动于珊瑚礁丰茂的地区，是珊瑚礁生态系统中重要的一类消费者。

物种幼体图片：

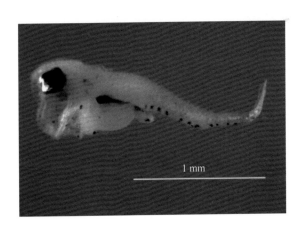

胸斑大咽齿鱼 *Macropharyngodon negrosensis*

隆头鱼科 Labridae；大咽齿鲷属 *Macropharyngodon*

形态特征：体长 6.748 mm 的稚鱼，体延长，显著侧扁，最大体高约为体长的 35.8%。头部中等大，约占体长的 32.5%。吻尖长，粗壮，上下颌约等长；口略斜，口裂达眼前缘的下方。眼圆形，相对较小，眼径 0.782 mm。腹囊梨形，消化道粗短，肛门位于体中央稍前的位置，与吻端距离约为体长的 54.8%。腹鳍呈小芽状，鳍条未见分化，其余各鳍鳍条已达定数。眼部下缘有红色弧形色带；体内腹侧可见红棕色鱼鳔；背鳍的前端鳍条处有 1 个大型的色素斑；体表其余部分无明显色素分布。

繁殖：产卵生殖，繁殖期间明显配对生活，产卵期未知。

生态与应用价值：为小型隆头鱼，无经济价值；体色鲜艳，是较适合水族观赏的种类。作为一类泛珊瑚礁区域的海水鱼，其多活动于珊瑚礁丰茂的地区，是珊瑚礁生态系统中重要的一类消费者。

物种幼体图片：

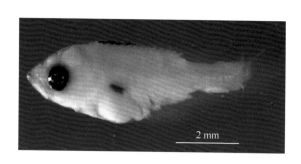

突角鼻鱼 *Naso annulatus*

刺尾鱼科 Acanthuridae；**鼻鱼属 *Naso***

形态特征：卵子呈圆球形，彼此分离，浮性，卵膜光滑。固定样本的卵径约为 0.814 mm。卵周隙较窄；卵黄囊较大，表面无明显黑色素分布；胚体表面有色素点分布。油球 2 个，较大的油球径约 0.180 mm，表面约有 9 个色素点散布；较小的油球径约 0.079 mm，表面约有 6 个色素点围成圆状。

繁殖：繁殖期间成对出现。

生态生境：属海洋珊瑚礁相关种类，为大洋底栖鱼类，栖息深度为 1~60 m，通常为 25~60 m。幼鱼出现在水深浅至 1 m 的清澈潟湖珊瑚礁区；成鱼很少出现在浅于 25 m 水层，常以小群体出现在礁外陡坡。日间以大型浮游动物及底栖藻类为食，夜间在珊瑚礁内躲藏。

地理分布：广泛分布于印度洋—太平洋海域。

DNA 条形码：GU674391。

保护等级：Least Concern（无危）。

生态与应用价值：为经济种类。作为一类泛珊瑚礁区域的海水鱼，其多活动于珊瑚礁丰茂的地区，是珊瑚礁生态系统中重要的一类消费者。

物种幼体图片：

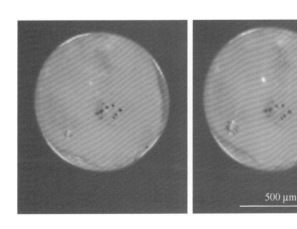

500 μm

单角鼻鱼 *Naso unicornis*

刺尾鱼科 Acanthuridae；鼻鱼属 *Naso*

形态特征：卵子呈圆球形，彼此分离，浮性，卵膜光滑。固定样本的卵径约为0.572 mm。胚体围绕卵黄囊达到1/2时，胚体尾部有1个浅色素点分布。卵黄囊大，表面龟裂。油球1个，后位，油球径约0.189 mm，表面有若干色素点分布。

繁殖：繁殖季节成对出现，成对产卵。

生态生境：属海洋珊瑚礁相关种类，为底栖性鱼类，栖息深度为1~180 m。成体栖息于水道、壕沟、潟湖和强涌浪的海向珊瑚礁。成鱼大多以小群出现，偶以单个体出现。幼鱼出现在受遮蔽的海湾或港口中。主要在日间活动。以粗糙多叶的褐色藻类（如马尾藻）为食。

地理分布：广泛分布于印度洋—太平洋海域。

DNA 条形码：MK658419。

保护等级：Least Concern（无危）。

生态与应用价值：为经济种类，可作为水族观赏种类和游钓的目标种类。作为一类泛珊瑚礁区域的海水鱼，其多活动于珊瑚礁丰茂的地区，是珊瑚礁生态系统中重要的一类消费者。

物种幼体图片：

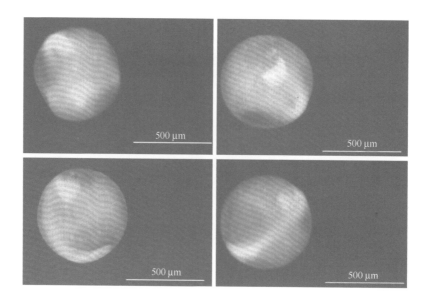

赤黄金线鱼 *Nemipterus aurora*

金线鱼科 Nemipteridae；金线鱼属 *Nemipterus*

形态特征：卵子呈圆球形，彼此分离，浮性，卵膜光滑，卵表面有较多透明的小球颗粒分布。围卵腔窄，卵径为 0.725~0.734 mm。单油球，油球径约 0.146 mm。胚体自头部起至尾部分布有许多大小规则的点状黑色素。油球后位，表面龟裂；卵黄囊较大，几乎充满卵的内部，边界不清，表面无龟裂和色素点分布。

繁殖：未知。

生态生境：属海洋底栖性鱼类，栖息水深为 56~90 m。主要栖息于近海沙泥质海域。属肉食性鱼类，主要捕食底栖性的甲壳类或其他种类的小鱼。

地理分布：分布于西太平洋海域。

DNA 条形码：KY371783。

保护等级：Not Evaluated(未评估)。

生态与应用价值：是适合食用的经济种类，但经济价值不高。作为一类泛珊瑚礁区域的海水鱼，其多活动于珊瑚礁丰茂的地区，是珊瑚礁生态系统中重要的一类消费者。

物种幼体图片：

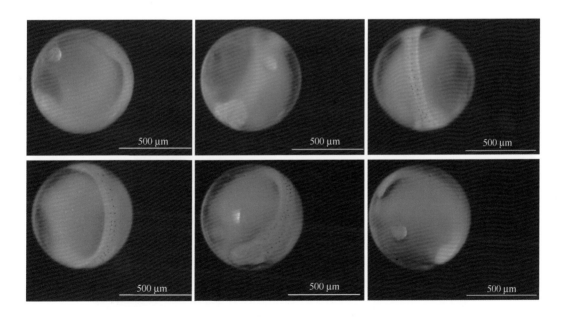

东方尖唇鱼 *Oxycheilinus orientalis*

隆头鱼科 Labridae；尖唇鱼属 *Oxycheilinus*

形态特征：卵子呈圆球形，彼此分离，浮性，卵膜光滑。固定样本的卵径约为 0.685~0.728 mm。卵周隙窄；卵黄囊表面无明显龟裂；胚体表面未见明显黑色素分布。

繁殖：产卵生殖，繁殖期间有明显配对的现象，产卵期未知。

生态生境：属海洋珊瑚礁相关鱼类，栖息水深为 10~80 m。主要分布于沿岸至海向珊瑚礁生境，幼鱼通常出现在中等水深的海百合或软珊瑚间，也可出现在大于常规浅水深度水体中。特别喜欢藏身于密集珊瑚枝和繁盛海藻覆盖的岩礁区，其多彩的体色为它带来绝佳的保护作用；而稍突出的吻部，使其容易翻找藏匿在海藻丛中或岩缝中的贝类、虾蟹等底栖性无脊椎动物。为日行性鱼类，主要以鱼类、虾类和其他软体动物为食。

地理分布：分布于印度洋—西太平洋海域。

DNA 条形码：FOAO1364-18（BOLD systems）。

保护等级：Least Concern（无危）。

生态与应用价值：为小型鱼类，经济价值不高。体色鲜艳，是适合水族观赏的鱼类。作为一类泛珊瑚礁区域的海水鱼，其多活动于珊瑚礁丰茂的地区，是珊瑚礁生态系统中重要的一类消费者。

物种幼体图片：

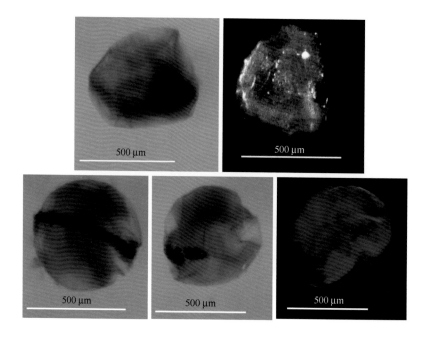

卡氏副唇鱼 *Paracheilinus carpenteri*

隆头鱼科 Labridae；副唇鱼属 *Paracheilinus*

形态特征： 体长 1.827 mm 的初孵仔鱼，体型细长，卵黄囊未完全吸收，头部凸起，头高约等于体高；消化道细长，肛门位于体长的约 1/3 处，稍凸出；背鳍的起点和中部、肛门、与背鳍中部相对的腹侧各有 1 个色素点分布，卵黄囊前侧和眼前头侧有 3~4 个星状色素点，尾柄部腹侧则有 1 个线状色素点分布。

体长 2.045 mm 的前期仔鱼，体长侧扁，尾部细长，体高增加，约为头高的 1.2 倍；头部圆粗，吻部尖细，上颌凸起；眼中等大，呈椭圆形，眼下端有 1 个褐色凸起；颅顶稍凸起，消化道粗大，肛门位于体长的约 1/2 处，身体色素仅余肛门上部有 1 个色素点分布。

体长 2.524 mm 的后期仔鱼，体型侧扁而延长，体高增加至最大，约为头高的 1.5 倍，略呈带状，身体透明，肌节清晰，脊索末端上翘；头部粗壮，吻部尖长，口上位，上颌明显凸起，下颌长于上颌，口裂达眼中部的下缘；尾柄宽厚，下尾骨发达，尾鳍鳍条已发育，分叉；其余各鳍未完全发育，背鳍及臀鳍对称，腹鳍芽状。消化道粗壮，肛门位于身体中央稍后，约位于体长的 55%；肛门上部色素点已发展至巨大的椭圆形色素斑，短径约为眼径的 1.2 倍，长径约为眼径的 1.8 倍，从邻近肛门侧斜向前，高度达脊椎骨的下部。

体长 3.025 mm 的稚鱼，体型与后期仔鱼相似，但体高与体长比值减小；各鳍鳍条发育，大致可数。肛门位于体中央稍后，距吻端约为体长的 60%。身体侧色素块范围扩大，几乎覆盖了脊椎骨下部至腹侧、胸鳍基部至肛门处所包围的体侧区域，但色素块的浓度不及后期仔鱼。

繁殖： 产卵生殖，繁殖期间成对出现。卵浮性，圆球形。

生态与应用价值： 为小型鱼类，无经济价值。色彩鲜艳，常用作水族养殖的观赏鱼。作为一类泛珊瑚礁区域的海水鱼，其多活动于珊瑚礁丰茂的地区，是珊瑚礁生态系统中重要的一类消费者。

物种幼体图片：

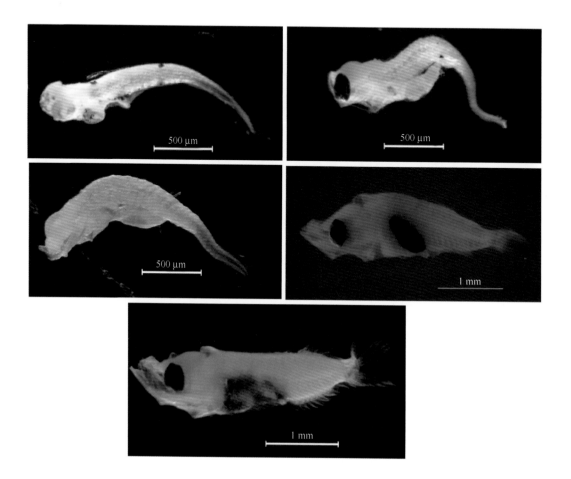

副鳚 *Paracirrhites arcatus*

鳚科 Cirrhitidae；副鳚属 *Paracirrhites*

形态特征：体长 1.5 mm 的早期仔鱼，体型侧扁延长，体高约为体长的 25%。头部稍长，约为体长的 27%。口稍大，上位。吻短而尖，吻长约为体长的 7%，下颚突出，末端有肉质延伸。尾部细长，脊索末端未上屈。肠道平直，肛门约位于身体的约 2/3 处。仔鱼的腹侧色素较为发达；下颌颐部及肉质垂悬物的色素浓密；肠道背缘有 1 排黑色素；肛门后的腹中线上方色素发达，呈短线状；上方背鳍基底的后部有 1 列类似色素带分布，长度略长。

繁殖：繁殖期成对出现，产卵时会垂直上游 0.4~1.0 m 距离。

生态与应用价值：为观赏鱼类，无食用经济价值。体色显眼，为水族箱养殖的观赏鱼类。作为一类泛珊瑚礁区域的海水鱼，其多活动于珊瑚礁丰茂的地区，是珊瑚礁生态系统中重要的一类消费者。

物种幼体图片：

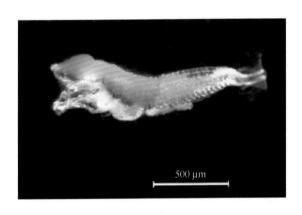

500 μm

红海副单鳍鱼 *Parapriacanthus ransonneti*

拟金眼鲷科 Pempheridae；拟单鳍鱼属 *Parapriacanthus*

形态特征：卵子呈圆球形，分离浮性，卵膜光滑。卵周隙窄，卵黄囊表面无明显龟裂。固定样本的卵径约为 0.978~1.06 mm。胚体自头部起至尾部分布有许多小型点状黑色素。躯体周围的卵黄囊表面有少量黑色素点分布。具有约 13 个大小不一的透明油球，集中分布于躯体后部的周围，油球径为 0.045~0.088 mm。

繁殖：未知。

生态生境：属海洋珊瑚礁相关种类，栖息深度为 3~30 m。栖息于沿岸和外海珊瑚礁。该种类个体可在岩壁下的洞穴内或在悬崖下方形成大群。个体具有发光器，在夜间觅食，以浮游动物为食。

地理分布：分布于西太平洋海域。

DNA 条形码：JF494087。

保护等级：Not Evaluated(未评估)。

生态与应用价值：为小型鱼类，无经济价值。作为一类泛珊瑚礁区域的海水鱼，其多活动于珊瑚礁丰茂的地区，是珊瑚礁生态系统中重要的一类消费者。

物种幼体图片：

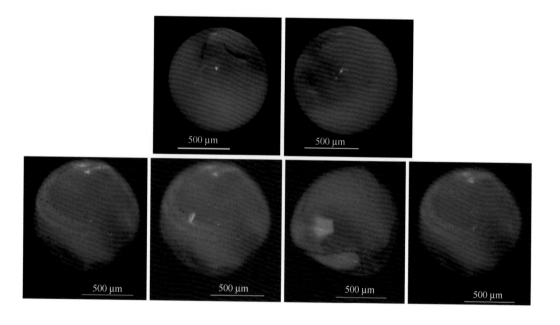

多带副绯鲤 *Parupeneus multifasciatus*

羊鱼科 Mullidae；海绯鲤属 *Parupeneus*

形态特征：体长约 15.520 mm 的幼鱼活体样品，体型侧扁延长，口裂小，仅达眼部前缘下方；鳃盖无棘，鳍条位置与成鱼一致，各鳍条已发育完全，清楚可数；体被银色弱栉鳞，易脱落。中线的色素不显。眼后下方的鳃盖棘及胸鳍基部各有深黑色素斑分布。

繁殖：产卵生殖，卵圆球形，分离浮性。

生态生境：为热带海洋的底栖性珊瑚礁鱼类，栖息深度为 3~161 m。主要栖息于珊瑚礁外缘的砂地，或者是碎石上，利用颏须探索在砂泥底质上活动的底栖生物，如甲壳类、软体动物、鱼类及蠕虫等。为日行性的鱼类，白天在礁砂混合区独自遨游；晚上就找个安全的地方休息。该种类偶尔成群出现。主要以小型蟹类、虾类为食，也摄食沉性鱼卵、软体动物和有孔虫。

地理分布：主要分布于太平洋热带海域，日本南部和我国南海有分布。

DNA 条形码：GU673922。

保护等级：Least Concern(无危)。

生态与应用价值：为经济种类，也可作为水族箱养殖的观赏鱼。作为一类泛珊瑚礁区域的海水鱼，多活动于珊瑚礁丰茂的地区，觅食珊瑚礁小型鱼类及其他小型无脊椎动物，是珊瑚礁生态系统中重要的一类消费者。可调节平衡珊瑚礁生态系统中各生物间的关系，起到维持珊瑚礁生态系统稳定的作用。

物种幼体图片：

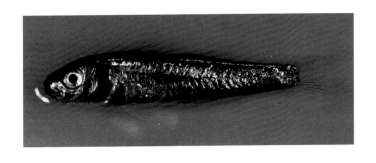

黄带锥齿鲷 *Pentapodus aureofasciatus*

金线鱼科 Nemipteridae；锥齿鲷属 *Pentapodus*

形态特征：卵子呈圆球形，彼此分离，浮性，卵膜光滑。围卵腔窄，卵径为 0.829~0.871 mm。单油球，后位，油球径约 0.107 mm。胚体中部有许多细的点状黑色素分布。卵黄囊较大，表面无龟裂和色素点分布。

繁殖：未知。

生态生境：属海洋珊瑚礁相关种类，栖息深度为 5~35 m。栖息于珊瑚礁中，独自或以小群在碎石水域活动。

地理分布：分布于中部太平洋、日本至热带太平洋海域。

DNA 条形码：KY362915。

保护等级：Least Concern（无危）。

生态与应用价值：为小型鱼类，经济价值较低。作为一类泛珊瑚礁区域的海水鱼，其多活动于珊瑚礁丰茂的地区，是珊瑚礁生态系统中重要的一类消费者。

物种幼体图片：

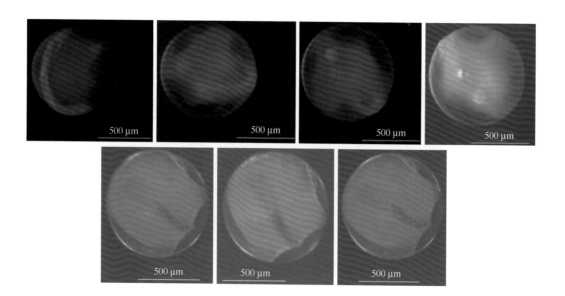

眼斑椒雀鲷 *Plectroglyphidodon lacrymatus*

雀鲷科 Pomacentridae；椒雀鲷属 *Plectroglyphidodon*

形态特征：体长 11.017 mm 的稚鱼，体呈椭圆形，吻端粗壮尖长，口裂中等大，仅达眼部前缘的下方。头部粗壮，但最大体高出现在体中部，体高/体长约为 46.3%。肛门位于体中部稍后，距吻端约占体长的 68.9%。胸鳍大，扇形，长度可达臀鳍起点之后。前鳃盖骨内外侧均有数个小棘出现。体表黑色素胞丰富，分布于头部、鳃盖、尾柄部前方、胸鳍基底及腹部。其中，头前部为稍浅、小的星状密集色素点，背鳍前方的头部及下方的胸鳍基部、鳃盖表面为大型的丛状色素斑；胸鳍基部为较大的星状密集色素，往腹侧方向逐渐聚集成色素带。体后部的星状色素点大小约相等，纵向均匀分布于背鳍及臀鳍间的体侧中部。背鳍棘处出现淡色素斑，腹鳍无色素分布。

繁殖：繁殖期间明显配对。卵底栖性，具有黏性，附着于海底基质。雄鱼在旁进行守卫及看护。

生态与应用价值：为小型鱼类，无经济价值。体色艳丽，常用于水族观赏。作为一类泛珊瑚礁区域的海水鱼，其多活动于珊瑚礁丰茂的地区，是珊瑚礁生态系统中重要的一类消费者，在维持珊瑚-藻类的生态平衡中具有重要作用。

物种幼体图片：

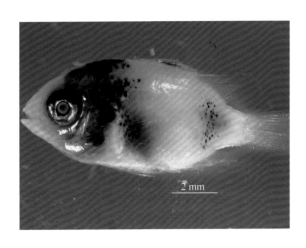

霓虹雀鲷 *Pomacentrus coelestis*

雀鲷科 Pomacentridae；雀鲷属 *Pomacentrus*

形态特征：体长 14.863 mm 的幼鱼，外在形态与成鱼大致相似。体表鳞片已形成。体呈长椭圆形，体高差异相对较小，尾鳍叉形，尾柄粗壮。头部大，吻部凸出，口裂小，未达眼部的前方。眼圆形，中等大，眼径 1.390 mm。头长占体长的 31.4%。胸鳍较长，末端达臀鳍的起点。体表有浓密的色素覆盖。体后部的体侧中线有 1 条明显的黑色素线。背鳍基部及鳍膜有大型色素斑分布。腹鳍和臀鳍无明显色素分布。背鳍基部末端、臀鳍基部末端和尾鳍基下部各有 1 个较大的丛状色素点分布。

繁殖：繁殖期间明显配对。卵底栖性，具有黏性，附着于海底基质。雄鱼在旁进行守卫及看护。

生态与应用价值：为小型鱼类，无经济价值。体色艳丽，常用于水族观赏。作为一类泛珊瑚礁区域的海水鱼，其多活动于珊瑚礁丰茂的地区，是珊瑚礁生态系统中重要的一类消费者，在维持珊瑚–藻类的生态平衡中具有重要作用。

物种幼体图片：

2 mm

高体拟花鮨 *Pseudanthias hypselosoma*

鮨科 Serranidae；拟花鮨 *Pseudanthias*

形态特征：体长 2.051 mm 的前期仔鱼，脊索末端平直。外形侧扁，体型中等延长。尾部尖细，而头部极大，头部高度约为体长的 36.6%。眼后的头顶具有 3 个粗壮而突出的棘。吻部钝尖，下颌长于上颌，两颌均有小牙。口微斜，口裂大，达眼中部的下方。眼中等大，近圆形，明显凸出，眼径约为头长的 51.8%。鳃盖棘发达，鳃盖棘约 5 个。腹囊团状，消化道弯曲细长，肛门位于身体中央稍前，与吻端距离为体长的 46.6%。尾鳍鳍条开始分化，背部鳍膜较低，自消化道上方向后延伸，并与尾鳍相连；腹侧鳍膜同形。腹囊上方、腹囊后方的消化道上方及前下方、腹囊的中部体内及表面、腹囊前下方的腹缘均有明显的丛状或星状色素分布；背鳍基部有 4 个较大的丛状色素排列；尾部体侧的下缘有 1 丛较大的黑色素斑，其后有 2 个较小的星状色素；尾鳍下鳍膜上有 1 个星丛状的黑色素分布。

繁殖：未知。

生态生境：属海洋珊瑚礁相关种类，栖息深度为 6~50 m。出现在近岸海域。通常成群出现在潟湖中保护良好的珊瑚礁内或海湾中。

地理分布：广泛分布于印度洋—太平洋海域。

DNA 条形码：JX093919。

保护等级：Least Concern（无危）。

生态与应用价值：无经济价值，体色艳丽，是水族常见观赏种类。作为一类泛珊瑚礁区域的海水鱼，其多活动于珊瑚礁丰茂的地区，是珊瑚礁生态系统中重要的一类消费者。

物种幼体图片：

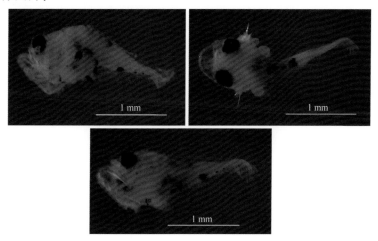

变色拟花鮨 *Pseudanthias mooreanus*

鮨科 Serranidae；拟花鮨 *Pseudanthias*

形态特征：体长 2.589 mm 的仔鱼，外形侧扁，体型中等延长。脊索末端平直。头极大，头部高度约为体长的 38.4%，头长为体长的 29.4%，头顶具有粗而突出的棘。尾部尖细。吻部钝尖，下颌长于上颌，两颌均有小牙。口斜位，口裂大，可达眼中部的下方。眼中等大，圆形，略凸出于头部，眼径约为头长的 40.7%。鳃盖棘发达。腹囊似三角形，消化管后部出现弯曲，直肠较长；肛门位于身体的中央，与吻端距离为体长的 49.3%。尾鳍鳍条开始分化，背鳍和臀鳍仍为鳍基状态。腹囊上方体内有较大的黑色素斑；腹囊下缘的前端有 1 个颜色稍浅的丛状黑色素，直肠上方和下方各有 1个丛状或菊花状的黑色素，肛门处 1 个稍小的色素点；尾部体侧的下缘有 1 丛较大的黑色素斑；尾鳍下鳍膜上有 1 个星丛状的黑色素分布。

繁殖：未知。

生态生境：属海洋珊瑚礁相关种类，栖息深度为 10 m 以浅。以浮游动物为食。

地理分布：分布于中东太平洋海域及中西太平洋海域。

DNA 条形码：MK658625。

保护等级：Least Concern（无危）。

生态与应用价值：为非经济种类。作为一类泛珊瑚礁区域的海水鱼，其多活动于珊瑚礁丰茂的地区，是珊瑚礁生态系统中重要的一类消费者。

物种幼体图片：

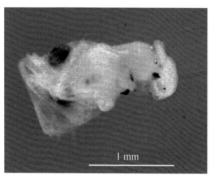 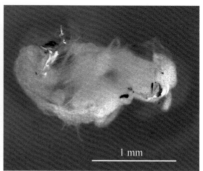

中斑似虹锦鱼 *Pseudojuloides mesostigma*

隆头鱼科 Labridae；拟海猪鱼属 *Pseudojuloides*

形态特征：卵子呈圆球形，彼此分离，浮性，卵膜光滑。固定样本的卵径约为 0.531 mm。胚体自头部起至尾部有许多大小约等大的点状黑色素分布，横向 2 个色素点的间距较小，纵向色素点间的间距大致相等。卵黄囊表面无明显黑色素分布，但有许多小型半透明颗粒分布。油球 1 个，后位，油球径约 0.105 mm，表面约有 8 个色素点不规则分布。

繁殖：产卵生殖，繁殖期间成对出现。

生态生境：属海洋珊瑚礁相关种类，栖息深度为 25~45 m，通常为 32~39 m。单独或成对出现，多出没于宽阔的碎石底小型珊瑚礁中。

地理分布：分布于西太平洋海域。

DNA 条形码：KP975989。

保护等级：Least Concern（无危）。

生态与应用价值：无经济价值。作为一类泛珊瑚礁区域的海水鱼，其多活动于珊瑚礁丰茂的地区，是珊瑚礁生态系统中重要的一类消费者。

物种幼体图片：

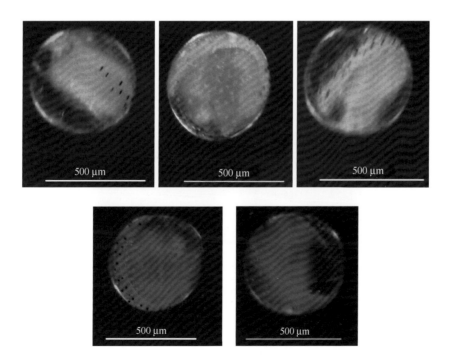

红斑鳍塘鳢 *Ptereleotris rubristigma*

虾虎鱼科 Gobiidae；鳍塘鳢属 *Ptereleotris*

形态特征：体长 10.665 mm 的稚鱼体细长，呈长条状，前后体高变化不大。口斜位，口裂大，达眼前缘的下方。眼大，圆形，眼径 0.952 mm，约为头长的 16.3%。腹囊长形，消化道长直；肛门位于体中央，与吻端距离为体长的 54.7%。左右腹鳍愈合；尾鳍近截形，上下叶发育完全，丝状鳍条清晰可见；各鳍鳍条已达到定数。臀鳍前方的第二背鳍部分较高，后方较低。从体中部起，背鳍鳍基和臀鳍基部各有 1 列发达的黑色素点分布，且起点处各色素点略有间隔，越往后间隔越小，直至相连呈线状。肛门上方的体内可见有大型色素斑。

繁殖：未知。

生态生境：属海洋珊瑚礁相关种类，栖息深度为 15~60 m。栖息于砂、泥底的水域。

地理分布：分布于西太平洋海域的印度尼西亚，印度洋东部可能有广泛分布。

DNA 条形码：KM357767。

保护等级：Not Evaluated(未评估)。

生态与应用价值：无经济价值。作为一类泛珊瑚礁区域的海水鱼，其多活动于珊瑚礁丰茂的地区，是珊瑚礁生态系统中重要的一类消费者。

物种幼体图片：

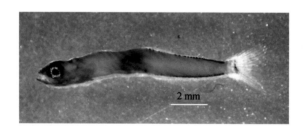

黑带鳞鳍梅鲷 *Pterocaesio tile*

笛鲷科 Lutjanidae；鳞鳍梅鲷属 *Pterocaesio*

形态特征：卵子呈圆球形，彼此分离，浮性，卵膜光滑。固定样本的卵径约为0.701~0.746 mm。卵周隙较宽，卵黄囊中等大，表面无明显龟裂及色素分布。胚体自头部起至尾部有许多大小约等大的色素点分布，大致呈列状；色素点排列紧密，部分两三个色素点连在一起形成丛状。油球 1 个，后位，油球径约 0.205 mm，胚体侧的表面有五六个色素点呈一字紧密排列。

繁殖：未知。

生态与应用价值：为经济种类，常用作金枪鱼的钓饵。作为一类泛珊瑚礁区域的海水鱼，其多活动于珊瑚礁丰茂的地区，是珊瑚礁生态系统中重要的一类消费者。

物种幼体图片：

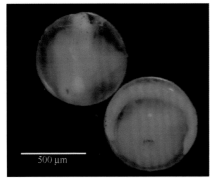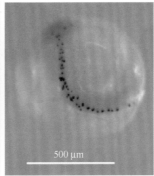

东方狐鲣 *Sarda orientalis*

鲭科 Scombridae；狐鲣属 *Sarda*

形态特征：体长 1.854~1.878 mm 的前期仔鱼，尾部脊索平直，身体侧扁，尾部细长。吻部钝圆，额部隆起。眼大，圆形，眼球仍呈浅褐色。卵黄囊未完全吸收，消化道细长，肛门位于体中央稍前，与吻端距离约为体长的 38.3%~41.2%；仔鱼背部及腹侧鳍膜明显，均较低。腹囊前端的表面有密集的色素点覆盖。尾部腹侧约 11 个色素点列状分布，自肛后延伸至尾鳍下叶。吻端及下颚侧缘有若干色素胞分布。此外，体背、脑部、尾部及肠道的均有 1~2 个明显色素点分布。

繁殖：产卵期为每年的 1—6 月，3—5 月为产卵高峰期。属于分批产卵的种类，产卵频率为平均 2.3 天排卵 1 次。雌鱼单次可孕卵 11.4 万~77.9 万颗。

生态生境：属于高度洄游鱼类，栖息于大洋水体上层，生活水深为 1~167 m。分布于近岸及岛屿周围，可与小型金枪鱼成群活动。主要以鲱鱼及其他鱼类为食，也捕食鱿鱼和十足类甲壳动物。可被延绳钓、围网和流刺网捕获。

地理分布：广泛分布于印度洋—太平洋海域，在太平洋东部也有分布。

DNA 条形码：JF494395。

保护等级：Least Concern（无危）。

生态与应用价值：该种类的渔业捕捞价值不高，是游钓的重要种类之一；渔获可直接销售和冷冻，也可腌制或制作罐头。该种类多在珊瑚礁中活动，是珊瑚礁生态系统中重要的高等级消费者。

物种幼体图片：

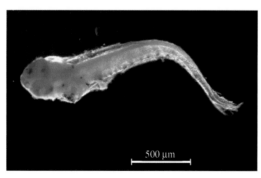 

棕吻鹦嘴鱼 *Scarus psittacus*

鹦哥鱼科 Scaridae；鹦嘴鱼属 *Scarus*

形态特征：体长 9.596 mm 的后期仔鱼，体侧扁细长，略呈长椭圆形，尾柄较粗壮。腹囊粗大，消化道短粗，肛门位于体中央，与吻端距离为体长的 46.7%。头部中等大，吻部尖长，上下颌约等长，口水平位，口裂小，未达眼前缘的下方；眼大，圆形，眼径 0.705 mm，与吻长约等。腹鳍已完成分化，鳍条清晰可数。肛门上方具有 1 个长条形黑色素；肛门后的臀鳍基至尾柄有 11 个圆点色素胞沿腹侧排列，色素间隔较均匀。体表其余各处未见明显色素分布。

繁殖：产卵生殖，卵浮性，呈纺锤状，具有黏性卵囊。繁殖期间成对出现。

生态生境：属海洋珊瑚礁相关种类，为中底层鱼类，栖息深度为 2~25 m。栖息于水深大于 25 m 的潮下珊瑚浅滩、潟湖和海向珊瑚礁。早期生长阶段常形成小型觅食群体。以底栖藻类为食。

地理分布：广泛分布于印度洋—太平洋海域。

DNA 条形码：MN870555。

保护等级：Least Concern（无危）。

生态与应用价值：为经济种类，是潜水捕鱼的对象，也可用于水族观赏。作为一类泛珊瑚礁区域的海水鱼，其多活动于珊瑚礁丰茂的地区，是珊瑚礁生态系统中重要的一类消费者，在维持珊瑚-藻类的生态平衡中具有重要作用。

物种幼体图片：

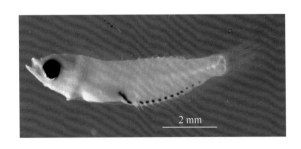

脂眼凹肩鲹 *Selar crumenophthalmus*

鲹科 Carangidae；凹肩鲹属 *Selar*

形态特征：体长约 2.072 mm 的前期仔鱼，脊索末端平直，身体侧扁；头略钝，体高自头部往后逐渐降低，尾部细长。吻端小，尖凸；口裂较小，仅达眼前缘的下方。眼圆形，眼径 0.25 mm，与吻部约等长，约为头长的 1/3。腹囊长形，消化道长直，肛门位于体中央的稍后方。各鳍未发育完全，胸鳍仍呈膜状，腹鳍呈芽状凸起。仔鱼体表的色素明显。上下吻端均有条状色素块分布；峡部和胸鳍基部各有星点状色素分布；腹囊和消化道上方的体侧有浓密的星状黑色素胞分布，自胸鳍基后延伸至肛门，呈色素带排列；肛门后的腹侧分布有 1 个较大的星状色素点及 1 列共 9~10 个小型色素，延伸至尾鳍下叶；肛门上方的背鳍基部，有大块浓密的丛状色素斑覆盖仔鱼的背部。

繁殖：产卵繁殖，主要繁殖期为春夏季。

生态生境：属海洋珊瑚礁相关种类，属上层鱼类，栖息深度为 0~170 m，通常为 2~10 m。成体偏好出现在外海岛屿至大洋间的清澈水体中，偶尔出现在浑浊的水域。通常聚集成小群或大群，一般群游于表层，但也可发现栖息于水深达 170 m 处。主要在夜间活动及觅食，在近海以小虾、底栖无脊椎动物和有孔虫为食，在外海则以浮游动物和仔稚鱼为食。

地理分布：广泛分布于世界各热带及亚热带海域，我国东海、黄海及近岸均有分布。

DNA 条形码：MZ555714。

保护等级：Least Concern（无危）。

生态与应用价值：为经济种类，具有较高经济价值，是重要的渔业捕捞种类。该种类多在珊瑚礁区活动，是珊瑚礁重要的一类消费者；同时也是其他肉食性鱼类和其他海洋动物重要的捕食对象。

物种幼体图片：

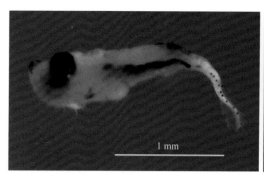
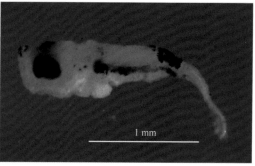

黑星紫胸鱼 *Stethojulis bandanensis*

隆头鱼科 Labridae；紫胸鱼属 *Stethojulis*

形态特征：体长 6.127~6.434 mm 的稚鱼，外形侧扁，呈较规则的椭圆形。头部粗壮；口水平位，吻尖短，上下颌约等长；口裂较浅，达眼前缘的下方。眼大，圆形，眼径 0.688~0.715 mm，约为头长的 37.7%~39.0%。体较高，最大体高位于背鳍起点处，约为体长的 35.1%~35.4%；体高向后端逐渐降低；尾柄粗壮。各鳍鳍条发育完善，尾鳍近圆形。腹囊呈三角形，消化道较短粗，肛门位于体中央稍后，距吻端长度约占体长的 61.5%。身体各部位未见明显色素分布。

繁殖：未知。

生态与应用价值：属中小型隆头鱼，但经济价值不高；体色鲜艳，是适合水族观赏的鱼类。作为一类泛珊瑚礁区域的海水鱼，其多活动于珊瑚礁丰茂的地区，是珊瑚礁生态系统中重要的一类消费者。

物种幼体图片：

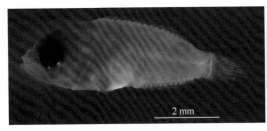 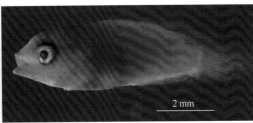

冲绳磨塘鳢 *Trimma okinawae*

虾虎鱼科 Gobiidae；磨塘鳢 *Trimma*

形态特征：体长2.016 mm的仔鱼，体型侧扁延长；头大，鳔小，头后部有袋状突起；口端位，吻尖长，上下颌约等长。脊索末端稍微上翘，背鳍和臀鳍鳍棘已发育，鳍条未分化；下尾骨发达；消化道平直，肛门位于身体的中部，与吻端距离占体长的56.5%。色素斑分布于鳔和肛门的腹侧，鳔邻近的消化道腹侧有若干色素点分布，臀鳍基底后部有五六个色素点分布。

繁殖：产底栖性卵。被认为可产生双向性别转变，产卵期未知。

生态生境：属热带海洋小型珊瑚礁鱼类，栖息水深8~35 m。分布于清澈的近岸岩礁海域，喜栖息于海面附近。常在珊瑚礁内部小洞穴内颠倒盘旋。可形成松散的小群体。

地理分布：印度洋—太平洋北至琉球和小笠原群岛，南到罗雷浅滩和大堡礁的海域都有分布。

DNA 条形码：HQ971779。

保护等级：Least Concern(无危)。

生态与应用价值：无经济价值，可作为水族馆观赏种类。作为一类泛珊瑚礁区域的海水鱼，其多活动于珊瑚礁丰茂的地区，是珊瑚礁生态系统中重要的一类消费者。

物种幼体图片：

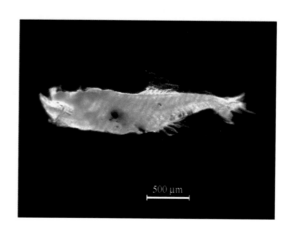

500 μm

斑绯鲤 *Upeneus guttatus*

羊鱼科-须鲷科 **Mullidae**；绯鲤属 *Upeneus*

形态特征：卵子呈圆球形，彼此分离，浮性，卵膜光滑。固定样本的卵径约为 0.677~0.704 mm。油球 1 个，油球径约 0.124 mm。胚囊期时，油球与胚囊分别远离，各位于卵子的两端；胚胎背部有少量色素点分布；卵黄囊透明无龟裂。胚体形成后，围绕卵黄囊超过 1/2 时；胚体浅色素点仅见于近尾部；卵黄囊表面有较多小型半透明颗粒分布；油球后位，表面无明显色素分布。

繁殖：未知。

生态与应用价值：为经济鱼类，作为一类泛珊瑚礁区域的海水鱼，多活动于珊瑚礁丰茂的地区，是珊瑚礁生态系统中重要的一类消费者。

物种幼体图片：

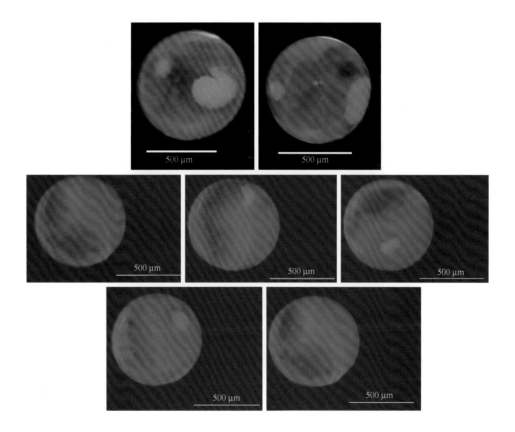

仙女鱼目 Aulopiformes

大鳞蛇鲻 *Saurida macrolepis*

合齿鱼科 Synodontidae；蛇鲻属 *Saurida*

形态特征：卵子呈圆球形，分离，浮性，卵膜表面光滑。卵径约为 0.915 mm。卵周隙窄，卵黄表面无龟裂，胚体肌节透明。胚体围绕卵黄囊超过 1/2 时，卵黄囊和胚体表面均无明显黑色素分布。卵内无油球分布。

繁殖：未知。

生态生境：属海洋底栖性种类，栖息深度为 1~100 m。主要生活于 100 m 以浅的砂质-泥质底水域。

地理分布：广泛分布于印度洋—西太平洋海域。

DNA 条形码：MG574446。

保护等级：Least Concern（无危）。

生态与应用价值：无经济价值。作为一类泛珊瑚礁区域的海水鱼，多活动于珊瑚礁丰茂的地区，是珊瑚礁生态系统中重要的一类消费者。

物种幼体图片：

500 μm

射狗母鱼 *Synodus jaculum*

合齿鱼科 Synodontidae；狗母鱼属 *Synodus*

形态特征：体长 2.882 mm 的前期仔鱼，脊索末端平直，外形极细长。头部较小，头长为体长的 15.2%；吻较短，呈截形。口裂较浅，达眼中央稍后的下方。眼大，圆形，眼径为头长的 50.2%，明显凸出于体外。背部和腹部的鳍膜退行，但鳍条未开始发育；尾鳍鳍膜圆形，出现细丝状鳍条。腹囊细长，消化道平直，后半部呈螺旋状。肛门明显位于体后部，肛前距为体长的 68.7%。自胸鳍基部下方至肛门处的消化道表面有 4 个大型的黑色素斑块，色素间隔较远。尾鳍膜间有 1 个短枝状的黑色素及若干极小的色素点分布。

繁殖：产圆球形浮性卵，中等大(0.9~1.5 mm)，绒毛膜上有多边形网状结构。

生态与应用价值：可食用，但经济价值不高。渔获物可直接销售，也可干制后上市。作为一类泛珊瑚礁区域的海水鱼，多活动于珊瑚礁丰茂的地区，是珊瑚礁生态系统中重要的一类消费者。

物种幼体图片：

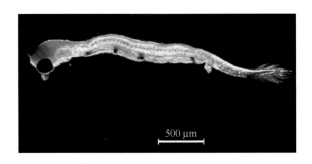

500 μm

鲽形目 Pleuronectiformes

宽额短额鲆 *Engyprosopon latifrons*

鲆科 Bothidae；短额鲆属 *Engyprosopon*

形态特征：体长 8.70 mm 的稚鱼，外形侧扁、延长。口小，斜位，口裂达眼前缘的下方，前额隆起，眼较小，眼径为头长的 26.00%。鼻孔 1 个，长圆形，位近吻端。背鳍前有两根独立的冠状幼鳍鳍条，其后有鳍条 86~90 根，臀鳍有鳍条约 50 根。胸鳍掌状。尾鳍楔形。腹鳍小叶状，腰带前方突出，呈小三角形。匙骨直形，其后缘有 5 个锯齿状的小刺，裸露的尾舌骨较宽大，呈三角形，下缘有 1 排锯齿状的小刺，鳍基骨后突，后突的鳍基骨末端近达盘曲的消化管后部，其下缘有 1 排锯齿状的小刺。腹囊较大，消化管盘曲；肛门前位，距吻端的距离为体长的 37.00%。无色素分布。脊索末端向上弯曲。体长 10.25 mm 的稚鱼，背鳍前两根独立的冠状幼鳍鳍条仍明显，其后有鳍条 88 根，臀鳍鳍条 50 余根。匙骨向后弯曲，其后缘的锯齿状小刺增多(9 个)，尾舌骨和后突的鳍基骨上的锯齿状小刺也增多。其余的形态特征无多大的变化。变态前的黑色素细胞只有 sp.3 出现在腹腔，体正中线，以及脊髓间棘带上。变态后，色素集合发展到左体侧全体和背，臀部，腹部和尾鳍条。

繁殖：产浮性卵，卵呈圆球形。

生态生境：属热带海洋底栖性鱼类，栖息深度为 37~68 m。常栖息于砂质海底。

地理分布：广泛分布于印度洋—西太平洋海域；菲律宾、我国香港和南海近海有分布。

DNA 条形码：FOAO2483-20(BOLD systems)。

保护等级：Not Evaluated(未评估)。

生态与应用价值：无经济价值，作为一类泛珊瑚礁区域的海水鱼，多活动于珊瑚礁丰茂的地区，是珊瑚礁生态系统中重要的一类消费者。

物种幼体图片：

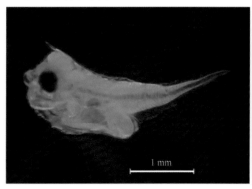 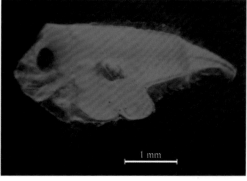

鲑形目 Salmoniformes

斜齿圆罩鱼 *Cyclothone acclinidens*

钻光鱼科 Gonostomatidae；圆罩鱼属 *Cyclothone*

形态特征：体长 4.314 mm 的后期仔鱼，外形微侧扁、细长。吻较尖，明显前突，下颌略长于上颌；口微斜，口裂较深，达眼中央以后。头较大，头长为体长的 20.4%。眼圆形，中等大，眼径与吻长约相等。尾鳍叉形；背鳍鳍条未分化，臀鳍鳍条出现鳍条，背鳍和臀鳍都不与尾鳍相接；胸鳍小扇状。腹囊长形，消化道细长；肛门位于体中央偏后，肛前距为体长的 45.8%。鳔泡显著，位于第 9~12 对肌节间；鳔泡的上方有黑色素沉积。胸鳍下方及其后的消化管上有约 4 个黑色素。肛门上方有 1 个星状黑色素。尾部下缘有 6~7 个星状黑色素。尾柄上方 1 个黑色素分布。

繁殖：未知。

生态生境：属深海洄游鱼类，栖息于大洋的水体中层和深海，栖息深度为 0 ~ 4 416 m，通常为 300 ~ 1 500 m。捕食桡足类。

地理分布：分布于 80°N—67°S，180°W—180°E 间的深海。分布于大西洋、印度洋和太平洋的热带和亚热带海域。在太平洋东部也有分布，我国主要分布于南海。

DNA 条形码：MT323600。

保护等级：Least Concern（无危）。

生态与应用价值：属深海鱼类，无渔业经济价值。其早期浮游阶段可分布于珊瑚礁，是热带珊瑚礁海域捕食者的食物来源之一。

物种幼体图片：

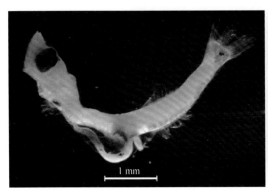
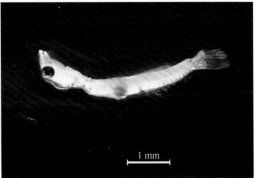

苍圆罩鱼 *Cyclothone pallida*

钻光鱼科 Gonostomatidae；圆罩鱼属 *Cyclothone*

形态特征：体长 2.408 mm 的仔鱼，脊索末端平直。体型细长而中等侧扁。头中等大，躯体部分与尾部的体高差异较小。吻部尖凸，口微斜，口裂中等大，达眼中部的下方。下颌略长于上颌，上下颚均有细齿，下颚隅角部呈方形。眼较大，近圆形，眼径约 0.214 mm。肠道平直，肛门开口位于中部稍后，约位于体长的 68.5% 处。尾鳍鳍条未分化，其余各鳍未开始发育，背鳍及臀鳍的鳍膜不明显。体中部的消化道上有 1 个较大的色素点；臀鳍基部有五六个色素点；尾鳍下叶基部有 1 个大型斜向下的色素斑。体内肌节未出现明显色素分布。

繁殖：未知。

生态生境：栖息于深海的中层—深层带，栖息深度为 16~4 663 m，通常为 600~1 800 m。所处的深度范围取决于个体发育的阶段、地理纬度和季节。无明显的昼夜垂直迁移习性。

地理分布：分布于大西洋、印度洋和太平洋的热带至温带海域。我国南海有分布。

DNA 条形码：KY033605。

保护等级：Least Concern（无危）。

生态与应用价值：为深海小型鱼类，无经济价值。早期浮游阶段可分布于珊瑚礁，是热带珊瑚礁海域捕食者的食物来源之一。

物种幼体图片：

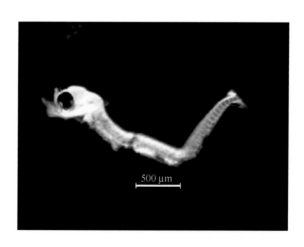

500 μm

鲶形目 Siluriformes

大头多齿海鲶 *Netuma thalassina*

海鲶科 Ariidae；多齿海鲶属 *Netuma*

形态特征：体长 3.384 mm 的仔鱼脊索后端平直，体细长侧扁；体高差异较大，体呈长梭状。头部粗壮，略平扁；吻部略尖，吻长 0.373 mm，约为头长的 42.5%；口裂小，未达眼前部的下方；上颌略长于下颌。眼大，近圆形，眼径约等于吻长。腹囊较大，梨形，肛门位于体长中部。胸鳍棘发达，尖长。仔鱼下颌前端具有较大的黑色素块，胸鳍基部及鳍条具有 1 个大型色素斑分布；腹囊背缘和鳃盖后端具有明显色素带分布。肛门后有约 8 个点列状黑色素点沿腹侧臀鳍基部分布。

繁殖：未知。

生态生境：属热带及亚热带沿岸底栖性种类，栖息深度为 10~195 m。喜欢栖息于砂质底的地形环境。属于两栖洄游鱼类，为典型的广盐性鱼类，常在河口区觅食，甚至进入河流的下游。主要以蟹类、虾类和虾蛄类为食，也摄食小型鱼类和软体动物。属于夜行性鱼类；具有筑洞的习性；偶尔会集结成群。背、胸鳍硬棘前后都具有锯齿，有毒腺。

地理分布：分布于印度洋—西太平洋海域，西起非洲东部、红海，东至波利尼西亚，北至琉球群岛，南至澳大利亚都有发现。我国南海、台湾海域有分布。

DNA 条形码：GU674136。

保护等级：Not Evaluated(未评估)。

生态与应用价值：为经济种类，是一种重要的食用鱼类。同时也是游钓的种类之一。

物种幼体图片：

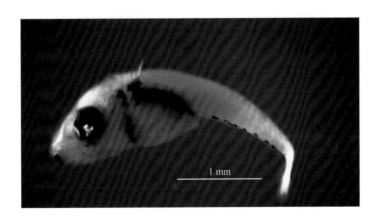

1 mm

巨口鱼目 Stomiiformes

拉氏烛光鱼 *Polyipnus ruggeri*

褶胸鱼科 Sternoptychidae；烛光鱼属 *Polyipnus*

形态特征：体长 2.357 mm 的前期仔鱼，脊索末端平直。仔鱼外形侧扁，头部显得大，尾部细长。吻稍宽，略钝，凸出，显得粗壮；上颌稍长于下颌。口倾斜，口裂达眼中部的下方。眼睛椭圆形，略小，长径约为短径的 1.5 倍；腹囊长圆形，消化道较粗短；肛门位于体中央，肛前距为体长的 56.8%。尾鳍末端有 1 块略大的色素斑；直肠邻近肛门处有 1 个小的色素；身体其余部位无明显色素分布。

繁殖：未知。

生态生境：为亚热带海洋底栖性鱼类。

地理分布：分布于印度洋—太平洋西部海域。

DNA 条形码：HQ563954。

保护等级：Not Evaluated(未评估)。

生态与应用价值：无经济价值。早期浮游阶段可分布于珊瑚礁，是热带珊瑚礁海域捕食者的食物来源之一。

物种幼体图片：

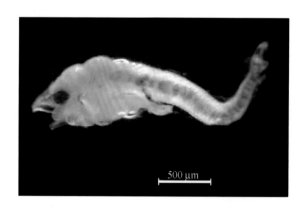

黑柔骨鱼 *Malacosteus niger*

巨口鱼科 Stomiidae；柔骨鱼属 *Malacosteus*

形态特征：体长 5.185 mm 的前期仔鱼，脊索平直。体型细长，侧扁。眼略小，呈椭圆形；头部较长，占体长的 22.5%，头部高度与体高相当。口水平位，吻稍尖，吻长为头长的 42.4%，下颌明显长于上颌。口裂大，达眼球前方下缘。颏部生有短的触须。腹囊长条状，消化管平直，细长。肛门后位，约位于体 90.7% 处。尾鳍鳍条完成分化；背部鳍膜发达，自头部向后延伸，但不与尾鳍相连；腹部鳍膜同形，仅达肛门开口处，结束位置与背部鳍膜相近；胸鳍为初发育的鳍膜，尚无鳍条分化。下颌前端有小型黑色素带；肠道背侧有短的色素带呈线状排列，自胸鳍后端起延伸至肛门位置；体侧的背缘有更粗大的短色带及色素斑呈线状排列，直至尾鳍上叶的基底中部。

繁殖：未知。

生态生境：为深海鱼类，栖息水深为 500~3 886 m。属大洋性中层鱼类，生态习性不甚清楚。以甲壳类动物和鱼类为食。

地理分布：属全球性种类，广泛分布于各大洋的深海海域。

DNA 条形码：MT323462。

保护等级：Least Concern（无危）。

生态与应用价值：无经济价值。早期浮游阶段可分布于珊瑚礁，是热带珊瑚礁海域捕食者的食物来源之一。

物种幼体图片：

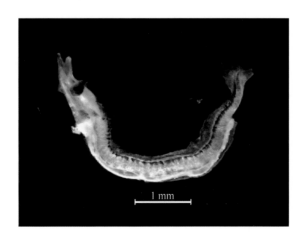

狭串光鱼 *Vinciguerria attenuata*

光器鱼科 Phosichthyidae；串光鱼属 *Vinciguerria*

形态特征：卵子呈圆球形，分离，浮性，卵膜光滑，表面有许多大小约等的透明小颗粒均匀分布。固定样本的卵径约为 0.813～0.922 mm。卵周隙窄，卵黄中等大，卵黄囊表面有网泡状龟裂，表面无明显黑色素分布。胚体细长，表面围绕卵黄囊超过 1/2 时，肌节透明，鳍膜较高，胚体表面无色素分布。油球 1 个，后位，油球径约 0.124 mm，表面无色素分布。

体长 7.523 mm 的仔鱼个体，属于后期仔鱼阶段，脊索末端上屈。体高差异较小，身体明显细长，体高仅为体长的 7.3%。眼睛很大，凸出于头部；呈椭圆形，长径约 0.489 mm。吻部上下扁平，侧缘有细齿，下颚稍突出。肠道平直细长，于鳔泡处稍微弯曲；肛门位于 2/3 体长的稍后方，肛前距为体长的 79.4%。背鳍起点约在体长 60% 处，臀鳍起点在肛门开口之后，约在背鳍中央的位置。仔鱼色素的分布较少，尾柄脊索末端的下方有 1 个大的色素；鳔泡有色素沉积；肛门位置也有色素分布，但不甚明显。

繁殖：产卵期为春季及初夏。

生态生境：为深海鱼类，栖息水深为 100～2 000 m。属大洋性中层鱼类；幼鱼和成鱼都有进行短距离昼夜垂直迁移的习性。成体日间主要栖息于水深 250～600 m，夜间则垂直洄游至 100～500 m。以小型甲壳类动物为食。

地理分布：广泛分布于大西洋（含地中海）、印度洋和太平洋东南部的亚热带海域，我国南海有分布。

DNA 条形码：MT323498。

保护等级：Least Concern（无危）。

生态和应用价值：无经济利用价值。早期浮游阶段可分布于珊瑚礁，是热带珊瑚礁海域捕食者的食物来源之一。

物种幼体图片：

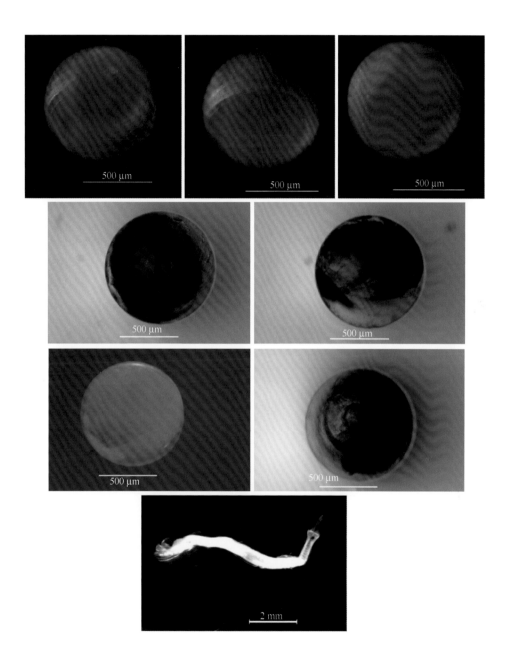

强串光鱼 *Vinciguerria poweriae*

光器鱼科 Phosichthyidae；串光鱼属 *Vinciguerria*

形态特征：卵子呈圆球形，分离，浮性，卵膜光滑，表面有较多略大的透明小颗粒，大致散布于胚体中部的周围。固定样本的卵径约为 0.880 mm。卵周隙窄，卵黄中等大，卵黄囊表面无明显黑色素分布。胚体细长，鳍膜不明显，胚体表面无色素分布。油球 1 个，后位，油球径约 0.186 mm。

繁殖：地中海海域全年产卵。

生态生境：属深海区中层鱼类，栖息深度为 50~1 500 m，通常为 300~600 m。日间大部分出现在水深 300~600 m，夜间为 50~350 m。幼鱼和成鱼都进行昼夜垂直迁移。主要以小型甲壳类为食。

地理分布：广泛分布于各大洋的亚热带深海海域。

DNA 条形码：MT323497。

保护等级：Least Concern(无危)。

生态与应用价值：无经济利用价值。早期浮游阶段可分布于珊瑚礁，是热带珊瑚礁海域捕食者的食物来源之一。

物种幼体图片：

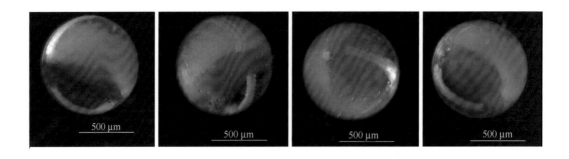

鲀形目 Tetraodontiformes

拟态革鲀 *Aluterus scriptus*

单棘鲀科 Monacanthidae；革单棘鲀属 *Aluterus*

形态特征：体长约 36 mm 的稚鱼，外形极侧扁，身体薄，细长，头部中等大，头长大约为体长的 1/4。背刺位置的体高最高，躯干部腹面呈半球形，尾部越后面越细。吻钝，上下颌突出，上下颌有骨质的板牙。前额略凹陷。口裂浅，鳃孔较大。背刺在眼中央的正上方，长度可达第二背鳍起点前方约 4/5 处，其前缘有逆钩。尾鳍呈尖形，很大，很长。鱼体上都有暗褐色的圆形斑点分布，边缘白色。臀鳍与第二背鳍同形，无腹鳍。胸鳍较小，扇形。尾鳍圆形。肛门位于体长约 1/3 处。头部上下边缘有小刺，两个背鳍中间的背缘也有细刺。

繁殖：产沉性卵，卵圆球形，黏性，附着在植物或无柄的无脊椎动物上，也可能掩埋于沙子内。

生态生境：为海洋栖礁鱼类，栖息深度为 3~120 m，通常为 3~20 m。属底栖鱼类。栖息于潟湖和向海礁区。通常喜欢停留于海藻丛中，身体呈头下尾上的倒立姿势，细长的身体配合波动的鳍条及体上的斑纹，拟态成海藻而藏身其中。幼鱼可随着杂草、木筏在开阔的海洋中迁移很长一段时间，并成长至较大个体。以藻类、海草、水螅动物、角珊瑚、海葵和被囊动物等为食。

地理分布：广泛分布于大西洋、太平洋的环热带海域。

DNA 条形码：GU674417.1。

保护等级：Least Concern(无危)。

生态和经济价值：经济价值较低，可作为水族箱养殖观赏种类。因食物链的关系，肌肉可能具有毒性，食用可能引起中毒。作为一类泛珊瑚礁区域的海水鱼，其多活动于珊瑚礁丰茂的地区，是珊瑚礁生态系统中重要的一类消费者，在维持珊瑚-藻类的生态平衡中具有重要作用。

物种幼体图片：

奇氏兔头鲀 *Lagocephalus cheesemanii*

鲀科 Tetraodontidae；兔头鲀属 *Lagocephalus*

形态特征：全长 3.549 mm 的仔鱼，脊索末端仍平直。固定样品通体呈棕黄色和黑褐色。体型呈圆柱形，尾部细长，脊索平直。头部和躯干发达，头长为体长的 32.5%，体高为体长的 40.3%。吻部钝圆，上下颌约等长。口水平位，口裂较小。眼睛大，圆形，眼径 0.569 mm。腹囊梨形，肛门后位，肛前距为体长的 78.1%。背鳍与臀鳍位置相对，仍为鳍膜状，胸鳍扇形。腹部宽厚，表面有许多平行的条状褶皱，自峡部延伸至肛门的前方。体背部具有大型色素带分布，自眼部后上方的头部至背鳍起点的下方背侧均被该色素覆盖。胸鳍基部后方的腹侧至肛门的上方也有 1 个浓黑的大型色素带分布，但与背侧色素带不相连。下颌的前端有 1 个丛状色素点分布。鳃盖骨有一两个浅的丛状色素分布。

繁殖：产卵生殖，卵呈圆球形，黏性。

生态生境：为亚热带海洋底栖鱼类，具有洄游特性。主要以软体动物、甲壳类、棘皮动物及鱼类等为食。

地理分布：分布于各大洋的热带至温带海域。

DNA 条形码：HM902563。

保护等级：Data Deficient（数据缺乏）。

生态与应用价值：经济种类，是游钓的重要种类。作为一类泛珊瑚礁区域的海水鱼，其多活动于珊瑚礁丰茂的地区，是珊瑚礁生态系统中重要的一类消费者。通过调节平衡珊瑚礁生态系统中各生物间的关系，起到维持珊瑚礁生态系统稳定的作用。

物种幼体图片：

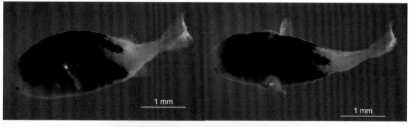

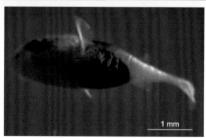

兔头鲀 *Lagocephalus lagocephalus*

鲀科 Tetraodontidae；兔头鲀属 *Lagocephalus*

形态特征：全长 1.636 mm 的前期仔鱼，体型呈圆柱形，尾部细长，脊索平直。头部躯干发达，吻部钝圆，上、下颌约等长。口水平位，口裂较小。眼睛大，圆形。背鳍与臀鳍位置相对，鳍膜明显。色素细胞分布于腮盖，脑后背面，躯干背面。早期体侧粗黑色素带从眼后斜向下延伸直至肛门的腹侧，稍后个体发育鳃盖部色素逐渐减淡消失；而头部背侧色素则由仅分布于颅顶的三四个大色块发展成覆盖颅顶至背鳍下方体侧的浓密色带。

繁殖：产卵生殖，卵呈圆球形，黏性。

生态生境：为亚热带海洋底栖鱼类，具有洄游特性。栖息深度为 10~476 m，通常为 10~100 m。主要以软体动物、甲壳类、棘皮动物及鱼类等为食。

地理分布：分布于各大洋的热带至温带海域。

DNA 条形码：KX586199。

保护等级：Least Concern（无危）。

生态与应用价值：为经济种类，是游钓的重要种类。作为一类泛珊瑚礁区域的海水鱼，其多活动于珊瑚礁丰茂的地区，是珊瑚礁生态系统中重要的一类消费者。通过调节平衡珊瑚礁生态系统中各生物间的关系，起到维持珊瑚礁生态系统稳定的作用。

物种幼体图片：

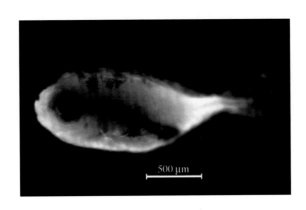

500 μm

黑边角鳞鲀 *Melichthys vidua*

鳞鲀科 Balistidae；角鳞鲀属 *Melichthys*

形态特征：体长 1.541 mm 的前期仔鱼，脊索末端平直。体型侧扁，体高较高。头部和躯体的体高较高，体侧扁呈椭圆形；体后方及尾部尖细。各鳍均未开始发育，尾鳍、背鳍仍为鳍基状态，背部有较低的鳍膜，自头部向后延伸至尾柄前端；腹部鳍膜不明显。头部后端有 3 个色素胞呈三角排列；眼后方的鳃盖具有 3 个大型丛状色素胞；胸鳍基至腹囊上端具有 1 个大型的黑色素胞斑。腹囊的腹面前缘体内具有 1 个丛状色素斑。肛门后的体侧及腹侧共有 3 个小的星状色素胞分布。

繁殖：产卵生殖，繁殖期间明显配对生活。产圆球形沉性卵，卵透明，黏性，卵径 0.5~0.55 mm。卵具有无数的小油球，孵化后仔鱼的油球集合成 1 个，位于卵黄的前端。初孵仔鱼的全长为 1.4 mm 左右。亲鱼具有筑巢和护卵的习性。

生态与应用价值：渔业经济价值不高，可用于水族观赏。作为一类泛珊瑚礁区域的海水鱼，其多活动于珊瑚礁丰茂的地区，是珊瑚礁生态系统中重要的一类消费者，在维持珊瑚-藻类的生态平衡中具有重要作用。通过调节平衡珊瑚礁生态系统中各生物间的关系，起到维持珊瑚礁生态系统稳定的作用。

物种幼体图片：

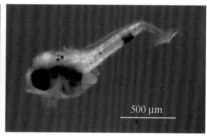

黄鳍多棘鳞鲀 *Sufflamen chrysopterum*

鳞鲀科 Balistidae；多棘鳞鲀属 *Sufflamen*

形态特征：体长 1.214 mm 的前期仔鱼，体不甚侧扁，头部粗壮，尾部细长，略呈圆棒状延长。头圆且凸起，吻部钝而极短，口裂小。眼睛巨大，近圆形，卵径约为头长的 57.9%。腹囊呈长条形，消化道深而卷曲；肛门位于体中央，肛前距为体长的 52.8%。各鳍条仍未开始分化，背部鳍膜较低，自头部向后延伸，与尾鳍膜相连，腹部鳍膜同形。头部色素发达，两眼间具有许多丛状色素分布，呈斑状；颅顶部及背鳍前方具有星状和丛状色素散布；胸鳍基部、鳃盖后缘及腹囊的前缘分别有条状色素胞，略呈"几"字状；腹囊的其余部位表面有星状和丛状色素密集分布，特别是腹囊上部及体侧中部区域色素密集，呈深色色素带分布。尾部腹侧至尾鳍基部有约 14 个星状色素点分布，尾柄背侧 2 个色素点，尾鳍基部 5 个色素点，将腹侧与背侧的色素相连。体长 1.835 mm 的仔鱼，脊索末端仍平直。体明显细长，头部比例减小。眼更显得大，两眼间的头部色素消失，颅顶部的色素演变为约 10 个大小不一的星状色素点。胸鳍基部及腹囊的色素数量减少，颜色变淡。尾柄部背侧仍有 2 个小型色素点分布。

繁殖：一雄一雌配对，雄性守卫着内有 1 雌性居住的"领地"。产卵的前一天，雌鱼会把鼻子不断地伸进沙底，并移走几个地方的小石头和珊瑚碎片。产沉性卵，呈圆球形，有黏性。卵产出后即被埋入沙底的低洼处或被沙子覆盖的珊瑚礁小洞内。雌性负责守护卵和保卫巢穴，雄性则在雌性周围巡逻。

生态和经济价值：渔业经济价值较低，可作为水族箱养殖种类。作为一类泛珊瑚礁区域的海水鱼，其多活动于珊瑚礁丰茂的地区，是珊瑚礁生态系统中重要的一类消费者，在维持珊瑚-藻类的生态平衡中具有重要作用。通过调节平衡珊瑚礁生态系统中各生物间的关系，起到维持珊瑚礁生态系统稳定的作用。

物种幼体图片：

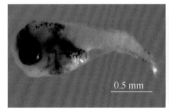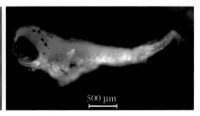

头足纲 Cephalopoda

瓦尔迪瓦纺锤乌贼 *Liocranchia valdiviae*

小头鱿科 Cranchiidae；纺锤鱿属 *Liocranchia*

形态特征：孵化时胴长约为 1.8 mm，4 个腕都已出现，孵化仔鱼的背部表面没有黑色的色素体。孵化后至胴长 8 mm 期间，仔鱼体呈长袋状，后端细长。外套壁薄，但肌肉发达。胴部肥硕，腹面的"∧"型软骨质晶状结节已经长出，但较短，结节也不完全。每片肉鳍略呈梨形，分列于胴后。第 3 对腕长，第 1 对腕短，两者长度之比约为 3∶1；触腕最长，约为第 3 对腕的 3 倍。两眼眼球各具 4 个卵形发光器，排成 1 列。腹侧的头部色素体呈三角形排列于眼后部；背部后 1/2 具 1 个大块色素区。

繁殖：雄性和雌性成虫通常分别在产卵和孵卵后不久死亡。仔鱼孵化进入浮游阶段，并维持一段时间。

生态环境：为热带海洋底栖性头足类。该种类没有昼夜垂直迁徙习性，在经历了个体发育的下降过程之后，夜间个体通常仍保持在白天的深度。

地理分布：广泛分布于印度洋—太平洋海域。

DNA 条形码：AF000050。

保护等级：Least Concern（无危）。

生态与应用价值：属于大洋性常见种，数量较少，无经济价值，缺乏生态价值信息。

物种幼体图片：

莱氏拟乌贼 *Sepioteuthis lessoniana*

枪乌贼科 Loliginidae；拟乌贼属 *Sepioteuthis*

形态特征：孵化的仔鱼很大，胴长近乎 10 mm；胴部圆锥形，胴长约为胴宽的 3 倍。外形有点类似花枝，眼睛圆形，较大，因此比较畏光。除漏斗外，整个躯部的色素密集分布。雌性体表具大小相同的小型近圆形色素斑；雄体胴背生有明显的断续式横条状斑，胴背两侧各生有近圆形的粗斑点 9 个或 10 个。肉鳍宽大，几乎包被胴部前缘，前部较狭，向后渐宽，中部最宽处约为胴宽的 3 倍。

繁殖：莱氏拟乌贼喜暖性明显，洄游与暖流水系的消长有密切的关系。春、夏之际，从深水区游向浅水海藻茂密处繁殖。卵鞘长 62~84 mm，形态与其他枪乌贼相似。每个卵鞘中包含的卵子数较少，仅 2~9 个，卵椭圆形，长径 5.52~5.94 mm，短径 3.66~4.42 mm。卵鞘黏附在岩石、珊瑚、植物、被淹没的树枝和海岸线的其他基质表面，呈直线排列。孵化周期为 15~22 天。雄性和雌性成体通常分别在产卵和孵卵不久后死亡。胚胎孵化进入浮游阶段，并在长大之前存活一段时间，成年后进入底栖状态，倾向于独居生活，但在繁殖季节可形成鱼群。

生态环境：热带海洋底栖性头足类，栖息深度为 0~100 m。多分布于珊瑚礁、海草床、砂质底或岩礁岸线附近水域。常与中国枪乌贼混居。比较畏光，白天栖于 50 m 深的水域，无月的夜晚可游到离水面数米的浅海。主要以软体动物、鱼类和对虾为食。在较小的同类身上或在大小等级间表现出同类相食的特征。

地理分布：广泛分布于印度洋—太平洋海域。我国南部沿岸均有分布。

DNA 条形码：KF019372。

保护等级：Data Deficient（数据缺乏）。

生态与应用价值：为重要的商业捕捞种类，全年可捕捞。体大肉厚，最大体重达 5.6 kg，肉质细嫩，鲜食肉美，可作干制品。具有快速的代谢和生长速度，促进海洋生态系统食物网的能量转移。生长速度快、寿命短、患病率低、同类相食率低、处理和圈养耐受性好，可用于实验室培养和实验，也可用于神经科学和生理学研究。可在珊瑚礁区活动，摄食小型鱼类、软体动物、浮游动物和其他海洋无脊椎动物，是珊瑚礁生态系统重要的一类消费者。同时也是珊瑚礁生态系统许多常见掠食物种（如金枪鱼类、鲨鱼、鲸类和鸟类）的猎物，通过调节平衡珊瑚礁生态系统中各生物间的关系，起到维持珊瑚礁生态系统稳定的作用。

物种幼体图片：

鸢乌贼 *Sthenototeuthis oualaniensis*

真鱿科 Ommastrephidae；鸢乌贼属 *Symlectoteuthis*

形态特征：仔鱼期个体胴长范围 1~3 mm，胴部袋形，最大宽度约为胴长的 3/4，胴背中央具有 1 个颇大的近卵形色素斑，两边各具 1 个小的近卵形色素斑，胴腹中部和后部各具 3 个卵形色素斑。肉鳍小，每片略呈卵形，分列于胴后两端。头部背面具有七八个近卵形色素斑。各腕背面具两三个近卵形色素斑；第 4 对腕很短，仅约为其他腕长度的 1/5。从口的腹面中央伸出一个吻管，长而粗，约为第 1、2、3 对腕长度的 2 倍，吻管头较膨大，上有五六个小吸盘。胴长大于 4 mm 的仔鱼个体，每只眼睛的腹侧有 1 个圆形的发光器；一个在前部，另一个在后部。

繁殖：鸢乌贼为多批次产卵种类。一次产卵后，再次产卵前的鸢乌贼会明显地继续进食，生长和孕育出成熟的卵母细胞；鸢乌贼的卵子分批成熟，分批产出，成熟卵的卵径为 0.788±0.03 mm，重 58.4 g 的卵巢中怀卵约 25 万个。生长迅速，孵化后 7 个月，胴长即可达 100 mm。雄体性成熟早于雌体，雌体大约在一年后产卵。种内分夏生群、秋生群和冬生群，在我国台湾西南海域，有夏生群和秋生群的成熟、交配及产卵活动，以夏生群为主体；春季末，由 1 000~2 000 m 深海区越冬场，向几十米浅海区进行生殖洄游。

生态环境：为暖水性较强的大洋性种类。仔稚鸢乌贼多生活于表层至 20 m 左右水层，夏季在南海，大量聚集；成体鸢乌贼有明显的垂直迁移现象，范围可从表层至水深千余米。夜间、黎明和黄昏多在中上层活动，白天多栖居于中下层和深层。

地理分布：广泛分布于印度洋—太平洋热带海域。我国主要分布于南海。

DNA 条形码：KR780746。

保护等级：Least Concern（无危）。

生态与应用价值：鸢乌贼主要渔场位于印度洋，资源潜力较大，有很好的开发前景。鸢乌贼是一种高蛋白低脂肪水产品。南海鸢乌贼中不饱和脂肪酸含量较高，有较高的营养价值和保健作用，具有较好的开发前景。多捕食小型的中上层鱼类，如小公鱼（stolephorus）、飞鱼（exocoetus）和灯笼鱼（myctophids）等，同时也较多地捕食爪乌贼及其同种个体。鸢乌贼的天敌主要是海鸟，有鲣鸟、热带鸟和海鸥等，金枪鱼和鳕鳅也经常捕食鸢乌贼。其在海洋生态系统中起到了能量传递的功能，对维护海洋生态系统多样性和稳定性具有重要的作用。

物种幼体图片：

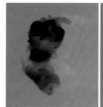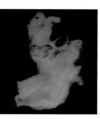

四、甲壳类

甲壳动物亚门 Crustacea 隶属于节肢动物门 Arthropoda，这一类群在寒武纪早期就已经非常繁盛。最常见的大型种 (如虾、龙虾、蟹等) 常具坚硬的钙化几丁质外壳，因而得名。地球上已知的甲壳动物约 7 万种。在全球的海洋中，甲壳动物是分布最广、种类和数量最多的动物。仅南极大磷虾 *Euphausia superba* 的生物量就有约 5 亿吨，超过其他任何生活在海洋中的后生动物。甲壳动物的形状、大小多种多样，最小的甲壳动物生活在桡足类的第一触角上，长度不足 100 μm，最大的甘氏巨螯蟹 *Macrocheirakaempferi* 两螯伸展时可达 4 m，最重的美洲螯龙虾 *Homarus arcanus*，体重超过 20 kg。

甲壳动物的身体分头和躯干两部分。头部主要由 5 节组成，躯干部分为胸部和腹部两部，但在不同类群，体区的构成有不同的变化。身体上可有头盾或头胸甲。有无节幼体，混合发生或直接发生。大多数为水生，以鳃或特化的表皮呼吸；少数种类陆栖；营自由生活、共栖或寄生生活。

南海海域甲壳类资源丰富，其中近 1/3 的物种分布于东沙群岛、西沙群岛、南沙群岛附近海域。珊瑚礁中常见的甲壳动物包括虾蟹、寄居蟹、虾蛄、藤壶等，是珊瑚礁生态系统的重要组成部分。较大体型如龙虾和瓢蟹栖息于礁石洞穴中，既是系统中的消费者，也是大型捕食者的重要饵料；而许多颜色鲜艳的小型虾、蟹类经常与其他类群共生，如梯形蟹与杯型珊瑚互利共生，可抵御长棘海星捕食珊瑚，促进杯型珊瑚健康生长。

节肢动物门 Arthropoda

真软甲亚纲 Eumalacostraca

端足目 Amphipoda

钩细身钩虾 *Maera hamigera*

马耳他钩虾科 Melitidae；细身钩虾属 *Maera*

形态特征：体躯较强壮，头部具有前腹缺刻，眼窄，三角形，黑褐色。胸部节光滑第1、2腹节后角有2齿，第3腹节后下缘呈锯齿状，第4腹节背部稍凹。尾节全开裂，2叶，末端有小缺刻，有2或3刺。第1触角强壮，长于第2触角，其触角柄较粗壮；第3柄节较短；鞭稍长于柄，9节。第1底节板前末端尖突，具有明显后腹缘齿，第2底节板较大，第5、6底节板有前后2叶。大颚触须3节，第3节较短，小颚内板顶端有3强刚毛，触须2节。腮足较细弱，雌雄体者彼此相似，第2腮足左右发育相同。第1腮足腕节长卵圆形，内面有几排刚毛，掌节窄长卵圆，掌缘斜，无掌角，有2组小刺，指节爪状。第2腮足长节后末端凹，腕节腹缘有刚毛组，掌节窄长，掌缘斜，有2凹陷，中间有2刺，掌角有2大刺，背腹缘都具长刚毛，指节爪状。第3、4步足简单，第5~7步足基节长而卵圆，后缘呈弱锯齿状，具稍突的后末角。第1尾肢具柄侧刺，第3尾肢柄短，分肢窄长，两缘有小刺，末端平截，有2刺和细长刚毛。

生态生境：本种栖息于热带珊瑚礁。

地理分布：南海（我国近岸）；澳大利亚，新西兰，夏威夷群岛，印度，南非。

DNA 条形码：暂无。

保护等级：Least Concern（无危）。

物种图片：

夏威夷角钩虾 *Ceradocus hawaiensis*

马耳他钩虾科 Melitidae；角钩虾属 *Ceradocus*

形态特征：体躯较强壮、侧扁、白色，头部较大，侧叶稍突、较平截、之下缺刻浅，低角尖突，眼卵圆、黑褐色、较大，胸部光滑。第 1~3 腹节后背缘具 1 排小锯齿，后腹角尖突。第 2、3 腹节后腹角小突，下缘及侧缘有小齿；第 4 腹节后背缘有 1 对刺齿，第 5 腹节后背缘有 2 对齿。尾节 2 叶，末端尖，有短刺和 2 长刺，侧缘有 1 对刚毛。第 1 触角强壮，长于第 2 触角，柄部第 1、2 节长度几乎相等，第 3 节短，具细短刚毛；鞭稍短于柄，至少 16 节，副鞭 8 节，具细刚毛。第 2 触角略细短，鞭短于柄长度，等于柄部末端节，8 节。

上唇前缘突出，具短刚毛，大颚门、白齿发达，触须 3 节：第 1 节短小，具突出末角；第 2 节长，有长刚毛；第 3 节较小。下唇具内叶，小颚内板前缘有 1 排长刚毛，外板触须 2 节。第 2 节长于第 1 节，有长制。第 2 小颚内板中间面有 1 斜排刚毛，外板较窄，顶端具刚毛，颚足内板较强，有刚毛。外板腹缘有舌状利，触须 4 节。

底节板长而浅，第 1 底节板前末角尖突，下缘具短刚毛。第 5、6 底节板具突出前叶，第 1 腮足亚螯状，腕、掌节几乎长度相等，卵圆形，掌节掌缘斜拱，有小刺，指节爪状。第 2 腮足左右不对称，大小不等，现有标本右侧或左侧发达。大腮足基节较强壮，座节短，长节较窄，腕节三角形，较窄似托盘状，掌节宽阔，末端宽度大于基部，腹缘稍凹，掌缘平截，具有 5 强齿和突出的下角，指节强壮，内缘光滑。较小的第 2 腮足较细弱，与第 1 腮足相似，长节后末角尖突，腕节三角形，腹缘具刚毛，掌节卵圆，掌缘斜拱有小刺，指节爪状。

第 3、4 步足简单，指节腹缘有小突起。第 5~7 步足基节长，较窄，基部有突出后叶，长、腕、掌节有长刺；指节有附加齿。

第 1、2 尾肢分肢等于柄长，柄有小侧刺和末端刺，柄与分肢都具背刺，分肢末端有刺。第 3 尾肢有几乎等长的两分肢，略长于柄节，分肢侧缘有长刺和末端刺。

生态生境：本种栖息于热带海域，标本采自潮下带死珊瑚礁石中，常与海藻在一起。

地理分布：南海（我国近岸）；夏威夷群岛，马达加斯加岛。

DNA 条形码：暂无。

保护等级：Least Concern（无危）。

物种图片：

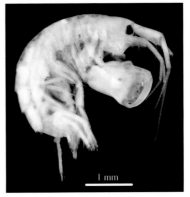

1 mm

海南白钩虾 *Leucothoe hainanesis*

白钩虾科 Leucothoidae；白钩虾属 *Leucothoe*

形态特征：体躯光滑，头部额角小，侧叶尖突、微超过额角、侧缘稍斜，内凹，胸部节光滑。第1、2底节板前末角略钝突，具锯齿，长度大于深度；第3底节板长，深度几乎等长；第4底节板长度大于深度，前末角钝尖，底节板具深的前叶。第3腹节后腹角几乎呈直角，呈齿状。第4腹节较长。尾节卵圆形，长宽之比约为2:1，背面侧中间各具1刚毛，末端尖，每侧具1短毛。

两触角几乎等长，第1触角较粗壮，第1、2、3柄节长度之比约为8:9:3，鞭短，7节。副鞭不清楚。第2触角较细弱，第3柄节背面具1小刺，腹末角具3齿，第4、5柄节长度之比约为3:2，鞭短，6节。

口上板末端尖突，上唇前缘内凹，两侧不对称。大颚切齿具小圆齿；动颚片具小圆齿，刺排的刺短，约12根；臼齿弱；触须3节，第1、2、3节长度之比约为5:14:11，第2节具3根或4根刚毛，第3节末端具2根刚毛。下唇(损坏)无内叶。小颚内板小，无刚毛，外板末缘具6刺，触须2节，第2节稍长，末端具3刺。第2小颚内板具2根刚毛，外板刚毛少。颚足内板末端具几个小刺，外板很小，末端具1刺，触须强壮，4节，第4节爪状，腹缘具细短毛。

第1腮足腕螯状，基节窄长，背缘具4或5根短刚毛；座、长节较短；腕节基部圆球状，不动指延长，内缘具短毛；掌节窄长，末半内缘具小锯齿和4较长刺；指节弯，呈爪状。第2腮足亚螯状，底节板呈平行四边形，长度大于深度，前缘和底缘呈锯齿状；基节较粗短；座节和长节较短；腕节窄长前延，末端具小齿状，内侧面具刚毛排；掌节强壮，长卵圆形，长宽之比约为2:1，掌缘斜拱，呈锯齿，近指节更显著，掌角稍突；指节爪状。第3步足底节板近方形，边缘具浅锯齿。第4步足底节板长度大于深度，前末角钝尖，边缘具小齿，两步足的掌节腹末端具1小刺，指节星爪状。第5~7步足彼此相似，基节窄卵圆形，后末角圆突。第7步足基节长宽之比约为5:3，后侧缘末半不呈斜截状，但具弱齿。第5~7步足的掌节腹末端具1小刺，指节爪状。

第1尾肢柄长几乎等于分肢，外肢略短于内肢，缘刺不明显。第2尾肢较短，柄长于外肢。第3尾肢柄长于两分肢，外肢略短于内肢。

生态生境：水下3~4 m，珊瑚礁。

地理分布：我国海南岛。

DNA 条形码：暂无。

保护等级：Least Concern(无危)。

物种图片：

十足目 Decapoda

尖腿鼓虾 *Alpheus acutofemoratus*

鼓虾科 Alpheidae；鼓虾属 *Alpheus*

形态特征：额角小，三角形，伸至第一触角柄第1节约1/2处；侧面观，额角稍低于眼罩，额角基部与头胸甲前缘结合处凹陷。第一触角柄第2节长约为宽的2.7倍，为第1节长的2倍，第3节稍短于第1节；柄刺尖，接近伸至第1节末端。第二触角鳞片外缘稍向内侧凹，侧刺超过第一触角柄末端，鳞片部分窄，伸至第一触角柄末端或稍超过之。第三颚足各节比例为10:4:7，第2节和第3节分布有密集的毛，第3节末端具长毛。大螯较厚重，圆筒状，长约为掌部宽的2.2倍，指约为螯长的1/3；掌的内侧面具刚毛，螯的上缘邻近指关节处有1较浅的横向凹陷，并向两侧面延伸，在外侧面延伸至一纵沟处，该纵沟向近端延伸至下陷线处，指节末端平截；长节较宽，内下缘近末端有1尖齿。小螯长约为宽的3.1倍，掌约为指长的2.6倍，掌的内侧面具长的细刚毛；腕节杯状，末端邻近掌上缘具1强尖齿；长节内下缘末端具1尖齿。第二步足腕节各节比例为10:30:6:6:10。第三步足粗壮，座节具1尖刺；长节长约为宽的3倍，内下缘末端具1强尖齿；腕节约为长节长的1/2，上缘末端突出为圆齿，下缘末端突出为尖齿；掌节稍长于腕节，下缘约具8~10刺，指节简单。尾节长约为前宽的1.5倍，为后宽的2.5倍，前对背刺约在2/5处，后对约在2/3处，尾内侧刺约与背刺等长，尾节后缘稍圆。

生态生境：潮间带，深度0~3 m。

地理分布：南海；印度尼西亚；泰国；菲律宾；马绍尔群岛；萨摩亚群岛。

DNA 条形码：暂无。

保护等级：Least Concern(无危)。

物种图片：

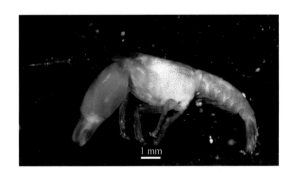

短足鼓虾 *Alpheus brevipes*

鼓虾科 Alpheidae；鼓虾属 *Alpheus*

形态特征：额缘平截，稍向前突出。额角短小，三角形，稍超出额缘。额脊低，窄，仅伸至眼基部，侧沟很宽而浅，近额缘处形成宽的平坦小区。眼罩稍膨凸，前端稍钝尖，内侧形成垂直的脊，为额脊侧沟的外缘。第一触角柄第 1 节很短，外露部分约等于或稍短于第 3 节，柄刺短小而尖，稍超过第 1 节中部，不到 3/4 处；第 2 节长约为宽的 2 倍，为第 1 节长度的 2 倍。第二触角鳞片侧刺很粗壮，伸至第一触角柄末端附近，鳞片宽大，伸至第一触角柄第 3 节中部附近；基节腹面无侧刺；柄腕粗大，显著超过第一触角柄和第二触角鳞片侧刺末端。大螯长约为宽的 2.6 倍，圆筒状，掌部无明显的缺刻或沟，末部稍窄；不动指基部宽；末端钝尖；指节短，末端膨凸，宽圆；长节内下缘无活刺，末端及上缘末端无齿或突出叶。小螯雌雄同形，纤细，向末趋窄，指节很短而窄，末端尖，不宽展，长度仅为螯长的 1/3，为掌长的 1/2；长节无齿或刺。第二步足腕节各节比例为 18∶19∶7∶8∶13。第三步足粗壮，座节具 1 刺；长节宽短，长约为宽的 3 倍，下缘末端形成强大的尖齿；腕节下缘无活刺，末端形成尖刺；掌节宽短，下缘约有 6 根刺；指节粗短，弯曲，单爪。尾节长约为前宽的 2.1 倍，为后宽的 2.8 倍；前对背刺约在 1/3 处稍前，后对背刺在 2/3 处稍前。尾肢内肢外缘后半及末缘约有小活刺 20 个左右，后缘刺较小，侧缘刺自前向后逐渐增大。

生态生境：深度 0~12 m。

地理分布：南海；夏威夷群岛；西太平洋。

DNA 条形码：暂无。

保护等级：Least Concern（无危）。

物种图片：

突额鼓虾 *Alpheus frontalis*

鼓虾科 Alpheidae；鼓虾属 *Alpheus*

形态特征：头胸甲前缘两眼之间延伸为一个板状突出，前缘成拱形，该突出上有圆的背脊延伸至眼基部；眼罩膨胀，形成深的侧沟。第一触角柄第1节的1/2被头胸甲前缘的突出覆盖，第1节可见部分约为第2节长的1/2，第2节长约为宽的3倍，第3节约为第2节长的1/2；柄刺圆，无齿，至第1节约1/2处。第二触角鳞片侧刺强壮，末端稍向内侧弯，约至第一触角柄末端；鳞片较宽，约至第3节中部；柄腕超过第一触角柄末端；基节腹缘侧刺细小。第三颚足粗壮，各节比例为10:3:7，第2节宽大于长，第3节扁平，下缘刀状，上缘较厚，上下缘皆具长毛，下缘的毛较密集。大螯近圆柱形，无沟，长约为宽的2.5倍，指约为掌长的1/2，指节末端弯曲，闭合时超过固定指末端；螯背面有小的乳头状突起，腹面光滑；长节内下缘具小的不规则齿和长刚毛，末端不突出。雄性小螯粗壮，长约为宽的3倍，指约与掌等长，掌扁平，边缘圆，掌上缘脊的一侧有1纵凹陷，掌部散布刚毛，指节的关节咬合处与掌的垂直轴成45°角；指节扩大，花瓣状，上脊末端有1尖锐弯曲的齿，齿延伸至指节的对面形成一"V"形的脊，齿的末端有尖锐的切割缘，指节的圆形边缘有成列的短而硬的毛发，固定指近端稍扩大，向末趋细形成弯曲的末端齿，内侧面有沟来容纳指节内侧面的脊；掌部下缘有长刚毛；长节与大螯相似。雌性小螯较小，掌部圆柱形，指细长，约为掌部长的1/2，向末端趋细。第二步足腕节各节比例为12:5:3:3:5。第三步足座节具1刺；长节无刺；腕节下缘具2~4小刺，末端具1尖齿，上缘末端为一钝齿；掌节下缘具9刺，其中末端2刺并列；指节简单，弯曲。尾节长约为前宽的2.2倍，为后宽的2.5倍，前对背刺约在1/2处，后对约在2/3处，后缘圆。尾肢外肢关节直，无圆齿。

生态生境：深度0~200 m，多见于浅潮下带，在多孔的石头或者死珊瑚下，生活在由丝状藻类组成的柔软的网状管中，尤其是棕绿色的颤藻属 *Oscillaria* 和棕红色的仙菜属 *Ceramium*，透过海藻网分离出片状海藻来觅食。

地理分布：南海；从非洲东岸到社会群岛横穿印度洋—西太平洋。

DNA 条形码：暂无。

保护等级：Least Concern(无危)。

物种图片：

纤细鼓虾 *Alpheus gracilis*

鼓虾科 Alpheidae；鼓虾属 *Alpheus*

形态特征：额角尖锐，背面圆，无额脊；末端超过第一触角柄第 1 节中部。眼罩前端具眼刺；末端超过额角中部；眼额缘极度凹陷；侧沟浅而圆。第一触角柄第 2 节约为第 1 节可见部分的 0.7 倍，比宽稍长；柄刺伸至第 2 节中部。第二触角鳞片侧刺超过第一触角柄末端，鳞片部分约与第一触角柄末端相齐；柄腕约与侧刺等长；基节腹缘侧刺明显，约与额角等长。第三颚足各节比例为 10∶3∶4；末节顶端有小的刷状毛。大螯扁平，长约为宽的 2.5 倍，指约为螯长的 0.3 倍；上缘邻近指关节处有 1 浅的横凹陷；掌下缘与该凹陷相对有 1 浅的缢缩，侧面下缘 1/3 处有 1 浅的纵凹陷，从固定指中部延伸至缢缩处；指节末端圆；长节长约为宽的 1.5 倍，上缘末端突出，内下缘具 4 刺，末端具 1 尖齿。小螯雌雄同形，长约为宽的 4.6 倍；指稍长于掌；掌部指关节基部有齿；长节与大螯的相似。第二步足腕节各节比例为 10∶4∶3∶3∶4。第三步足座节与长节无刺；长节长约为宽的 4 倍；腕节约为长节长的 3/5，上缘末端突出为一圆齿；掌节约为长节长的 7/10，下缘具 8 刺，末端具 1 对刺；指节细长，约为掌节长的 0.3 倍，有的个体具 1 小的二级关节，有的个体相应位置膨胀。尾节长约为后宽的 2.5 倍；前对背刺位于中间稍前；内尾刺约为尾节后宽的一半。尾肢外缘的刺呈黑色。

生态生境：生活于珊瑚礁，深度 0~5 m。

地理分布：我国台湾、南海；红海，东南非，越南，日本，泰国，菲律宾，印度尼西亚，澳大利亚，夏威夷群岛，社会群岛。

DNA 条形码：暂无。

保护等级：Least Concern(无危)。

物种图片：

珊瑚鼓虾 *Alpheus lottini*

鼓虾科 Alpheidae；鼓虾属 *Alpheus*

形态特征：额角长三角形，末端尖锐，呈刺状，伸至或稍超过第一触角柄第 1 节末端，背面稍平扁，无脊，向后渐宽，两侧有深纵沟，向后延伸至眼罩基部。第一触角柄第 1 节约与第 2 节等长，第 2 节长约为宽的 2 倍，第 3 节长约为第 2 节长的 3/5；柄刺发达，尖细，约伸至第 2 节中部。第二触角鳞片宽大，侧刺显著超过第一触角柄末端；鳞片略短，亦超过第一触角柄末端；基节腹缘侧刺尖锐，短于柄刺或约与柄刺末端相齐。第三颚足各节比例为 10∶2∶5；第 1 节与第 2 节下缘具刺，上缘末端具刚毛。大螯侧扁，光滑，无沟无脊，长约为宽的 2.5 倍；雄性指节约为掌长的 1/2，末端钝圆；雌性指节约为掌长的 2/5；长节内下缘具 4~6 刺，上缘和内下缘末端突出。小螯约与大螯等长，螯长约为宽的 3 倍；掌部内侧在指关节基部有 1 钝齿；指节约与掌等长，末端弯曲，闭合时与不动指交叉，两指切缘薄而锐；长节上缘末端钝尖，内下缘有 4~5 小刺。第二步足腕节粗短，各节比例为 5∶3∶2∶2∶4。第三步足粗壮，座节具 1 刺；长节宽，无刺；腕节上下缘末端突出；掌节下缘具 7 刺，其中末端 2 刺并列；指节粗，钝，侧扁，构造特殊，内面有粗纵脊延至末端，末端下面有柔软的几丁质。尾节长约为前宽的 2 倍；前对背刺在尾节 3/8 处，后对背刺在尾节 5/8 处；后缘稍圆。

生态生境：深度 0~60 m，与杯形珊瑚共生，如 *Pocillopora damicronis*。

地理分布：我国台湾、南海；广泛分布于印度洋—西太平洋区。在印度洋，西至非洲东岸莫桑比克，红海，东至印度尼西亚；在太平洋，东至北美洲加利福尼亚湾，南至新西兰，北至日本南部。

DNA 条形码：暂无。

保护等级：Least Concern(无危)。

物种图片：

短刺鼓虾 *Alpheus microstylus*

鼓虾科 Alpheidae；鼓虾属 *Alpheus*

形态特征：额角短小，三角形，伸至第一触角柄第 1 节 1/4~1/3 处；额脊不明显，约伸至眼基部；眼罩稍膨胀，无眼刺。第一触角柄第 2 节长约为宽的 3 倍，约为第 3 节长的 2 倍，第 1 节稍短于或等于第 3 节；柄刺无齿，约伸至第 1 节 1/2 处。第二触角鳞片侧刺约伸至或稍超过第一触角柄末端，鳞片部分约伸至第 3 节 1/2 处；基节腹缘无侧刺。第三颚足各节比例 10：3：6；第 2 节下缘末端有 5 硬刚毛，上缘末端具数根细毛；第 3 节有数簇短毛，末端几根较长。大螯切面卵圆形，向末渐细，指节两头"锤"，掌上缘近指关节处有 1 凹陷，该凹陷分别向两侧面延伸；掌外侧面指关节下面具 1 纵凹陷，从掌部约 1/2 处延伸至固定指末端；长节内下缘末端有 1 齿。小螯长约为宽的 5.5~6 倍，掌约为指长的 2.2 倍；长节无刺。第二步足左右两步足不等长，较长的为较短的 1.2 倍，腕节各节比例为 4：12：3：3：5。第三步足长节下缘末端具 1 尖齿；腕节上下缘末端突出；掌节下缘具 8~10 刺，其中末端 2 刺并列；指节简单。尾节长约为前宽的 2 倍，为后宽的 3~3.5 倍，中央有 1 纵沟；前对背刺在尾节 1/3~3/8 处，后对背刺在尾节 2/3~3/4 处；后缘稍圆。

生态生境：生活于珊瑚礁，深度 0~5 m。

地理分布：南海，红海，马达加斯加岛，塞舌尔，马尔代夫和拉克代夫岛，马来-泰国半岛，印度洋沿岸，印度尼西亚，越南，马里来纳群岛和萨摩亚群岛，澳大利亚。

DNA 条形码：暂无。

保护等级：Least Concern(无危)。

物种图片：

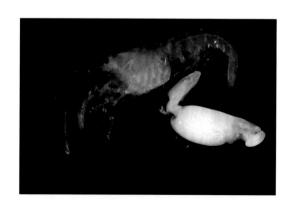

光鼓虾 *Alpheus splendidus*

鼓虾科 Alpheidae；鼓虾属 *Alpheus*

形态特征：额角尖锐，稍超过第一触角柄第 1 节末端，额脊明显，向后延伸至眼基部后方；侧沟较深；眼罩前缘圆，眼额缘凹陷；眼刺短小，位于眼罩上缘弯曲部分，稍向内侧弯曲。第一触角柄第 1 节稍长于第 2 节，第 2 节长约为宽的 1.5 倍，第 3 节约与第 2 节等长；柄刺尖，伸至第 2 节约 1/3 处。第二触角鳞片约与第一触角柄末端相齐，侧刺稍超过鳞片末端；柄腕约与侧刺末端相齐；基节腹缘侧刺尖，至第一触角柄第 1 节末端。第三颚足各节比例为 10∶3∶5。第 1 节中央有 1 纵脊。大螯稍侧扁，长约为宽的 3 倍，指约为掌长的 1/3，掌部靠近指关节基部处较窄，指节末端平截。长节内下缘末端具 1 齿，上缘末端突出。小螯长约为宽的 5 倍，指稍长于掌，指末端弯曲，交叉，指关节基部一侧有 1 尖齿；长节内下缘末端具 1 小齿，上缘末端突出。第二步足腕节各节比例为 10∶4∶3∶3∶4。第三步足座节无刺；长节无刺；腕节上下缘末端突出；掌节腹缘具 8~10 刺；指节简单。尾节长约为前宽的 2.2 倍，为后宽的 2.5 倍，前对背刺在 3/7 处，后对在 5/7 处，后缘稍圆。

生态生境：潮间带，深度 2~3 m，石头下。

地理分布：我国台湾、南海；红海；塞舌尔；印度尼西亚；马来群岛；泰国；菲律宾；澳大利亚。

DNA 条形码：暂无。

保护等级：Least Concern（无危）。

物种图片：

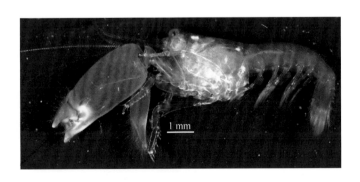

幂河合鼓虾 *Synalpheus charon*

鼓虾科 Alpheidae；合鼓虾属 *Synalpheus*

形态特征：头胸甲光滑，无刚毛；额角末端尖，长为基部宽的两倍，未到第一触角柄基节末端；眼罩明显短于额角，基部为额角基部两倍宽；颊角钝尖。

眼在背面不可见，侧面部分可见。第一触角柄细长；柄刺尖，约到第一触角柄第二节 2/3 长处；第二节长是基部宽的 1.25 倍；第一节可见部分稍长于第二节，短于第三节 2 倍长。第二触角柄基肢不具上刺，侧刺超过第一触角柄基末端，明显短于柄刺；柄腕超过第一触角柄末端；第二触角鳞片较宽，超过第一触角柄第三节末端，侧刺发达，超过第一触角柄最末端，明显短于柄腕。第三颚足伸展时远长于柄腕；基节最长；中间一节长是宽的两倍；最顶端一节顶端有 1 圈 6 个刺状刚毛，腹部有横排刚毛簇。大螯足座节粗短；长节长是基部宽的 2.4 倍，上边缘末端突出为三角形尖齿；腕节杯状，上边缘末端有长刚毛；螯稍侧扁，掌节为指节的 1.7 倍长，上边缘末端具 1 小钝突出；可动指稍长于不动指。小螯足长节长约为基部宽的 3 倍，上边缘末端突出为三角形尖齿状；腕节杯状；掌节长是指节的 1.3 倍；指节圆锥状。第二步足座节明显短于长节；腕节 5 小节，各节长比例约为 5∶1∶1.2∶1.3∶2.3，第一小节稍短于后四节之和；指节稍长于掌节。第三步足较粗短，长节约与掌节等长，长约是基部宽的 3 倍，腹面不具刺；腕节长为长节的 1/2，背面末端延伸为钝齿状，腹面末端具 1 可动刺；掌节腹面有 5 个可动刺加 1 对端刺；指节约为掌节长的 3/10，稍弯向掌节腹侧，双爪，上爪末端尖，约与下爪等长，且其基部宽明显窄于下爪，下爪腹面"口袋"状。第四步足与第三步足近似，长节与掌节近等长。第五步足与第三、四步足近似，腕节腹侧不具端刺。

尾节长是基部宽的 1.25 倍；背部具 2 对小可动刺，分别位于尾节长的 1/2 和 3/4 处；后边缘中间强烈突出，两侧各具两个可动刺，两侧 1 对可动刺长为中间 1 对的 1/3，两侧角不突出为尖齿状。

生态生境：栖息于珊瑚礁中。

地理分布：南海；从非洲到澳大利亚以及太平洋诸岛，但不包括日本、夏威夷群岛及社会群岛。

DNA 条形码：暂无。

保护等级：Least Concern(无危)。

物种图片：

次新合鼓虾 *Synalpheus paraneomeris*

鼓虾科 Alpheidae；合鼓虾属 *Synalpheus*

形态特征：头胸甲光滑，无刚毛；额角末端尖，长为基部宽2.3倍，未到第一触角柄基节中部；眼罩末端尖，稍短于额角，基部宽于长；颊角尖。眼在背面不可见，侧面稍可见。第一触角柄细长，柄刺尖，约到第一触角柄第二节中部；第二节长约为基部宽的1.5倍；第一节可见部分稍长于第二节，短于第三节两倍长。第二触角柄基肢不具上刺，侧刺约与柄刺等长，超过第一触角柄基节末端；柄腕超过第一触角柄末端；第二触角鳞片较窄，未到第一触角柄第三节末端，侧刺发达，超过第一触角柄最末端，远短于柄腕。第三颚足伸展时远长于柄腕；基节最长；中间一节长约为基部宽的1.5倍；最顶端一节顶端有1圈5个刺状刚毛，腹部具横排刚毛簇。大螯座节粗短；长节长为基部宽的3.5倍，上边缘末端突出为三角形尖齿；腕节杯状，上边缘末端具长刚毛；掌节为指节的2.5倍长，上边缘末端只稍突出；可动指约与不动指等长。小螯长节约为基部宽的3.6倍，上边缘末端突出为三角形尖齿状，腹侧具刚毛；腕节杯状；掌节为指节长的1.3倍；指节锥形。第二步足座节明显短于长节；腕节5小节，各节长比例约为7:1.2:1.5:1.2:2.6，第一小节稍长于后四节之和；指节约与掌节等长。第三步足粗短，长节稍长于掌节，长约是基部的3.5倍，腹面不具可动刺；腕节为长节的1/2长，背面末端延伸为钝齿状，腹面末端具1可动刺；掌节腹面具4~5个可动刺加末端1对可动刺；指节约为掌节长1/4，稍弯向掌节腹侧，双爪，上爪稍长于下爪，基部远窄与下爪，两爪之间缺刻"V"形。第四步足与第三步足近似，长节约与掌节等长；腕节腹侧无端刺。第五步足与第三、四步足近似，掌节腹侧具5横排刚毛簇和1个可动刺。

尾节长约为基部宽的1.3倍；背部具2对可动刺，分别位于尾节长的1/2和2/3处；后边缘中间强烈突出，两侧各具2个可动刺，两侧1对约为中间1对1/3长，两侧角突出为尖齿状，但明显短于相邻侧刺。

生态生境：生活在珊瑚礁中，深度0~126 m。

地理分布：南海；马尔代夫群岛；印度尼西亚；日本；菲律宾；马里亚纳群岛；加罗林群岛；马歇尔群岛；斐济；澳大利亚；夏威夷群岛。

DNA 条形码：暂无。

保护等级：Least Concern(无危)。

物种图片：

1 mm

扭指合鼓虾 *Synalpheus* cf. *streptodactylus*

鼓虾科 Alpheidae；合鼓虾属 *Synalpheus*

形态特征：头胸甲光滑，无刚毛；额角末端尖，长约为基部宽的 2.7 倍，未到第一触角柄第基节末端；眼罩末端尖，约为额角的 5/8 长；颊角尖。

眼在背面，侧面均不可见。第一触角柄细长，柄刺尖，约到第一触角柄第二节长 1/4 处；第二节长约为基部宽的 1.3 倍；第一节可见部分稍长于第二节，约为第三节两倍长。第二触角柄基肢具上刺，侧刺约与柄刺等长；柄腕超过第一触角柄末端；第二触角鳞片较宽，未到第一触角柄第三节末端，侧刺发达，到第一触角柄最末端，稍长于柄腕。第三颚足伸展时远长于柄腕；基节最长；中间一节长约为基部宽的 1.3 倍；最顶端一节顶端有 1 圈 5 个刺状刚毛，腹部具横排刚毛簇。大螯足座节粗短；长节长为基部宽的 2.7 倍，上边缘末端突出为三角形尖齿；腕节杯状，上边缘末端具长刚毛；掌节为指节的 2.8 倍长，上边缘末端具尖刺状突出，其稍弯向指节；可动指稍长于不动指。小螯足长节长约为基部宽的 3.7 倍，上边缘末端突出为三角形尖齿状；腕节杯状；掌节为指节长的 1.5 倍；指节锥形。第二步足座节明显短于长节；腕节 5 小节，各节长比例约为 5∶1∶1∶1∶1.8，第一小节稍长于后四节之和；指节约为掌节 1.5 倍长。第三步足细长，长节稍长于掌节，长约是基部宽的 4.5 倍，腹面具 2~5 个可动刺；腕节为长节的 1/2 长，背面末端延伸为钝齿状，腹面末端具 2 个可动刺；掌节腹面具 7 个可动刺加末端一对可动刺；指节稍弯向掌节腹侧，双爪，上爪稍长于下爪，基部宽约为下爪的 1/2，两爪之间缺刻"V"形。第四步足与第三步足近似，长节稍短于掌节；掌节腹侧具 7 个小可动刺。第五步足与第三、四步足近似，掌节腹侧具 6 横排刚毛簇和 2 个可动刺。

尾节长约为基部宽的 1.4 倍；背部具 2 对较大可动刺，分别位于尾节长的 2/5 和 3/5 处；后边缘中间强烈突出，两侧各具 2 个可动刺，两侧 1 对约为中间 1 对 1/3 长，两侧角突出为尖齿状，但明显短于相邻侧刺。

生态生境：水深 0~131 m，栖息于泥沙质海底，有时与珊瑚共生。

地理分布：东海；南海；红海，从南非和东非到泰国，印度尼西亚，日本，菲律宾，澳大利亚，夏威夷群岛。

DNA 条形码：暂无。

保护等级：Least Concern（无危）。

物种图片：

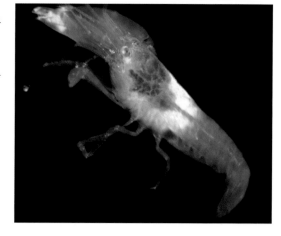

瘤掌合鼓虾 *Synalpheus tumidomanus*

鼓虾科 Alpheidae；**合鼓虾属 *Synalpheus***

形态特征：头胸甲光滑，无刚毛；额角细长，末端尖，具两根短刚毛，长为基部宽两倍，稍超过第一触角柄第基节末端；眼罩末端尖，明显短于额角，长大于基部宽；颊角尖。

眼在背面，侧面均不可见。第一触角柄细长，柄刺尖，约到第一触角柄第二节中部；第二节长约为基部宽的 1.5 倍；第一节可见部分稍长于第二节，约为第三节两倍长。第二触角柄基肢具或不具上刺，侧刺明显短于柄刺；柄腕稍超过第一触角柄末端；第二触角鳞片较窄，未到第一触角柄第三节末端，侧刺发达，约到第一触角柄最末端，约等于或长于柄腕。第三颚足伸展时远长于柄腕；基节最长；中间一节长约为基部宽的 1.5 倍；最顶端一节顶端有 1 圈 5 个刺状刚毛，腹部具横排刚毛簇。大螯座节粗短；长节长为基部宽的 3 倍，上边缘末端突出为三角形尖齿；腕节杯状，上边缘末端具长刚毛；掌节为指节两倍长，上边缘末端突出钝或强尖刺状，稍弯向指节；可动指稍长于不动指。小螯长节长约为基部宽的 3.6 倍，上边缘末端突出为三角形尖齿状；腕节杯状；掌节为指节长的 1.3 倍；指节圆锥状，闭合时相互交叉。

第二步足座节明显短于长节；腕节 5 小节，第一小节约与后四节之和等长；指节约与掌节等长。第三步足粗短，长节稍长于掌节，长约是基部宽的 4 倍，腹面不具可动刺；腕节为长节的 1/3 长，背面末端延伸为钝齿状，腹面末端具 1 个可动刺；掌节腹面具 6~8 个可动刺加末端一对可动刺；指节约为掌节长 1/4，稍弯向掌节腹侧，双爪，上爪稍长于下爪，基部稍窄于下爪，两爪之间缺刻"V"形。第四步足与第三步足近似，掌节腹侧具 5~7 个可动刺。第五步足与第三、四步足近似腕节腹侧无端刺；掌节腹侧具 5~8 横排刚毛簇和 3~5 个可动刺。

尾节长约为基部宽的 1.3 倍；背部具 2 对可动刺，分别位于尾节长的 2/5 和 3/4 处；后边缘中间强烈突出，两侧各具 2 个较短可动刺，两侧 1 对约为中间 1 对长的 1/3，两侧角突出为尖齿状，但明显短于相邻侧刺。

生态生境：潮间带到深度 148 m，发现于死珊瑚和海绵中。

地理分布：南海；从地中海和红海到南非，东到日本；印度尼西亚；菲律宾；澳大利亚跨过太平洋到菲尼克斯群岛。

DNA 条形码：暂无。

保护等级：Least Concern（无危）。

物种图片：

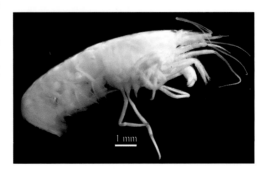

1 mm

隐秘扫帚虾 *Saron neglectus*

藻虾科 Hippolytidae；扫帚虾属 *Saron*

形态特征：额角背缘具 7 齿，其中后 3 齿着生于头胸甲之上；腹缘着生 5 齿；额角长于头胸甲的长度，雄性个体相对更长。头胸甲着生发达的触角刺和颊刺，同时具鳃甲刺；头胸甲背缘以及腹部背缘着生许多簇的羽状毛发。双层眼眶，眼大，眼点明显，眼角膜短于眼柄。腹部第四、五腹节侧甲后下缘尖锐刺状；第六腹节侧后角具 1 个三角状活动薄板；尾节背缘具两对活动刺，末缘具 3 小 2 大 5 个刺。第一触角柄基节大于末两节之和，第三节背缘末端具 1 尖锐三角刺，其尖端接近第二触角鳞片中点；第一触角柄刺明显超出触角柄第二节。第二触角鳞片长约为宽的 4 倍，侧缘刺远远超出内侧薄片部分。第三颚足未延伸至触角鳞片末端，倒数第三节末端具两个强壮突起，外肢发达，末节具 6~8 个角质刺。前 4 对步足具上肢及关节鳃。第一步足具明显的性别差异，成熟雄性个体第一步足异常强壮，指节超出第二触角鳞片末缘，螯长，长度约为腕节的 2.2 倍，掌节发达；雌性个体第一步足正常，延伸至第二触角鳞片中点附近，螯的长度约为腕节的 1.4 倍。第二步足稍稍超出第二触角鳞片末缘，腕节分为 9~13 亚节。后 3 对步足构造近似，长节末端侧缘均仅具 1 尖刺，指节双爪状，腹缘具 3~4 个小刺，掌节腹缘具 1 列小刺 8~10 个。雄性个体第二腹肢内肢上的雄性附肢长度约为内附肢的一半。

生态生境：栖息于热带、亚热带海域浅水珊瑚礁区域。

地理分布：中沙群岛、南沙群岛；印度洋—西太平洋地区广泛分布。

DNA 条形码：暂无。

保护等级：Least Concern（无危）。

物种图片：

刺拟钩岩虾 *Harpiliopsis spinigera*

长臂虾科 Palaemonidae；**拟钩岩虾属 *Harpiliopsis***

形态特征：头胸甲触角刺位于眼眶角正下方，明显位于肝刺上方；尾节后对背刺位于前对背刺于后缘刺正中位置；第三颚足倒数第二节长约为宽的 6 倍；第二步足可动指前缘具 2 齿，固定指具 3 齿，掌节和长节各为其宽的 5 倍，座节在伸展侧无端刺，折叠侧具 1 端刺。

生态生境：与数种石珊瑚，主要是杯形珊瑚科 Pocilloporidae 共栖。

地理分布：我国海南岛；印度洋—太平洋海域，从红海到菲律宾，印度尼西亚，向东直到美洲太平洋沿岸。

DNA 条形码：暂无。

保护等级：Least Concern（无危）。

物种图片：

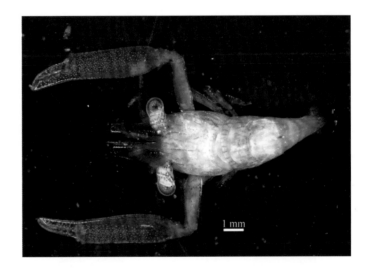

杯型珊瑚钩岩虾 *Harpilius consobrinus*

长臂虾科 Palaemonidae；珊瑚钩岩虾属 *Harpilius*

形态特征：头胸甲和腹部侧面体表光滑无麻点。额角长臂虾总科形，略呈波浪形，近水平，很少伸过第二触角鳞片，齿式 1+6~7/1~3，最后背齿与其余各齿不明显分离，位于肝刺上方或稍前。头胸甲无眼上齿或眼后刺，肝刺不明显大于触角刺，位于后者后下方，不伸过头胸甲前缘；眼眶下角钝，非卵圆形。第三腹节背板无侧扁的背突；尾节前背刺位于尾节长度中央线上或稍后。眼角膜半球形，无拱突。第一触角柄基节具 1 个端侧刺；第二触角鳞片约为其宽的 3.3 倍，侧缘稍呈波浪形弯曲，端侧齿明显伸过鳞片末端。第四胸节腹板具 1 细的中突。第一步足约整个螯伸过第二触角鳞片，螯指切缘非梳状；第二步足螯指约为或稍长于掌部的 2/3，腕节短于掌部的 1/2，约为其端部直径的 1.3 倍，无端刺，长节折缘具端齿；第三步足指节非双爪状，折缘波形弯曲，末端 3/4 强内弯，掌节折缘无刺，不分亚节。最大眼眶后头胸甲长约 4.6 mm。

生态生境：与石珊瑚中的杯形珊瑚属 *Pocillopora* 共栖。

地理分布：我国海南岛；西印度洋，泰国，印度尼西亚，澳大利亚大堡礁。

DNA 条形码：暂无。

保护等级：Least Concern（无危）。

物种图片：

安波岩虾 *Periclimenes amboinensis*

长臂虾科 **Palaemonidae**；岩虾属 *Periclimenes*

形态特征：头胸甲和腹部侧面体表光滑无麻点。额角不伸过第二触角鳞片，指向前下方，齿式 0+6/1，最后背齿与其余各齿不分离，明显位于眼眶上方之前，侧脊后部扩展为眼上檐及眼上刺。头胸甲具眼上刺，肝刺不明显大于触角刺，位于后者稍后下方，伸进头胸甲前缘；眼眶下角锐，非卵圆形。尾节后缘之前无背侧刺。眼角膜非半球形，端部渐呈角状突出。第一触角柄基节具 1 个端侧刺；第二触角鳞片长为宽的 4 倍，侧缘稍内凹，端侧齿不伸至鳞片末端。第四胸节腹板无细的中突。第一步足整个螯伸过第二触角鳞片末端；左右第二步足大小不等，螯指约为掌部的 2/3，腕节远短于是掌部的 1/2，不长于其端部直径，无端刺，长节折缘具粗的端齿；第三步足指节折缘无齿状突起，亚端部不平截，但呈模糊的双爪状，折缘波形内凹，掌节折缘近端部具不明显的刺，不分亚节；尾肢很少伸过尾节末端。最大眼眶后头胸甲长约 4 mm。

生态生境：与栉羽星类海百合棘皮动物共栖。

地理分布：我国台湾、中沙群岛；琉球群岛，印度尼西亚，澳大利亚大堡礁，马绍尔群岛。

DNA 条形码：暂无。

保护等级：Least Concern（无危）。

物种图片：

共栖岩虾 *Periclimenes commensalis*

长臂虾科 Palaemonidae；**岩虾属 *Periclimenes***

形态特征：头胸甲和腹部侧面体表光滑无麻点。额角长臂虾总科形，近水平，不伸过第二触角鳞片，齿式 0~1+4~7/1~2，最后背齿与其余各齿不分离，位于肝刺上方之后。头胸甲无眼上刺，肝刺不明显大于触角刺，位于后者后下方，不伸过头胸甲前缘；眼眶下角非卵圆形。腹部第三节背板无侧扁的背突；第六腹节是第五腹节长的 1.5 倍；尾节背刺小，不明显，后对背刺位于尾节长度中央之前。眼角膜半球形，端部无突出。第一触角柄基节具 1 个端侧刺；第二触角鳞片稍短于宽的 2.5 倍，侧缘近直，端侧齿不伸达鳞片末端。第四胸节腹板无细的中突。第一步足伸过第二触角鳞片，螯指对缘非梳状；第二步足对称，螯指稍短于为掌部，腕节约为掌部的 1/2，约为其端部直径的 1.5 倍，无端刺，长节折缘无端齿；第三步足指节通常简单，很勉强的双爪状，折缘轻微波形内凹，掌节折缘无刺或近具 1 对端刺，不分亚节；第五步足不伸达第二触角鳞片末端；尾肢伸过尾节。最大眼眶后头胸甲长约 8.5 mm。

生态生境：与海葵共栖。

地理分布：我国台湾、香港、海南岛、南沙群岛、西沙群岛；红海，东非和南非，日本琉球群岛和本州，向南至加普里康群岛、澳大利亚大堡礁，向东至莱恩群岛。

DNA 条形码：暂无。

保护等级：Least Concern（无危）。

物种图片：

细指岩虾 *Periclimenes digitalis*

长臂虾科 Palaemonidae；**岩虾属 *Periclimenes***

形态特征：头胸甲和腹部侧面体表光滑无麻点。额角长臂虾总科形，背缘水平，通常略伸过第二触角鳞片，有时不伸过，齿式 2+6~9/1~2，最后背齿与其余各齿略分离，位于肝刺上方之后。头胸甲无眼上齿，偶尔在眼上刺位置具小凸起，肝刺不明显大于触角刺，位于后者后下方，不伸过头胸甲前缘；眼眶下角非卵圆形。腹部第三背板无侧扁突起；第六腹节约为第五腹节的 1.5 倍；尾节 2 对背刺分别位于尾节前后半部。眼角膜半球形，无拱突。第一触角柄基节具 1 个端侧刺；第二触角鳞片为其宽的 3 倍，侧缘直或轻微内凹，端侧齿伸过鳞片末端。第四胸节腹板无细的中突。第一步足腕节端半部伸过第二触角鳞片末端，螯指切缘非梳状；第二步足螯指约为掌部的 2/3~3/4，腕节稍长于掌部，约为其端部直径的 9 倍，无端刺，长节折缘端齿小而尖；第三步足指节细长，简单，非双爪状，折缘均匀内凹，掌节折缘无刺，不分亚节；第五步足掌节端半部伸过第二触角鳞片末端。最大眼眶后头胸甲长约 4 mm。

生态生境：自由生活。

地理分布：我国香港、海南岛、中沙群岛；桑给巴尔，安达曼群岛，印度尼西亚。

DNA 条形码：暂无。

保护等级：Least Concern（无危）。

物种图片：

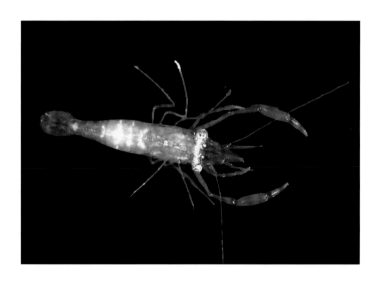

无刺岩虾 *Periclimenes inornatus*

长臂虾科 Palaemonidae；岩虾属 *Periclimenes*

形态特征：头胸甲和腹部侧面体表光滑无麻点。额角背腹窄，指向前下方，腹缘凸出，不伸过第二触角鳞片末端，齿式 7-8/0-2，最后背齿与其余各齿不分离，位于肝刺上方稍前。头胸甲无眼上刺，肝刺不明显大于触角刺，位于后者后下方，不伸过头胸甲前缘；眼眶下角明显伸出，尖，非卵圆形。腹部第三背板无侧扁的突起；第六腹节约为第五腹节的 1.5 倍；尾节前对背刺位于尾节长度的前 1/3 处。眼角膜半球形，端部不伸出。第一触角柄基节具 1 小的端侧刺；第二触角鳞片为其宽的 2.2 倍，侧缘稍外凸，端侧齿不伸达鳞片末端。第四胸节腹板具横脊，横脊上具小的开放缺刻。第一步足整个螯指伸过第二触角鳞片末端，螯指亚勺形，切缘具梳状齿；第二步足螯指长约为掌部的 1/2，腕节约为掌部长的 1/4，为其末端直径的 1.1 倍，无端刺，长节折缘无齿；第三步足指节简单，非双爪状，折缘波形内凹，掌节折缘无刺，不分亚节；第五步足伸达第二触角鳞片 2/5 处；尾肢稍伸过尾节末端。最大眼眶后头胸甲长大于 4 mm。

生态生境：与海胆，*Culcita*、*Tripneustes* 等属，以及海葵共栖。

地理分布：我国南沙群岛、西沙群岛；肯尼亚，桑给巴尔，塞舌尔群岛，科摩罗群岛，马尔代夫群岛，安达曼群岛，琉球群岛，印度尼西亚，澳大利亚大堡礁，斐济，加罗林群岛。

DNA 条形码：暂无。

保护等级：Least Concern(无危)。

物种图片：

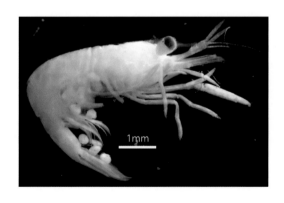

混乱岩虾 *Periclimenes perturbans*

长臂虾科 Palaemonidae；岩虾属 *Periclimenes*

形态特征：头胸甲和腹部侧面体表光滑无麻点。额角背腹窄，伸至第一触角柄第二节末端，腹缘直，齿式 1+7~8/1，最后背齿与其余各齿不分离，很小，位于肝刺上方稍后，腹齿很小。头胸甲无眼上刺，肝刺不明显大于触角刺，可动，位于后者后下方，二者均小，触角刺紧靠眼眶下角；眼眶下角尖，非勺形。腹部第六腹节约为第五腹节长的 2 倍；尾节 2 对背刺均位于尾节长度中央之后，后对在尾节长度的后 1/10 处。眼角膜半球形，末端无突起。第一触角柄基节具 1 端侧刺；第二触角鳞片长为其宽的 3.5 倍，侧缘稍内凹，端侧齿不伸过鳞片末端。第四胸节腹板无中突。第一步足整个伸至第二触角鳞片末端，螯指切缘无梳状齿；第二步足对称，螯指与掌部约等长，腕节为螯长的 2/3，无端刺，长节约为其直径的 10 倍，与螯约等长，折缘无端齿；第三步足指节简单，非双爪状，爪部明显，掌节折缘具刺，不分亚节；尾肢稍伸过尾节末端。最大眼眶后头胸甲长 1.5 mm。

生态生境：与软珊瑚（alcyonarians）、黑角珊瑚（antipatharians）共栖。

地理分布：我国香港、中沙群岛；马达加斯加。

DNA 条形码：暂无。

保护等级：Least Concern（无危）。

物种图片：

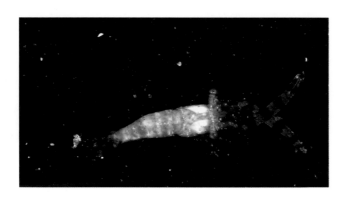

帝近钩岩虾 *Philarius imperialis*

长臂虾科 Palaemonidae；近钩岩虾属 *Philarius*

形态特征：额角齿式 1~3+6~8/1~3；头胸甲无眼上刺；第二步足腕节折缘具端刺；最大眼眶后头胸甲长约 6 mm。

生态生境：与鹿角珊瑚共栖。

地理分布：我国中沙群岛、南沙群岛、海南岛；红海及非洲东部至印度尼西亚，澳大利亚大堡礁，向东直至加罗林群岛，马绍尔群岛。

DNA 条形码：暂无。

保护等级：Least Concern(无危)。

物种图片：

关岛硬壳寄居蟹 *Calcinus guamensis*

活额寄居蟹科 Diogenidae；硬壳寄居蟹属 *Calcinus*

形态特征：楯部长大于宽；额角三角形，显著尖锐或比较尖锐；额角和侧突之间微内凹。眼柄短粗，基部膨胀，显著长于第一触角柄和第二触角柄，但短于楯部；眼鳞二至四分裂。第一触角柄未达角膜基部；略长于第二触角柄。第二触角鳞片多刺，超过了第二触角柄第五节基部。左螯较大，两指闭拢时具宽缝隙，指节内侧均具圆突起；掌部外侧面和内侧面均凸圆且布满小突起；腕节外侧面末缘具 1 行白色圆突起，且外侧面散布有突起，中间具 2 个较大的。右螯掌部和腕节上缘有小刺。步足整个指节超过螯足；左二步足腕节末端仅具 1 个刺；左第三步足指节明显短于掌节；指尖为大的黑角质爪状；指节腹缘具稀疏的刚毛丛；第二步足和第三步足指节均无刺；腕节背缘末端具 2 个刺。右二步足和右三步足腕节背缘末端具 2~3 个刺。尾节中缝较小，左后叶明显小于右后叶，末缘均具成行的刺，左后叶的刺延伸至左侧缘下半部分。

生态生境：珊瑚礁和碎石，通常在活珊瑚之间。潮间带，潮下带至 20 m。

地理分布：我国台湾、中沙群岛；日本南部，越南，印度尼西亚，科科斯群岛，圣诞岛，澳大利亚西北部，马里亚纳群岛，夏威夷群岛。

DNA 条形码：暂无。

保护等级：Least Concern（无危）。

物种图片：

红指硬壳寄居蟹 *Calcinus minutus*

活额寄居蟹科 Diogenidae；硬壳寄居蟹属 *Calcinus*

形态特征：楯部长大于宽；额角三角形；侧突不明显。眼柄细长，长于楯部；角膜不膨胀，约为眼柄长度的 1/7~1/8；眼鳞简单，近三角形，颜色深，顶端具 1~4 个刺。第一触角柄未达角膜基部，约达眼柄长度的 2/3 处，第二触角柄短于第一触角柄，约为眼柄长度的一半；第二触角鳞片达第二触角柄第五节基部，顶端多刺，侧缘具刺。左螯大于右螯；左螯两指之间缝隙很宽，内侧缘具圆齿；可动指外侧面具小刺或突起；掌部背缘为锯齿状，具刺或刺状突起，外侧面具细小的颗粒，较光滑；腕节外侧面具 1 大突起，末缘近背缘一半具突起。右螯掌部背缘具 1 行 5~6 个刺；腕节背缘具 3 个刺。左第三步足的指节明显短于掌节；指节和掌节的腹缘无长刚毛形成的刷子；指节末端为黑色角质大刺，腹缘具 5 个刺；腕节背缘末端具 1 大刺。尾节中缝不明显，左后叶显著大于右后叶，末缘均具刺。

生态生境：珊瑚礁，岩礁，珊瑚碎石中。潮间带至 30 m。

地理分布：我国台湾、中沙群岛；日本南部，越南，马来西亚，印度尼西亚，科科斯群岛，新几内亚，澳大利亚，帕劳群岛，加罗林群岛，法属波利尼西亚，法属新喀里多尼亚。

DNA 条形码：暂无。

保护等级：Least Concern（无危）。

物种图片：

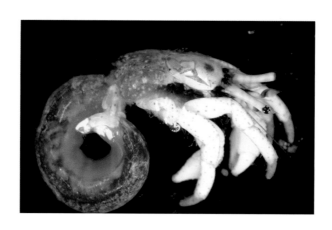

莫氏硬壳寄居蟹 *Calcinus morgani*

活额寄居蟹科 Diogenidae；硬壳寄居蟹属 *Calcinus*

形态特征：楯部长大于宽，近矩形。额角三角形，侧突退化，不明显。眼柄长，几乎和楯部等长；基部膨胀，角膜不膨胀，约为眼柄长度的1/8；眼鳞小，近三角形，仅末端具1个刺。第一触角柄未达角膜基部，达眼柄长度的3/4处，第二触角柄约等长于第一触角柄；第二触角鳞片较大，超过了第二触角柄第五节基部，顶端单刺或二分裂，侧缘多刺。左螯大于右螯；两指闭拢时具宽缝隙，内侧缘具圆齿；可动指，不动指和掌部外侧面具紧密排列的小突起，靠近末端的较大；腕节末端具1行小突起，外侧面密布突起；长节腹缘末端具3个刺。右螯可动指背缘具1行7个突起，外侧面具1行突起；掌部背缘通常光滑，偶尔具1行小突起；腕节背缘末端具1个大刺。步足指节短于掌节；指节腹缘和掌节腹缘末端具稠密的刷状长刚毛；指尖为黑色角质大刺，腹缘具1行小刺，外侧面具1行刚毛丛；腕节背缘末端具1个大刺。尾节中缝小，左后叶大于右后叶，末缘均具小刺和长刚毛。

生态生境：珊瑚，砂质和岩石底质。潮间带至潮下带浅水。

地理分布：我国台湾、南海；南非，索马里，马达加斯加，新几内亚，日本南部，越南，印度尼西亚，马来西亚，澳大利亚，法属新喀里多尼亚，马里亚纳群岛，瓦努阿图，法属波利尼西亚，马约特岛。

DNA 条形码：暂无。

保护等级：Least Concern（无危）。

物种图片：

瓦氏硬壳寄居蟹 *Calcinus vachoni*

活额寄居蟹科 Diogenidae；硬壳寄居蟹属 *Calcinus*

形态特征：楯部长略大于宽；额角尖三角形，长于侧突，额角和侧突之间显著内凹。眼柄与楯部几等长，末端略膨胀；眼鳞简单，三角形。第一触角柄达到或稍超过角膜末缘，有时与第一触角柄等长；第二触角柄达或未达角膜基部，第二触角鳞片达第二触角柄第四节末端，内侧面无刺，外侧面具刺。左螯显著大于右螯，两指闭拢时具1窄缝，两指内侧均具稠密的刚毛丛。左螯掌部的侧面光滑或具小颗粒。右螯掌部和腕节末缘光滑或微具颗粒。左第三步足指节与掌节近相等；指节和掌节腹面具稀疏的长刚毛丛；腕节背缘末端具1大刺和2个微刺。左第二步足和右第二、三步足腕节均只在末端具1刺。尾节左右后叶几相等，均在腹面具单个边缘刺。

生态生境：岩礁，潮间带水池，寄居于多种螺壳。高潮区和激浪区。

地理分布：我国台湾、中沙群岛；索马里，马里亚纳群岛，日本南部，科科斯群岛，圣诞岛，澳大利亚西部，土阿莫土群岛，社会群岛，夏威夷群岛，法属波利尼西亚。

DNA 条形码：暂无。

保护等级：Least Concern（无危）。

物种图片：

异色岩瓷蟹 *Petrolisthes heterochrous*

瓷蟹科 Porcellanidae；岩瓷蟹属 *Petrolisthes*

形态特征：头胸甲宽卵圆形，长略大于宽。额分三叶，具 1 对眼窝上刺，侧叶前缘横直，额胃脊隆起并长有羽状毛。前鳃刺 2 对。鳃区侧缘显著外凸，通常有 2 枚刺。侧壁完整。第二触角第二柄节前缘有 1 叶突并具 1 近端刺。第三颚足座节宽，长节内缘叶突锐三角形。螯足近等大，无雌雄差异；腕节背面前缘具 4~5 宽齿，后缘具 5~7 枚刺；背表面具短横的鳞状褶线；掌节外缘圆齿状，近外缘具 1 列锐刺并覆有较长而密的羽状毛，背表面中央有 1 明显的隆脊，由长而斜向的鳞状褶线构成，表面其余部分具成列的瘤突，着生浓密的细毛；两指之间无空隙。步足长节前缘具 1 列刺，第一步足和第二步足长节后缘末端各具 1 小刺；第一步足腕节有 1 末端刺；指节后缘具 4 枚角质棘。腹部尾节具 7 块节板。雄性第二腹节具 1 对交接器。

生态生境：潮下带活珊瑚中，或死珊瑚洞穴缝隙中。

地理分布：我国台湾、海南岛、西沙群岛、中沙群岛、南沙群岛；琉球群岛，马绍尔群岛，马里亚纳群岛，罗亚尔特群岛，法属新喀里多尼亚和切斯特菲尔德群岛。

DNA 条形码：暂无。

保护等级：Least Concern（无危）。

物种图片：

雕刻厚螯瓷蟹 *Pachycheles sculptus*

瓷蟹科 Porcellanidae；厚螯瓷蟹属 *Pachycheles*

形态特征：头胸甲宽大于长，表面无毛。额较宽，中叶末端向下垂直弯折。鳃区侧缘外凸无刺。侧壁隔断为两部分。第一触角基节长宽略等。第二触角柄基节短，第二柄节前缘近端突起。第三颚足座节卵圆形，长节内缘叶突近矩形。螯足不等大，无雌雄差异，个体间差异较明显；长节内末角有 1 宽短的叶突；腕节背面前缘具 2~4 宽齿，（通常 3 个），表面有成列的鳞片状或粒状突起组成的纵脊；掌节宽厚，表面（特别是小螯表面）具 4 条鳞片状或粒状突起组成的纵脊，靠外缘的脊较长而隆起；大螯不动指和可动指基部各有 1 齿，两指之间有间隙。步足长节前缘无刺；腕节前缘具两条纵脊；掌节短，后缘具 4 枚可动棘（包括末端 1 对）；指节后缘具 3 枚可动棘。腹部尾节具 5 块节板。雄性腹节无交接器。

生态生境：潮间带到水深 180 m 的珊瑚间隙或海绵中。

地理分布：我国广西、广东、香港、台湾、海南岛沿海、中沙群岛；印度洋—西太平洋广泛分布，西起印度洋西部的塞舌尔，东到南太平洋的土阿莫土群岛，北起琉球群岛，南至澳大利亚北部和西部沿海的广大热带亚热带区域。

DNA 条形码：暂无。

保护等级：Least Concern（无危）。

物种图片：

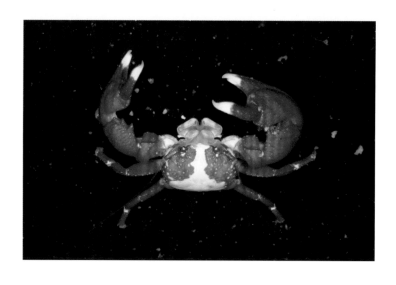

无刺异铠虾 *Allogalathea inermis*

铠甲虾科 Galatheidae；异铠虾属 *Allogalathea*

形态特征：头胸甲（除去额角）长宽近等，表面具有长的隆线，侧缘具有 8 枚或 9 枚刺。额角长约是宽的 1.3~1.6 倍，约是头胸甲长度的 0.7 倍，侧缘有 8 枚或 9 枚刺。胸板第三胸节前缘中央具有小的缺刻。腹节表面具有长的横隆线。螯足约是头胸甲长度的 2.0~2.5 倍，表面具有鳞片状突起，大部分背面的突起边缘缺少小刺；长节和腕节的内缘及表面具有成列的刺；掌节内外缘稍凸（尤其成年雄体）并长有成列的刺。步足表面同样具有鳞片状突起；长节前缘具有成列的刺，后缘具有末端刺；掌节后缘具有 6 枚或 7 枚角质棘；指节后缘具有 4 枚或 5 枚三角齿，齿上有刚毛状棘。螯足有上肢，步足无上肢。

生态生境：潮下带，通常与海百合共生。

地理分布：我国中沙群岛、台湾和南海诸岛；莫桑比克，日本，泰国，印度尼西亚，瓦努阿图，法属新喀里多尼亚和切斯特菲尔德群岛。

DNA 条形码：暂无。

保护等级：Least Concern（无危）。

物种图片：

奄美铠甲虾 *Galathea amamiensis*

铠甲虾科 Galatheidae；铠甲虾属 *Galathea*

形态特征：头胸甲表面具有长的脊线，前侧刺之间的中胃脊连续不中断；侧缘具有 5 枚刺，前侧刺中等长度，不超过额角基部刺；头胸甲表面具有 1 对前胃刺，肝区表面左右各有 1 对刺。额角侧缘有 4 枚刺。侧壁上缘无刺。第三颚足长节内缘具有 2 枚大小近等的刺。螯足长有长刚毛；腕节具有 3 列刺；掌节内外缘各具 1 列刺，背表面具有 1 列小刺。步足长节前缘具有 1 列刺，后缘具有 1 枚末端刺；掌节长大于宽的 5 倍，后缘具有 4 枚角质棘；指节后缘有 4 枚齿，齿上有刚毛状棘。仅螯足有上肢，步足无上肢。

生态生境：潮间带和潮下带的珊瑚礁中。

地理分布：我国中沙群岛；马达加斯加，日本，马里亚纳群岛，印度尼西亚，密克罗尼西亚，巴布亚新几内亚，瓦努阿图，法属新喀里多尼亚和切斯特菲尔德群岛。

DNA 条形码：暂无。

保护等级：Least Concern（无危）。

物种图片：

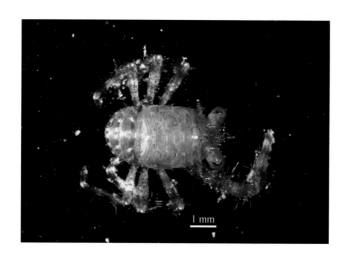

硬毛贝绵蟹 *Dynomene hispida*

贝绵蟹科 Dynomenidae；贝绵蟹属 *Dynomene*

形态特征：头胸甲近圆形，宽大于长，背面稍隆，复以硬刚毛及分散的颗粒，分区可辨，额区具1倒"Y"形浅沟，颈沟明显，胃、心区之间被"H"形沟相隔。额呈宽三角形，向前下方突出，中部向两侧有1浅沟。背、腹眼窝缘具锯齿。第三颚足须细长。长、坐节约等长，外肢较宽。前侧缘在外眼窝角之后具5齿，末端趋尖刺形，末齿很小。后侧缘向后靠拢，稍拱，后缘窄，直。两螯对称，长坐节约呈三棱形，腕节背面具硬刚毛，内末角具1指状突出，掌部背面及外侧面具颗粒及刚毛，内侧面及腹面较光滑，两指近内缘具成簇的刚毛，内缘各具1~2钝齿，末端呈匙形。第一至三步足粗壮，表面具刚毛及颗粒，而相互接触的表面较光滑，指节后缘具4~5小刺，末端具角质爪。末对步足退化短小。位于背部。雄性第一腹肢扁平，末节末端具1突起，第二腹肢末半部针棒形，末端具2刺，近末端5刺。腹部较宽，分7节，第六腹肢呈三角形，位于第六腹节的外末部，尾节呈宽三角形，末缘圆钝。雌性腹部宽大，尾节近半圆形。

生态生境：生活于浅水岩缝及珊瑚礁丛中。

地理分布：我国台湾、西沙群岛、中沙群岛。日本，印度尼西亚，法属新喀里多尼亚岛，所罗门群岛，夏威夷群岛，奎提维岛，毛里求斯。

DNA 条形码：暂无。

保护等级：Least Concern(无危)。

物种图片：

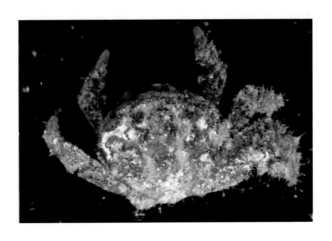

东方单角蟹 *Menaethius orientalis*

卧蜘蛛蟹科 Epialtidae；单角蟹属 *Menaethius*

形态特征：头胸甲宽，侧缘具 3 个小裂片，甲壳表面光滑。额角单一短刺，1/6 到 1/3 额角后头胸甲长度。肝区边缘具宽圆形叶；鳃区边缘具 2 个小裂片；胃区具微弱的三叶状隆起；心区较胃区更突出；肠区中央微弱隆起；颊区边缘具 2 结节。螯足长节背缘具结节，内侧具 1 小结节，末端具低平结节；腕节光滑；掌节长是宽的两倍以上；指节具 1 壮齿，两指闭合有缝隙。第二步足长节背缘具 4 个隆脊，腕节具明显隆脊，掌节背缘中部具隆脊。第三步足较短，长节具 3 个隆脊，第五步足长节具 2 个隆脊。雄性腹部第 6 节和第 7 节长宽近相等。G1 末 1/3 突然收窄，末端向外弯曲，锋锐，内侧有 1 透明脊。雌性腹部光滑，4~6 节愈合。

生态生境：栖息于珊瑚礁，碎珊瑚，砂质、碎石、泥质硬底，或石枝藻属 *Lithothamnion* 红藻上，深度 13~72 m。

地理分布：我国中沙群岛；塔斯曼海，澳大利亚，帝汶岛，摩鹿加群岛，苏鲁群岛，毛里求斯，红海，日本。本种首次记录于我国海域。

DNA 条形码：GQ260900。

保护等级：Least Concern（无危）。

物种图片：

5 mm

单角蟹 *Menaethius monoceros*

卧蜘蛛蟹科 Epialtidae；单角蟹属 *Menaethius*

形态特征：头胸甲呈长三角形，表面扁平，胃、心、肠区均隆起，前者具3疣，后两者各具1疣状突起。雄性额部向前伸出呈角刺形，在雌性则较短，表面密具卷曲的刚毛。前眼窝角突出，呈锐三角形，后眼窝角稍隆，圆钝。肝区边缘具2齿状突起，前齿较后齿为大。鳃区侧缘也具2齿，前齿较后齿为小。第二触角基节的基部宽，鞭部细长，超越额角的末端。第三颚足长节的外末角突出。雄性螯足壮大，长节背缘具带毛的疣，掌部长约当可动指长的2.2倍，两指间有空隙，可动指内缘基部具1钝齿。雄性第一腹肢末部匙形。腹部窄长，第六节的长度大于基部宽度，尾节呈锐三角形。雌性腹部圆大，第四节至第六节愈合，末节半圆形。

生态生境：生活于低潮线的水草间或岩石旁。

地理分布：我国台湾、海南岛、西沙群岛、中沙群岛；日本，夏威夷群岛，斐济，澳大利亚，泰国，印度，红海，毛里求斯，非洲东岸。

DNA 条形码：MW291634。

保护等级：Least Concern（无危）。

物种图片：

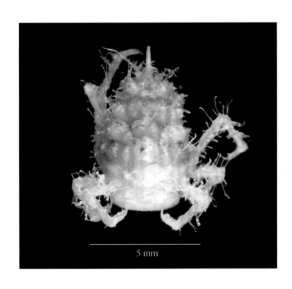

5 mm

粗甲裂额蟹 *Schizophrys aspera*

蜘蛛蟹科 Majidae；裂额蟹属 *Schizophrys*

形态特征：头胸甲圆菱形，表面粗糙，密布颗粒及尖锐的刺状突起。额部伸出 2 刺，其外缘基部各有 1 刺，末端稍向内弯。背眼窝缘有 2"V"形裂缝及 1 锐齿。第二触角基节突出 2 壮锐刺。侧缘具 6 锐刺，末 1 刺很小。雄性螯足壮大，长节及腕节均具锐刺，掌节光滑，掌部背缘基部具 1 齿突，其长度约当可动指长度的 2 倍，两指间有空隙，末端比形。可动指内缘基部具 1 三角形齿。步足各节圆柱形，密覆短绒毛。指节末端锐爪形。雄性第一腹肢末部向腹外方弯指，末端圆钝。腹部窄长，末节半圆形。雌性腹部长圆形。

生态生境：多栖息于海岸带的海底岩石间及潮间带珊瑚礁沙质底。

地理分布：我国广东、西沙群岛、中沙群岛。广泛分布于从夏威夷群岛经澳大利亚至非洲东岸及南岸的印度太平洋暖水区。

DNA 条形码：GQ260905。

保护等级：Least Concern（无危）。

物种图片：

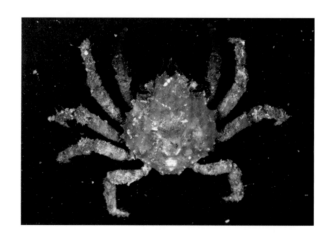

瘤结蟹 *Tylocarcinus styx*

卧蜘蛛蟹科 Epialtidae；瘤结蟹属 *Tylocarcinus*

形态特征：头胸甲呈长梨形，表面各区有明显的疣状突起，胃区的突起较模糊，约有4枚呈一横列，胃、心区之间有1突起，心区有3个，肠区5个，肝区3个，前、中、后鳃区分别具5，5，2个突起。额部及侧胃区具卷曲刚毛，其余部分具分散的刚毛。额刺基半部愈合，末半部分离，末端向内上方弯指。头胸甲的长度约当额刺长的3.6倍。前眼窝刺尖锐，向上翘，中眼窝齿很小与背眼檐以及后眼窝杯会合成眼窝。第二触角基部与额部愈合，外末角突出尖锐。螯足短于第一对步足，长节及腕节表面粗糙，具疣状突起，掌部内、外侧面具微细颗粒，两指间空隙大，指端匙形，可动指内缘基部具1突起。步足壮大，长节前缘具壮刺5~6个，腕节具1尖锐的末端刺，末3对步足长节的前缘及背面均具齿状突起，指节均呈爪状，腹缘具细小齿7~8枚。雄性第一腹肢细长直立，末端内叶向背内方伸展，呈三角形。腹部窄长，共7节，第六节的宽度大于长度，尾节三角形。雌性腹部圆形。

生态生境：生活于岩石岸或珊瑚礁浅水中。

地理分布：我国海南岛、中沙群岛；广泛分布于从西太平洋至红海及非洲东岸热带暖水区。

DNA 条形码：GQ260906。

保护等级：Least Concern（无危）。

物种图片：

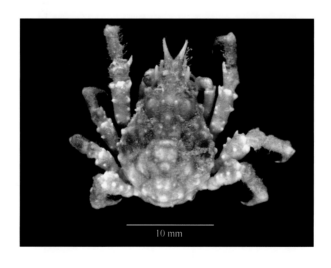

10 mm

美济瘤结蟹 *Tylocarcinus meijensis*

卧蜘蛛蟹科 Epialtidae；瘤结蟹属 *Tylocarcinus*

形态特征：头胸甲呈窄长梨型，表面分区明显，各区均具状突起，前胃区 2 枚，中胃区 4 枚，后胃区 3 枚，1 枚在前，2 枚在后，心区 4 枚，中部 2 枚并列，其前、后各 1 枚，两侧各有大型突起 1 枚，肠区具并列的 2 枚突起，肝区具颗粒 1 枚，前鳃区具突起 4 枚，中鳃区 2 枚。侧缘具突起 6~7 枚，后缘具 3 枚，额长约当头胸甲长的 0.45，基部 3/4 并合，末 1/4 被 "V" 形缺刻分为 2 刺，两刺分离末端指向前外方。眼前刺不很突出。第二触角基节外末角有 1 锐刺。第三颚足长节粗壮，坐节窄长，外肢粗壮，末端约抵长节末缘。螯足对称，长节圆柱形，腕节很小，雌性两螯瘦小，掌部长约为高度的 2.2 倍，两指短小，合并时无空隙。第一步足长节前缘具刺 4 枚，背面具突起 3 个，第 2、3 步足长节前缘各具刺 3 枚，背面具突起 2~3 个，末对步足长节前缘及背面各具突起 2 枚；第 1~2 步足腕节外末角各具 1 刺，前者长大尖锐，指节均呈爪状，后缘具微细锯齿。雌性腹部圆形，分 7 节。

生态生境：生活于浅水珊瑚礁盘中。

地理分布：南沙群岛、中沙群岛。

DNA 条形码：暂无。

保护等级：Least Concern（无危）。

物种图片：

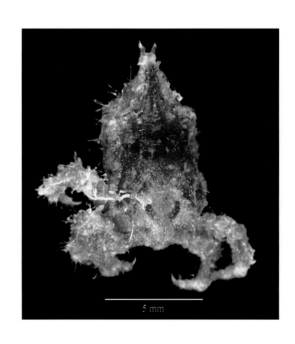

5 mm

细足钝额蟹 *Carupa tenuipes*

梭子蟹科 Portunidae；钝额蟹属 *Carupa*

形态特征：头胸甲宽为长的 1.3~1.4 倍，体表光滑，中部隆起；胃区、前鳃区稍隆起，胃心区之间有不明显的"H"形沟；腹眼窝缘具 4 齿，中央 2 齿小；额具 4 圆叶，中叶小而突出，侧叶宽为中叶 2 倍；背眼窝缘内角具 1 小缺刻和 2 缝；前侧缘包括外眼窝齿共 7 齿：前 2 齿平钝，第 3~5 齿三角形，大小递减，第 6 齿最大，末齿小于第 6 齿，略向外指；后缘中部内凹，侧缘向后突出。第 3 颚足表面光滑，长节外末角突出，中部稍隆起，边缘薄，座节呈长方形，近中部具 1 纵沟，须短小；外肢长为宽的 4 倍。螯足稍不等大，长节前缘具 3 弯齿，后缘无齿；腕节内角具 1 弯齿，外末角具 1 小齿；掌膨大，可动指与掌约等长，稍短于不动指，内缘基部具 1 指状突起及 3 枚钝齿；不动指内缘具 5 枚大小不等的钝齿。步足瘦长，前 3 对步足形状相似，指节呈爪状，第 2 对步足最长。末对步足最短，呈桨状，长节长约为宽的 3 倍；指节卵圆形，边缘具颗粒齿，前后缘末半部具小刺，中央 1 枚刺大。雄性腹部第 2~5 节愈合，愈合节基部略宽，两侧逐渐收束；第 6 节呈梯形；尾节呈三角形。雄性第 1 腹肢基部 1/3 膨大，末 1/3 弯向外方，外侧面具成列小刺。

生态生境：栖息于潮间带珊瑚礁。

地理分布：我国海南、西沙群岛、中沙群岛、南沙群岛；本种广布于印度洋—西太平洋海区。

DNA 条形码：MW278847。

保护等级：Least Concern（无危）。

物种图片：

四齿仿短桨蟹 *Thalamitoides quadridens*

梭子蟹科 Portunidae；仿短桨蟹属 *Thalamitoides*

形态特征：头胸甲的宽度约为长度的 1.9 倍，表面中部稍隆，额后区具 1 对短隆线，胃区具 1 较长的横行隆线，前侧缘末齿基部引入 1 隆线，中部具 1 对短隆线，心肠区之间具凹线相隔。额钝切，分 4 叶，中额叶的宽度约为两侧额叶的 3 倍，内眼窝角较宽，稍拱，背眼缘具 2 缝。前侧缘具 4 齿，第 1 齿最大，依次渐小。后缘平直，两侧角状。第 3 颚足长节基部内缘拱圆，外末角圆钝不突坐节中部具 1 浅纵缝，外肢粗壮两螯几乎对称，长节前缘具 3 钝刺，从基部向末端依次渐大，末端具 1 小齿，腹缘具 1 小末端齿；腕节背面具 3 齿，内末角锐长，外缘具 2 小齿，掌部瘦长，背面具锐刺 2 列共 8 枚，外侧面中部具 1 横列颗粒隆脊，其末端近齿形；两指短而宽扁，内缘具不等钝齿。步足细长，末对游泳足指节卵形，前缘末半部具锐刺约 22 枚，长节后缘具锐刺 6 枚。雄性腹部三角形，尾节锐三角形。雄性第 1 腹肢略拱向背内方，末端钝切，分 2 叶，外叶外末部密具锐刺。标本颜色头胸甲呈褐色，具黄色花斑，其余部分具褐色网状花纹。

生态生境：生活于珊瑚礁浅水中。

地理分布：我国南沙群岛、中沙群岛；日本，夏威夷群岛，关岛，约翰斯顿岛，马绍尔群岛，萨摩亚，斐济，菲律宾，安汶岛，澳大利亚，泰国，红海，马达加斯加，坦桑尼亚。

DNA 条形码：MW278321。

保护等级：Least Concern（无危）。

物种图片：

红斑梯形蟹 *Trapezia rufopunctata*

梯形蟹科 **Trapeziidae**；梯形蟹属 *Trapezia*

形态特征：头胸甲一般宽大于长，光滑不分区，与螯足、步足同布满鲜红色大圆斑。额突出，分成明显 4 叶。头胸甲侧缘中部具 1 齿，两螯不对称，掌节背缘圆钝，外侧面光滑，腹缘具颗粒或钝锯齿。步足腕节背缘及掌、指节具刚毛。在珊瑚中雌雄成对存在，雄性会在雌性蜕壳后进行交配，全年均有发现雌性抱卵。

生态生境：栖息于浅海珊瑚礁中，与分枝状造礁珊瑚共栖。觅食珊瑚礁上的多种藻类和沉积物，抵御捕食珊瑚的物种如棘冠海星等，是珊瑚礁生态系统中一类重要的消费者和分解者，也是重要的护礁生物之一。

地理分布：我国台湾、西沙群岛、中沙群岛；印度洋—西太平洋热带海域，从非洲东岸至日本及夏威夷群岛。

DNA 条形码：GQ260918。

保护等级：Least Concern（无危）。

物种图片：

毛掌梯形蟹 *Trapezia cymodoce*

梯形蟹科 Trapeziidae；梯形蟹属 *Trapezia*

形态特征：头胸甲宽稍大于长，近似椭圆形，表面扁平，光滑，具光泽，分区难辨，自胃区两侧到侧齿前端的侧缘处，各有1横列斑点，胃区具1对斑块，斑块后具1对隆脊。额宽，较突出，前缘中部具1"V"形缺刻，分2叶，每叶的内外角均突出，内角锐齿状，外角钝，具4~5个小齿。眼窝扁平，眼窝缘完整，内眼窝角圆钝，外眼窝角小锐齿状，腹眼窝缘完整，腹内眼窝角钝刺形。头胸甲侧缘中部具1锐齿。第二触角基节短。第三颚足长节的外末角圆钝，稍突出。螯足粗壮，不对称，表面光滑，长节前缘具5~6个斜方形齿，腕节内末角钝圆，内基角钝三角形，外侧面具绒毛，掌节外侧面的上半部亦密具短绒毛，背缘圆钝，腹缘薄而锐，指节末部3/4呈深棕色，大螯两指内缘均具大小不等的齿，小螯除可动指内缘基部具2个较大的三角形齿外，两指内缘均有小细齿。步足光滑，腕、掌节均具刚毛，指节的毛较密，其腹面除横行的刚毛列外，有2~3枚颗粒，指端弯曲，腹面具沟，背面具几丁质刺。雄性第一腹肢近末部膨大，末端趋尖，具众多的小刚毛，腹部窄长，第六节梯形，长度稍大于尾节，尾节半圆形。

生态生境：生活于鹿角珊瑚 *Acropora* spp. 的枝丛间。

地理分布：我国西沙群岛、中沙群岛、海南岛；从日本(包括琉球群岛)，夏威夷群岛，波利尼西亚到印度，红海及非洲东岸。

DNA 条形码：HM751069。

保护等级：Least Concern(无危)。

物种图片：

指梯形蟹 *Trapezia digitalis*

梯形蟹科 Trapeziidae；梯形蟹属 *Trapezia*

形态特征：头胸甲稍隆，宽稍大于长，呈梯形，表面光滑，具光泽，胃、心区之间的"H"形沟可辨，沿侧胃区外末角具数个大的凹点。前额稍突出，中央具 1"V"形缺刻，分 2 叶，每叶外缘隆起，具小锯齿，内缘齿壮。背眼窝缘完整，内眼窝角圆钝，外眼窝角锐齿状，腹眼窝缘完整，腹内眼窝角锐刺状，背面可见。侧缘中部具 1 缺刻。第二触角基节短，触角鞭在眼窝外。第三颚足长节外末角稍突。螯足粗短，不甚对称，表面光滑，长节前缘具 5~6 枚锯状齿，腕节内末角具 1 锐齿，指节约与掌部等长，可动指内缘基半部具 3~4 枚小齿，不动指内缘锋锐，基半部具齿状突起。步足短粗，掌节前半部与指节表面具刚毛，指节腹面具横的刚毛列，指端向腹面弯曲，呈爪状，腹面具沟。雄性第一腹肢粗短，向末部逐渐趋尖，末部两侧具许多小刺。腹部第六节梯形，长度明显地大于尾节，尾节半圆形。酒精浸制的标本全身为深褐色，螯足指节末部 3/4 及步足指节为浅褐色，掌节表面具黄褐色的花纹。

生态生境：生活于珊瑚枝丛间。

地理分布：我国西沙群岛、中沙群岛、海南；本种广泛分布于整个印度洋—太平洋热带海域。

DNA 条形码：暂无。

保护等级：Least Concern(无危)。

物种图片：

美丽梯形蟹 *Trapezia formosa*

梯形蟹科 Trapeziidae；梯形蟹属 *Trapezia*

形态特征：头胸甲呈横椭圆形，宽度将近等于长度的1.3倍，表面隆起，具光泽。额比内眼窝角略突出，中部具浅凹，把额分为2叶，每叶前缘中部平滑，外侧弧形，具细微小齿；内、外眼窝角间的距离稍大于额宽的一半，内眼窝角钝圆，外眼窝角及腹眼窝角不呈齿形。头胸甲的侧缘呈弧形，前1/3处具1浅凹痕。第二触角基节紧靠口框的外末角，触角鞭位于眼窝缝中。第三颚足长节的外末角向外侧突出。螯足近等称，长节短粗，前缘具钝齿，腕节内末角钝三角形，掌节粗厚，背缘圆钝，指节比掌节短得多，大螯指节两指内缘均具圆钝的颗粒状齿，小螯只在近末端有小齿。步足各节均较粗壮，除掌节末部具稀疏的刚毛，指节具较密的刚毛与小刺外，表面圆钝。雄性第一腹肢粗壮，稍弯曲，末部稍膨大，具弯刺。腹部第六节宽显著地大于长，末节半圆形。酒精浸制的标本整体橙色，头胸甲及螯、步足腕、长节边缘具1深橘红色线镶边，螯足指节棕色。螯、步足背面可见到模糊的网纹。

生态生境：生活于杯形珊瑚 *Pocillopora* spp. 的枝丛间。

地理分布：我国西沙群岛、中沙群岛；巴拿马。

DNA 条形码：暂无。

保护等级：Least Concern（无危）。

物种图片：

10 mm

虎斑梯形蟹 *Trapezia tigrina*

梯形蟹科 Trapeziidae；梯形蟹属 *Trapezia*

形态特征：头胸甲侧缘具明显的鳃上齿。额缘被分为不甚突出的四叶，额与内眼窝角由深缺刻分隔。螯足下缘是光滑或具细微的锯齿。头胸甲及步足有均匀分布的橙色大斑点。

生态生境：生活于珊瑚枝丛间。

地理分布：我国台湾、中沙群岛；印度洋—西太平洋。

DNA 条形码：MW277773。

保护等级：Least Concern（无危）。

物种图片：

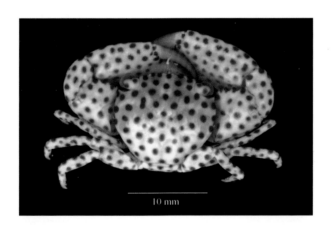

10 mm

刺圆顶蟹 *Domecia hispida*

梯形蟹科 Trapeziidae；**圆顶蟹属 *Domecia***

形态特征：头胸甲呈圆扇形，背面平坦，分区不甚明显，表面具短刚毛，肝区具5~6个大小不等的刺。额宽，前缘中部被较深的缺刻分为2叶，每叶又被宽浅凹陷分为2叶，每叶前缘均具细齿。内眼窝角背缘具3~4小齿，与额侧缘之间的分界可辨，背眼窝缘中部密具细钝锯齿，外眼窝角锐齿形，侧缘具小齿。前侧缘具3大齿，每齿前均有1附属小齿，末齿后有2小锐刺。螯足甚不对称，长节背缘末部具小刺，内末缘具3锐刺，腕节外侧面具大小不等的锐刺，掌部背面及可动指背面均具锐刺，两指内缘具大小不等的钝齿。步足长节的前缘及第一至三步足腕、掌节的前缘均具细齿，指节后缘及末端均具锐刺。雄性第一腹肢末半部拱向腹外方，末端趋尖。腹部窄长，分7节，尾节末缘呈圆钝的三角形。雌性腹部宽大，卵圆形，尾节半圆形。

生态生境：生活于珊瑚礁浅水中。

地理分布：我国西沙群岛、中沙群岛、海南岛；日本，波利尼西亚，塔希提，法属新喀里多尼亚，苏禄海经印度洋至红海及非洲东岸。

DNA 条形码：MW278069。

保护等级：Least Concern（无危）。

物种图片：

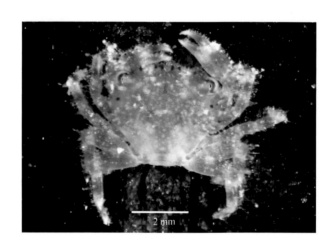

2 mm

四叶波纹蟹 *Cymo quadrilobatus*

扇蟹科 Xanthidae；波纹蟹属 *Cymo*

形态特征：头胸甲近圆形，宽稍大于长，表面分区可辨，在中胃区前侧缘向后的延线上各有1排瘤结。额缘中央具"U"形缺刻，分4叶，表面密具小颗粒，中央齿与侧齿间的凹陷深。背眼窝缘十分隆起，由扁平的颗粒所覆盖；内眼窝角圆钝，外眼窝角低平；腹眼窝缘具小颗粒，内角突出，圆钝，外角隆块状。前侧缘分4叶，第一叶最大，末叶最小，表面密具小颗粒。第二触角基节宽，触角鞭位于眼窝缝中。第三颚足长节宽大于长，外末角稍外突，圆钝。两螯甚不对称，长节前缘不具明显的大颗粒或齿，近末缘具横沟，背面及腹面覆盖有致密的大颗粒；腕节外表面覆盖有瘤突及颗粒，内末角具1壮齿，该齿的腹面另具1小齿，掌节背面及内侧面的上部具瘤突，其余部分具扁平的颗粒，大螯指节粗壮，可动指弯曲，明显大于、长于不动指，基半部表面具小颗粒，内缘具2齿，白色，不动指浅灰色，两指端的颜色最浅；小螯指节玛瑙色，中部紫红色，指端白色，两指间无间隙。步足短粗，具绒毛各节表面具齿状突起，指端具角质化的爪。雌性腹部长卵形，边缘具长绵毛，末节半圆形，稍长于第六节。头胸甲长 12.7 mm，宽 13.3 mm。

生态生境：生活于珊瑚礁浅水处，与疣状杯形珊瑚 *Pocillopora verrucosa* 共栖。

地理分布：我国台湾、西沙群岛、中沙群岛；印度洋—西太平洋，从红海、非洲东岸至波利尼西亚。

DNA 条形码：暂无。

保护等级：Least Concern（无危）。

物种图片：

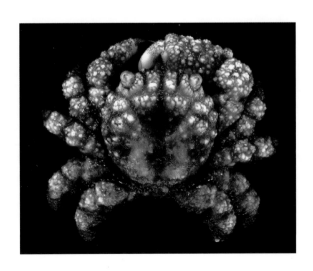

平展波纹蟹 *Cymo deplanatus*

扇蟹科 Xanthidae；**波纹蟹属 *Cymo***

形态特征：头胸甲扁平，近长五边形，表面覆有短绒毛，去毛后光滑，分区隐约可辨，侧胃区、肝区及前鳃区各有1颗粒团。额被中央深而宽的缺刻分2宽叶，中央缺刻边缘光滑，每个额叶各具3锐刺。眼窝较扁平，不十分隆起，背眼窝缘具小钝齿，中部具1明显的缺刻，内眼窝角锐刺状，外眼窝角钝圆，腹眼窝缘具2~3小刺，内、外角均呈刺状。前侧缘长约当后侧缘的1/2，除具一些颗粒外，具2个尖锐突出的齿。第二触角基节外末角具颗粒齿。第三颚足长节前缘钝锯齿形，内末角钝角状。两螯不十分对称，表面密覆有绒毛及颗粒，长节前缘具颗粒齿，腕节背面与外侧面具锐刺，内末角具2锐刺，掌节背面与外侧面上半部具大而长的锐刺，略成纵行排列，刺间杂有长刚毛，指节短粗，可动指基半部背面与外侧面具锐刺两指内缘基部各具1齿，小螯两指内缘无齿。步足粗壮，侧扁，表面密具绒毛，第一对和第二对步足的掌节、腕节前缘具锐刺，指节粗壮，具刚毛。雄性第一腹肢末部弯向外下方，背外叶呈角状，突出。腹部窄长，第三节至第五节愈合，第六节近似于矩形，尾节宽圆锥形，长度略短于第六节。头胸甲长7.5 mm，宽7.0 mm。

生态生境：生活于珊瑚枝丛间。

地理分布：西沙群岛、中沙群岛；乌波卢岛(大洋洲)。

DNA 条形码：暂无。

保护等级：Least Concern(无危)。

物种图片：

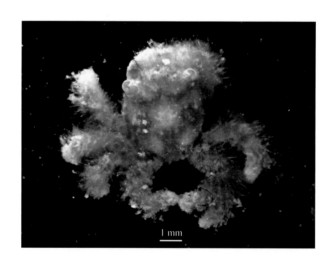

斯氏花瓣蟹 *Liomera stimpsonii*

扇蟹科 Xanthidae；花瓣蟹属 *Liomera*

形态特征：头胸甲表面光滑，胃、心区具倒"Y"形细沟。额后具横行隆叶，侧胃区具2纵叶，前鳃区具2横行隆叶。额缘稍拱，中部具1纵沟。前侧缘分4叶，第一叶和第二叶平钝，末2叶略具齿形，并引入1横行沟。螯足对称，腕节背面具皱襞；掌节背、外侧面具横列齿状突起；两指内缘各具3~4钝齿，合拢时中部稍有空隙。步足长节前缘锋锐，腕、掌节背缘具少量细齿，指节背、腹缘具浓密的细齿，指端角质爪状。雄性第一腹肢细长，末端稍弯向腹外方，边缘具刺和长刚毛。腹部窄长，第三节至第五节愈合，第六节近方形，尾节三角形。头胸甲长10.1 mm，宽17.1 mm。

生态生境：生活于岩石岸石块下或岩缝间，从沿岸至30 m深珊瑚礁丛中。

地理分布：我国西沙群岛、中沙群岛；日本，塔希提，澳大利亚，菲律宾苏禄海，丹老群岛，新加坡。

DNA 条形码：暂无。

保护等级：Least Concern(无危)。

物种图片：

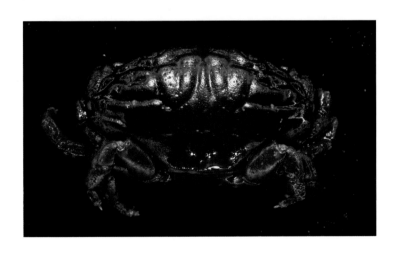

高山花瓣蟹 *Liomera monticulosa*

扇蟹科 Xanthidae；**花瓣蟹属 *Liomera***

形态特征：头胸甲表面各区被深沟隔成许多小区，如 1F 较低平，2F 则隆起，2M 被 1 纵浅沟又分为 2 块，2L 分为 2 块，3M 较完整，4M 为 1 窄条状，表面密覆颗粒及凹点。额缘稍拱，前侧缘分 4 叶，第一叶小而低平，第二叶至第四叶较突出。螯足对称，腕节背外面具瘤结状突起。掌节背外侧面具颗粒及沟，两指内缘具钝齿。步足各节密覆颗粒，腕、掌节具瘤结状突起。雌性腹部呈卵形。

生态生境：生活于珊瑚礁浅水中。

地理分布：我国西沙群岛、中沙群岛；日本，塔希提，法属新喀里多尼亚，澳大利亚，安达曼，斯里兰卡，非洲东岸。

DNA 条形码：暂无。

保护等级：Least Concern(无危)。

物种图片：

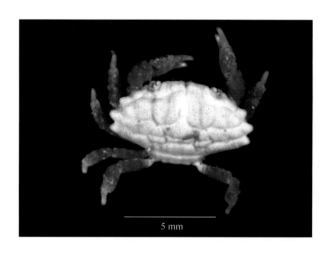

5 mm

雕刻花瓣蟹 *Liomera caelata*

扇蟹科 **Xanthidae**；花瓣蟹属 *Liomera*

形态特征：头胸甲呈横卵形，表面具颗粒，分区沟深，具 1F、2F 区，1M 区明显，2M 区呈"U"形，4M 区细长，1P 区横扁。额稍拱，前侧缘分 4 叶，第一叶稍小，第二叶和第三叶较大，末叶小。螯足稍不对称，表面亦具颗粒，掌部背外侧面颗粒呈突起状，两指棕黑色，内缘具三角形齿。步足长节前缘具锯齿，腕、掌节前缘具结节。

生态生境：生活于浅水珊瑚礁丛中。

地理分布：我国诸海；日本，托里斯海峡，苏禄海，安汶岛。

DNA 条形码：暂无。

保护等级：Least Concern（无危）。

物种图片：

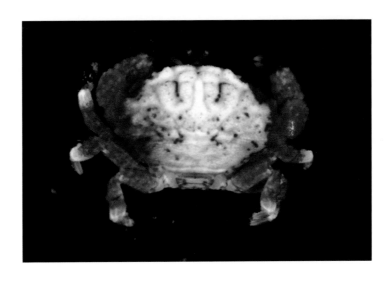

红色花瓣蟹 *Liomera rubra*

扇蟹科 Xanthidae；花瓣蟹属 *Liomera*

形态特征：甲壳和步足具细微颗粒，头胸甲各区域被明显的沟分隔，分区沟多为白色，第3、4前侧齿突出，具圆钝的尖端，第二前侧齿略尖，第一前侧齿退化为圆钝裂片，2L和4L区各具1圆钝结节，2M区完全分隔为两叶，2P区完整。

生态生境：生活于浅水珊瑚礁中。

地理分布：我国台湾、中沙群岛；红海，越南，菲律宾，夏威夷群岛，日本。

DNA 条形码：MW278280。

保护等级：Least Concern(无危)。

物种图片：

带掌花瓣蟹 *Liomera cinctimana*

扇蟹科 Xanthidae；花瓣蟹属 *Liomera*

形态特征：头胸甲的宽度约为长度的 1.8 倍，表面光滑，分区不明，具细微凹点。额稍突，分 2 叶略向下弯。前侧缘分 4 平叶，前 2 叶几乎愈合。螯足对称，掌部具黑色环带，雌性螯小，掌部无黑色环带，两性两指均为黑色。步足光滑，背缘圆钝，全身橘红色，唯步足指节近指端为白色，末端黑色。雄性第一腹肢挺直，末端背外叶趋尖，弯向腹下方。腹部窄长，第三节至第五节愈合，第六节的长度大于宽度，尾节近三角形。雌性腹部长卵形。

生态生境：生活于浅水岩石海岸处，珊瑚礁丛中亦常见。

地理分布：我国西沙群岛、中沙群岛；广泛分布于印度洋—西太平洋区。从日本、澳大利亚到非洲东岸，也达美洲两岸，从加利福尼亚半岛至克利珀顿岛。

DNA 条形码：HM751008。

保护等级：Least Concern (无危)。

物种图片：

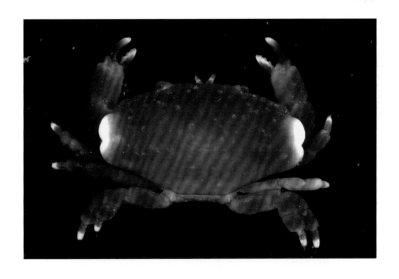

柔毛新月蟹 *Luniella pubescens*

扇蟹科 Xanthidae；新月蟹属 *Luniella*

形态特征：头胸甲较窄，宽约当长的 1.46 倍，表面分区可辨，具细颗粒及短绒毛，前胃区，侧胃区，前鳃区各有 1 对长毛簇，前侧齿内侧表面上具 3 个较大的颗粒。额甚向腹面弯曲，被中部 1 "V" 形缺刻分为 2 叶，每叶边缘锯齿状外侧具 1 窄小的锐齿。背眼窝缘具 2 浅缝，内眼窝齿钝，外眼窝齿钝刺状，腹眼窝缘除外眼窝齿基部具 1 缺刻外，边缘完整具细锯齿，腹内眼窝齿圆钝。前侧缘具 4 刺，第一刺小，末刺次之，第二刺和第三刺约等大，后侧缘稍长于前侧缘。第二触角基节的外末角伸入眼窝缝，触角鞭在眼窝外。第三颚足长节外末角稍突出。螯足不对称，表面密具颗粒与刚毛，长节前缘具锐刺，腕节内末角具基部相连的 2 锐刺，掌节背面与外侧面具大的刺状颗粒；指节短粗，大螯可动指内缘具 3 壮齿，不动指内缘中部具 1 大壮齿，小螯可动指的内缘具 3 齿，末端的 1 个不明显，不动指内缘具 2 齿，中部的 1 枚粗壮。步足密具颗粒及长、短刚毛，掌、腕、长节前缘具刺，指节后缘具颗粒齿。雄性第一腹肢末 1/3 弯指向外侧方，末端呈圆钝的匙形，腹部第六节矩形，宽稍大于长，尾节圆锥形。

生态生境：生活于珊瑚礁丛中。

地理分布：我国西沙群岛、中沙群岛；菲律宾，苏禄海，法属新喀里多尼亚。

DNA 条形码：KP163596。

保护等级：Least Concern（无危）。

物种图片：

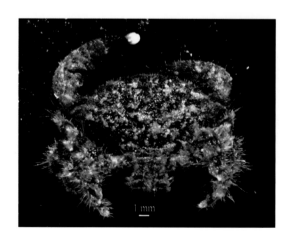

黑毛毛壳蟹 *Pilodius nigrocrinitus*

扇蟹科 Xanthidae；毛壳蟹属 *Pilodius*

形态特征：头胸甲椭圆形，宽约当长的 1.5 倍，表面覆以黑色的短刚毛并间有浅黄色的长毛，分区清楚，每小区都具尖锐的颗粒，在某些大标本中，2M 区完全分成 2 个小区，3M 区完整，4M 区可辨，1P 区界限不清。额宽，被中部"U"形缺刻分成 2 叶，前缘具颗粒。眼窝大，边缘具浅棕色的锐齿，背缘具 2 缺刻，内眼窝角强烈地弯向腹面，与腹内眼窝齿相接触，腹眼窝缘完整。前侧缘除外眼窝角外，具 4 叶，每一叶具棕色的刺，顶端具 2~3 刺。第三颚足长节的外末角稍突出。边缘具颗粒。整足不十分对称，座、长节前、后缘具浅黄色的长毛，腕节与掌节背面及外侧面具尖锐的刺，间有浅棕色的长刚毛及深棕色的短刚毛，腕节内末角具 1 刺，不动指的外侧面，可动指的背面及外侧面基半部具锐齿，大螯两指内缘各具 2 壮齿，小螯可动指内缘具 3 壮齿，不动指中部具 1 大齿，基部具几枚小齿。步足边缘密具长毛，长节前缘，长、腕、掌节的背面，除毛外尚具颗粒，指端爪的后侧面基部，具 1 壮齿。雄性第一腹肢末端呈钩状，其背侧具长刺。腹部第六节梯形，宽大于长，基缘稍小于末缘，尾节圆锥形。

生态生境：生活于珊瑚礁丛中。

地理分布：我国广西、中沙群岛；日本，菲律宾，马来群岛，新几内亚，法属新喀里多尼亚，澳大利亚，斐济，安达曼海。

DNA 条形码：KP163582。

保护等级：Least Concern(无危)。

物种图片：

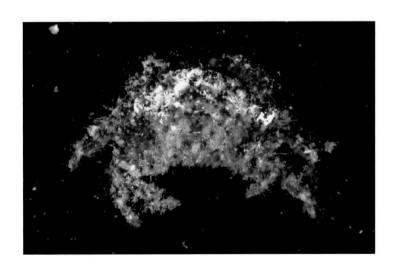

黑刺金乌蟹 *Soliella melanospinis*

扇蟹科 Xanthidae；**金乌蟹属 *Soliella***

形态特征：头胸甲隆起，大小分区清晰可辨，表面密布长刚毛及颗粒，2L 区、3L 区、4L 区各具 1 锐刺，R 区具 2 锐刺。额缘中部具 1 "U" 形缺刻把额分成 2 叶，各叶向侧后方倾斜。内眼窝角钝，背眼窝缘锯齿状，具 3 条不明显的纵缝，外眼窝角具 1~2 刺，腹眼窝缘锯齿形。前侧缘在外眼窝角后具 4 叶，第一叶和第四叶各具 1 大刺，第二叶和第三叶各具 2 个大刺，刺为黑褐色。第三颚足长节宽大于长，外末角圆钝。螯足稍不对称，长节前缘具 3~4 刺，背缘的刺排成纵列，腕节内末角背、腹各具 1 锐刺，掌节的刺排成纵列，可动指背缘具 1 列锐刺，外侧具 2 列刺，不动指的外侧面具 1 列钝刺，两指并拢时具空隙，大螯两指内缘各有 2 齿，小螯各有 3 齿。步足较粗壮，长节前缘具刺列，后缘具颗粒齿，指节腹面具齿列。雄性第一腹肢末部向外侧弯指，末端呈卷叶状。腹部第六节近似于矩形，长稍大于基缘宽度，尾节圆锥形。

生态生境：生活于珊瑚礁丛中。

地理分布：我国西沙群岛、中沙群岛；阿米兰特群岛。

DNA 条形码：KP163581。

保护等级：Least Concern（无危）。

物种图片：

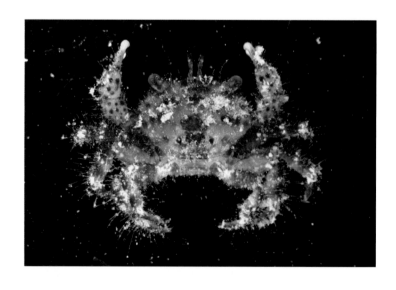

小疣圆瘤蟹 *Cyclodius granulosus*

扇蟹科 Xanthidae；圆瘤蟹属 *Cyclodius*

形态特征：头胸甲表面稍隆起，分区清楚，各区表面均具疣状颗粒，鳃区、前胃区、侧胃区隆起的顶部颗粒尤为显著，2M 区纵分为 2，4M 区颗粒排成 1 隆脊，2P 区具 1 对颗粒隆脊，各区的顶部具 1 簇长绒毛。额缘中部具 1"V"形缺刻，分 4 叶，中央叶宽而隆，前缘钝锯齿形，侧叶钝齿形。眼窝区隆起，背眼窝缘具 2 缝，腹眼窝缘钝锯齿形。前侧缘具 4 齿，第一齿最小，位置偏向腹面，第三齿最大，各齿末端均具钩状刺，第二触角基节长，表面具颗粒，与额部相接触，触角鞭位于眼窝内。第三颚足长节外末角突出。螯足对称，长节前缘末半部具 2 个粗壮的钩状刺，腕节与掌节的背面及外侧面具锐刺，腕节的内末角 2 枚刺长且锐，指节外侧面基半部也具锐刺，两指内缘各具 3 齿。步足粗壮，各节前缘、掌节，指节的背面以及第一对步足长节后缘末半部均具锐刺，指端尖，角质，基部具双齿。

生态生境：生活于珊瑚礁丛中。

地理分布：我国西沙群岛、中沙群岛；印度尼西亚，印度。

DNA 条形码：KP163589。

保护等级：Least Concern（无危）。

物种图片：

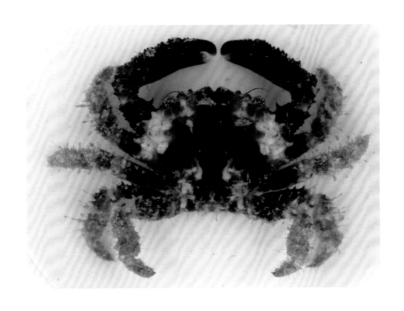

光滑绿蟹 *Chlorodiella laevissima*

扇蟹科 Xanthidae；绿蟹属 *Chlorodiella*

形态特征：头胸甲六角形，稍隆起，表面完全光滑，不具任何分区的痕迹。额缘较平直，中部具 1 极浅的缺刻把额分成 2 宽叶。前侧缘除外眼窝角外具 4 齿。螯足不对称，二指末端匙状。步足纤细，长节前缘具锯齿，指节长，后缘具锐齿列及长刚毛列。

生态生境：生活在沿岸到近海珊瑚礁中，深度 0 ~ 124 m。与珊瑚兼性共生，杂食性，主要取食藻类，在珊瑚礁中数量丰富，可能在食物网中扮演着重要角色。

地理分布：我国台湾、西沙群岛、中沙群岛；西太平洋。

DNA 条形码：HM798285。

保护等级：Least Concern(无危)。

物种图片：

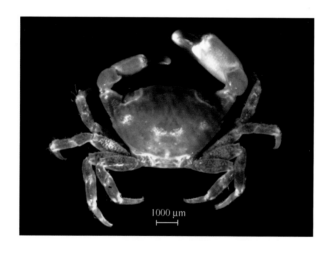

痘粒假花瓣蟹 *Pseudoliomera variolosa*

扇蟹科 Xanthidae；假花瓣蟹属 *Pseudoliomera*

形态特征：头胸甲呈横卵圆形，背面隆起，分区明显，表面具珠状颗粒及黄棕色长刚毛，前 2/3 部分有浅沟相隔，后 1/3 部分无浅沟。额突，中央有 1 小"V"形缺刻分为 2 叶。前侧缘分 4 平叶，大小约相等。后侧缘短于前侧缘，内凹。两螯对称，长节短小，腕节稍壮大，外侧面具颗粒及刚毛，掌节肿胀，外侧面具珠状颗粒及短刚毛，内侧面的颗粒细小，两指短小，内缘基部各具钝齿，齿上具 1 簇刚毛，末端不能紧闭，指间有空隙。步足扁平，背面具颗粒及刚毛，第一步足掌节细长，依次相应短小，指节末端具角质状锐爪。雄性第一腹肢末端趋尖。腹部窄长，第三节至第五节愈合。雌性腹部长卵形。

生态生境：生活于珊瑚礁浅水中。

地理分布：我国西沙群岛、中沙群岛；夏威夷群岛，纳塔，马尔代夫群岛，非洲东岸。

DNA 条形码：HM751062。

保护等级：Least Concern（无危）。

物种图片：

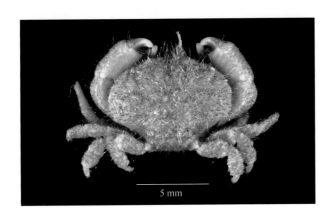

5 mm

赫氏假花瓣蟹 *Pseudoliomera helleri*

扇蟹科 Xanthidae；假花瓣蟹属 *Pseudoliomera*

形态特征：头胸甲呈横卵形，表面隆起具颗粒，中部各小区可辨，两侧各区不甚明显，2M 区中部分裂，内枝与 1M 区融合。额部稍弯向下方，中部被浅"V"形缺刻分为 2 叶。前侧缘无明显分叶。两螯对称，长节呈短三棱形，腕节背外侧面具颗粒，掌部外侧面具颗粒，内侧面较光滑，两指短粗，内缘具钝齿，该齿内、外侧各具 1 簇刚毛。步足宽扁，长节背面上半部较光滑，而腕、前、指节的背面具锥状颗粒，指节末端具角质爪。雄性第一腹肢细长，末端趋窄，略呈匙形。腹部窄长，第三节至第五节愈合，第六节基部的宽度约当长度的 1.5 倍，尾节三角形，末缘平钝。

生态生境：生活于水深 15~35 m 的岩石或卵石底。

地理分布：南海；澳大利亚，安汶岛，马来西亚，毛里求斯，红海。

DNA 条形码：暂无。

保护等级：Least Concern(无危)。

物种图片：

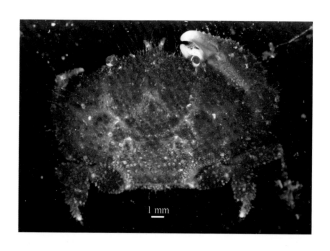

美丽假花瓣蟹 *Pseudoliomera speciosa*

扇蟹科 Xanthidae；假花瓣蟹属 *Pseudoliomera*

形态特征：头胸甲的宽度约当长度的 1.4 倍，表面稍隆，分区明显，各区又分成许多小区，每小区均具粟状颗粒，区间沟具短刚毛。额稍突，略向下弯，前缘中部被"V"形缺刻分为 2 叶，两侧与内眼窝角有浅沟相隔。前侧缘分 4 叶，第一叶小与外眼窝角的分界不甚明显，第二叶稍宽，第三叶最宽，第四叶圆钝。后侧缘短于前侧缘，后半部内凹。螯、步足表面具隆起叶，每叶亦具粟状颗粒。两螯对称，指节均呈黑色，雄性不动指的黑色延伸至掌部腹面。第一步足指节末端密具刷状毛。雄性第一腹肢细长，末部稍弯向腹外方，内侧刚毛稀少，末端匙形。腹部窄长，第三节至第五节愈合，节缝可辨，尾节呈圆钝的三角形。雌性腹部长卵形，尾节末缘半圆形。

生态生境：生活于珊瑚礁浅水中。

地理分布：我国西沙群岛、中沙群岛；日本，夏威夷群岛，经印度洋至红海及东洲。

DNA 条形码：暂无。

保护等级：Least Concern（无危）。

物种图片：

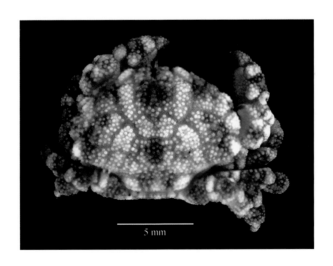

5 mm

粒掌假花瓣蟹 *Pseudoliomera granosimana*

扇蟹科 Xanthidae；假花瓣蟹属 *Pseudoliomera*

形态特征：头胸甲隆起，表面光滑具麻凹点，分区稍可分辨。额弯向下方，中部突出分2叶。额缘埂起中部有倒"Y"形细沟，向胃区延伸，额缘两侧及背眼缘中部各有1纵沟。前侧缘拱圆分为不明显的4叶，第一叶和第二叶几乎愈合，第二叶和第三叶之间有1横行细沟向内延伸，末2叶之间横沟短。第三颚足表面具微细颗粒。螯足对称，掌节外侧面上半部具珠形颗粒，下半部光滑，两指内缘近末部1/3处两侧各具1簇短毛。雄性第一腹肢细长，末部稍弯向腹外方，内侧具细刚毛。末端匙形，腹部窄长，第三节至第五节愈合，第六节的宽度大于长度，尾节呈圆钝的三角形。雌性腹部宽卵形，分7节。

生态生境：生活于珊瑚礁的浅水中。

地理分布：我国西沙群岛、中沙群岛、海南岛；塔希提岛，土阿莫土群岛，法属新喀里多尼亚，圣诞岛，科科群岛，查戈斯群岛，红海，塞舌尔岛南部。

DNA 条形码：MT169631。

保护等级：Least Concern(无危)。

物种图片：

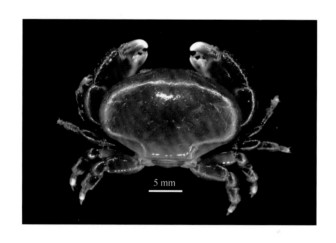

相关仿银杏蟹 *Actaeodes consobrinus*

扇蟹科 Xanthidae；仿银杏蟹属 *Actaeodes*

形态特征：头胸甲各分区低平，覆盖短刚毛以及零星的长刚毛。头胸甲后部分区较模糊。前侧缘四叶，第一叶与外眼窝角融合，不明显；其余叶明显，呈钝齿状。背眼窝缘具2模糊裂隙；腹眼窝缘具1"Y"形裂隙。额叶斜截，由一个大的"Y"形切口分为两叶，从内眼窝角处向下延伸，与第二触角基节内角接触。螯足及步足具于头胸甲类似的刚毛，但具更多长刚毛。螯足两指长而锋锐，切缘具4~5齿，指淡棕色，不动指的颜色蔓延到掌部；腕节具结节。步足腕节具沟。雄性腹部很窄。

生态生境：生活于沿岸及近沿岸区域，深度0~100 m。

地理分布：我国中沙群岛；日本，澳大利亚，越南，乌波卢，留尼汪，索马里，亚达布拉。本种首次记录于我国海域。

DNA条形码：暂无。

保护等级：Least Concern（无危）。

物种图片：

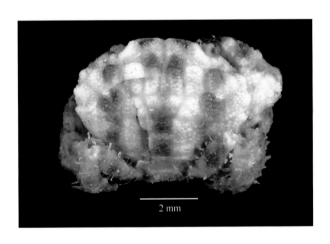

2 mm

肥壮近爱洁蟹 *Atergatopsis obesa*

扇蟹科 Xanthidae；近爱洁蟹属 *Atergatopsis*

形态特征：头胸甲螯足和步足表面具颗粒，螯足两指很短，短于手掌的宽度，并在较低的位置与掌节相连，指节上缘比掌节上缘低，掌节球状，两指闭合时末端交叉，切面具近端齿。头胸甲区域膨胀，被窄而深的沟分隔，前侧缘分为 4 个圆叶。甲头胸甲呈棕红色，眼眶后各具 1 个大白斑，在胃心区两侧以及前侧区也具白斑。

生态生境：栖息于珊瑚礁中。

地理分布：我国中沙群岛；马达加斯加，桑给巴尔，印度—马来群岛，马尔代夫群岛。本种首次记录于我国海域。

DNA 条形码：暂无。

保护等级：Least Concern（无危）。

物种图片：

半粒扁足蟹 *Platypodia semigranosa*

扇蟹科 Xanthidae；**扁足蟹属 *Platypodia***

形态特征：头胸甲横卵形，表面隆起，除心区沟及后胃、心肠区光滑外，具粗糙颗粒及分散的短刚毛，前侧缘是扁平锋锐的隆脊形，分 4 叶，第一叶低平，第二叶至第四叶稍突，第三叶和第四叶之间的距离较大。螯足对称，腕节背面及掌部外侧面具颗粒及短刚毛，掌部背缘呈锋锐的隆脊形，两节扁平，末端锋锐，可动指的内、外侧面及不动指的外侧面均具纵沟，除可动指内缘基半部具 1 钝齿外，两指内缘无明显锯齿。雄性第一腹肢细瘦，末端稍向腹外方弯指，趋尖。腹部窄长，第三节至第五节愈合，节缝稍可分辨，第六节近方形，尾节呈圆钝的三角形。雌性腹部长椭圆形。

生态生境：生活于低潮线下的珊瑚礁内，与柱形海绵共栖。

地理分布：我国西沙群岛、中沙群岛；日本，夏威夷群岛，帕劳群岛，澳大利亚，印度尼西亚，马来群岛，丹老群岛，安达曼群岛，斯里兰卡，红海，阿米兰特群岛。

DNA 条形码：暂无。

保护等级：Least Concern（无危）。

物种图片：

花纹细螯蟹 *Lybia tessellata*

扇蟹科 Xanthidae；细螯蟹属 *Lybia*

形态特征：头胸甲呈圆方形，背面隆起，光滑，额后叶中部及胃区两侧各具1束短刚毛。额宽，稍向下弯，额缘钝切，中部被"V"形浅凹分2平叶。前侧缘短于后侧缘，末部具1小锐刺。螯足较步足短小，掌节细瘦，两指间具1团绒毛，指节内缘各具8~9个锐齿。步足细长，具长刚毛，尤以末3节显著。雄性第一腹肢末部向外弯转，背叶末端较腹叶长而尖细。腹部窄长，分7节，尾节半圆形。雌性腹部长卵形。全身橘红色，有黑褐色网状花纹。

生态生境：生活于珊瑚礁浅水中，螯足常携带海葵。

地理分布：我国西沙群岛、中沙群岛；日本，威克岛，马里亚纳群岛，土阿莫土群岛，吉尔伯特群岛，所罗门群岛，毛里求斯，塞舌尔群岛，留尼汪岛，阿尔达布拉群岛，红海，非洲南岸。

DNA 条形码：HM751017。

保护等级：Least Concern（无危）。

物种图片：

显赫拟扇蟹 *Paraxanthias notatus*

扇蟹科 Xanthidae；拟扇蟹属 *Paraxanthias*

形态特征：头胸甲光滑，胃心区具倒"Y"形细沟环绕，前胃及侧胃区具平坦隆起，前鳃区具花瓣状隆起，向后有大，小2突起。额缘较为平直，中部有"V"形浅凹，侧缘与内眼窝角之间约成直角，背眼缘具2缝，前侧缘分4叶，第一叶小而低平，第二叶钝突，第三叶和第四叶呈锐齿状。螯足甚不对称，腕、掌节的背、外侧面均具突起，小螯的较大螯的密而锐，两螯掌部的内侧面具1锐突起，指节短小，两指间无空隙。步足具长刚毛、长、腕、掌节背缘均具锐刺，指节背、腹面具大量锐刺。雄性第一腹肢弯向腹外方，末端趋尖，背叶具三角形隆起。腹部窄长，第三节至第五节近愈合，节缝可辨，第六节近方形，尾节三角形。

生态生境：生活于岩石岸石下或岩缝中或珊瑚礁丛的浅水中。

地理分布：我国西沙群岛、中沙群岛；日本，夏威夷群岛，社会群岛，土阿莫土群岛，法属新喀里多尼亚，安达曼，斯里兰卡。

DNA 条形码：MW278854。

保护等级：Least Concern(无危)。

物种图片：

厚指拟扇蟹 *Paraxanthias pachydactylus*

扇蟹科 Xanthidae；拟扇蟹属 *Paraxanthias*

形态特征：头胸甲表面光滑，额区及眼后均具隆脊。额缘分 2 平叶。眼窝大，背眼缘具 2 缝。前侧缘具 4 齿及 1 肝下齿，第一齿圆钝，第二齿和第三齿较突，末齿极小，前 3 齿基部的背面各具 1 突起。两螯不对称，腕节表面具平钝突起，掌节背面具圆钝隆脊，外侧面具 2 纵沟。步足细长，具稀疏的绒毛。雄性第一腹肢稍向腹外侧弯转，末端鸭嘴状。腹部窄长，第六节矩形，尾节呈圆钝的三角形。雌性腹部卵形。

生态生境：生活于珊瑚礁浅水中。

地理分布：我国西沙群岛、中沙群岛；法属新喀里多尼亚，澳大利亚东岸，印度尼西亚。

DNA 条形码：HM751053。

保护等级：Least Concern（无危）。

物种图片：

乔氏近扇蟹 *Xanthias joanneae*

扇蟹科 Xanthidae；**近扇蟹属 *Xanthias***

形态特征：头胸甲横卵圆形，宽是长的约 1.5 倍，对称排列着 28～32 个眼斑，头胸甲被细而明显的分区沟分隔，额分为宽而圆钝的两叶，前侧缘包括外眼窝角在内具 4 齿，由"V"形缺刻隔开。螯足对称，光滑，两指黑色，在雄性中不动指的色素蔓延至掌节内外侧，步足光滑，长节扁平，前缘锋锐。G1 粗壮，末端具羽状刚毛。

生态生境：2～110 m，珊瑚礁及海底洞穴底部。

地理分布：我国海南岛、中沙群岛；菲律宾。

DNA 条形码：暂无。

保护等级：Least Concern(无危)。

物种图片：

宽额近扇蟹 *Xanthias latifrons*

扇蟹科 Xanthidae；近扇蟹属 *Xanthias*

形态特征：头胸甲分区明显，特别是 3M、2L、3L、4L、1R。额约为甲壳最大宽度的三分之一，额缘弓形，中间由一浅缝分隔，由宽而浅的缺刻与上眼窝分开。前侧缘四齿，第一齿非常低，与外眼窝角完全融合，第二齿低平，而第三颗和第四颗牙钝角。第二触角基节长略长于宽，在其顶端无小叶。

螯足近对称，腕节内角有两钝齿，上表面和外表面覆盖有 7~8 个结节，周围有光滑凹槽，掌节外表面有 2 条不明显的凹槽。步足纤细，指节具刚毛，其余光滑。

生态生境：生活于浅水珊瑚礁中。

地理分布：我国中沙群岛；红海，亚达伯拉岛，塞舌尔，日本，印度尼西亚，夏威夷群岛。本种首次记录于我国海域。

DNA 条形码：HM751072。

保护等级：Least Concern（无危）。

物种图片：

短身盾牌蟹 *Percnon abbreviatum*

盾牌蟹科 Percnidae；盾牌蟹属 *Percnon*

形态特征：头胸甲呈圆方形，长宽约相等，背面具隆起及颗粒，此外密布短毛。额窄，具 4 枚锐齿，中间 2 齿向前下方突出，内眼窝角具 3 齿，背眼窝缘锯齿形，腹眼窝缘具不规则的微细锯齿并具 1 缝。口前板前缘具 3 刺，约等大。前侧缘连外眼窝角在内共具 4 齿，第二齿和第四齿很小。螯足的长节背面基部具浓密绒毛，背缘具小刺 1 列，内腹缘密具绒毛，末端具 1 锐齿，腹外缘末端具 3 枚锐齿，掌部长大于宽，背面具 1 纵沟，这沟的长度几乎与外缘等长，沟内有短毛，基部具 1 簇小刺与短毛，两指末端呈匙状。步足第一对的长节较细长，第二对至第四对的长节为宽，各对步足指节腹缘均具 2 列小刺，第四步足底节具 4 小刺。雄性第一腹肢近末端具刚毛，末端呈弯钩状，其基部的突起甚隆。腹部是一角形，第三节至第五节愈合，第六节和第七节的长度均大于宽度。雌性腹部近圆形。

生态生境：生活在潮间带的珊瑚礁里。

地理分布：我国西沙群岛、中沙群岛；夏威夷群岛，克利珀顿岛，圣诞岛及科科群岛。

DNA 条形码：MW278661。

保护等级：Least Concern（无危）。

物种图片：

有柄目 Thoracica

鹅茗荷 *Lepas anserifera*

茗荷科 Lepadidae；茗荷属 *Lepas*

形态特征：体壳白色坚实，由五片壳板所组成，有明显的辐射纹路和生长线；头状部长 10~30 mm，略扁平较宽呈三角形。楯板、背板的表面一般具浅放射沟，并有与壳顶成同心圆的稀疏的细沟相交织。峰板的背缘一般呈锯齿状或平滑，它的底部叉状突起较尖。楯板的开闭缘呈显著弓形突出，左右两楯板的内面具有壳顶齿，右侧的比左侧的为强。外皮在壳板周围部分呈黄红色，尤以壳口的边缘更为显著。柄部比头状部短，长约 10 mm，圆柱状，紫褐色。鞭状突在第一蔓足的足基有 3~4 个，在这下部的体侧有 1 个。尾突平滑，顶端有尖的爪状突。软体部分污白色，蔓足、口器、尾附肢等常呈褐紫色。

生态生境：常栖息于浮木、绳子或其他能漂浮于海面的物体表面。

地理分布：广泛分布于印度洋、太平洋、大西洋等热带和温带海域。在我国中沙群岛附近海域也有发现。

DNA 条形码：MW927336，MW927337。

保护等级：Least Concern(无危)。

物种图片：

五、贝 类

  软体动物门大多数种类具有贝壳,通常又称为"贝类",种类繁多,分布广泛。2019 年 5 月和 2020 年 5 月两个航次科考对中沙群岛 16 个站位、水深 30 m 以内的底栖生物进行了拖网和潜水式调查,采用形态学和 DNA 条形码共鉴定出 8 目 18 科 24 属 28 种底栖贝类,其中,中腹足目种类最多,达到了 11 种(紫眼球贝、鼹贝、葡萄贝、枣红眼球贝、紫端宝螺、金口嵌线螺、蝎尾蜘蛛螺、圆柱蟹守螺、岛栖蟹守螺、血斑蛙螺、黑草螺),其次是新腹足目 7 种(球核果螺、角小核果螺、紫栖珊瑚螺、斑鸠牙螺、鸽螺、鼠芋螺、猫芋螺),裸鳃目 3 种(伊力多彩海牛、丘凸叶海牛、威廉多彩海牛),原始腹足目 3 种(四射孔蜮、金口蝾螺、坚星螺),最少的是头楯目(疑带枣螺)和蚶目(褶白蚶)分别为 1 种。鉴定的贝类物种腹足纲占据大多数,双壳贝类稀少。因调查的站位属于暖水海洋生物区组成的印度洋—西太平洋生物区系,发现的这些物种基本属于暖水种,栖息于低潮区至珊瑚礁间的浅海区,站位间种类组成各有差异,且优势种类也各不相同。

原始腹足目 Archaeogastropoda

四射孔蜮 *Diodora quadriradiata*

钥孔蜮科 Fissurellidae；孔蜮属 *Diodora*

形态特征：贝壳较小，呈笠状；壳质坚硬。壳顶位于前方 1/3 处，顶空呈哑铃形。从壳顶至壳缘由突出的圆筒状放射肋。放射肋与同心环肋在肋上交叉形成弱的瘤状雕刻。壳表灰白色，杂以暗绿色的斑块，壳内灰白色，印有放射肋的痕迹，在顶空周围有 1 圈增厚层。放射肋突出，使壳的周缘成整齐齿状缺刻。

生态生境：栖息于浅海珊瑚礁中。

地理分布：印度洋—西太平洋热带海域；在我国见于南海。

DNA 条形码：暂无。

保护等级：Least Concern（无危）。

物种图片：

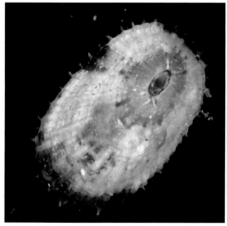 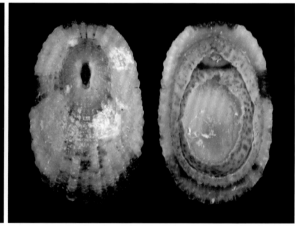

金口蝾螺 *Turbo chrysostomus*

蝾螺科 Turbinidae；蝾螺属 *Turbo*

形态特征：壳体中型，圆锥形，壳高 54 mm，壳宽 48 mm，壳质坚厚，周缘膨突。整个壳体灰白色，有少许深褐色块斑。螺层 6 层，壳顶尖突，螺层具许多环行的肋径一致的中肋，由细薄鳞片组成，螺旋部最大螺层和体螺层中部与偏下方的肋上长出一些中空的短棘突，共约 4 行，棘突朝上，以体螺层中部者较大。底面隆突，肋条变粗，靠近内缘者更粗，结构与壳面同。螺轴平滑，轴唇向下略伸，质地变厚；外唇有缺刻，口缘外方为浅黄色，内方为金黄色，内壁光滑有亮泽。脐部已不复存在，无脐孔。厣外橘黄色，近边缘处色浓，中央部略暗，外方具细旋纹。

生态生境：暖水性强，生活于热带珊瑚礁海域。

地理分布：我国南海，浅海的珊瑚礁；印度洋—西太平洋等。

DNA 条形码：暂无。

保护等级：Least Concern（无危）。

物种图片：

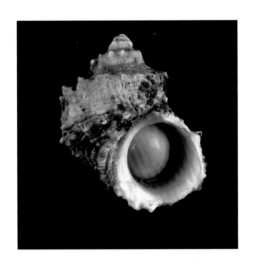

坚星螺 *Astralium petrosum*

蝾螺科 Turbinidae；**星螺属 *Astralium***

形态特征：壳体小型，圆锥形，壳高 14 mm，壳宽 17 mm，壳质较薄但坚实，周缘延伸。壳体白色或上部灰白色，下部浅黄色。螺层 5 层，壳面生有纵向开口的棘突；螺旋部的棘突为单列，体螺层为双列，上方较大而粗，下方较小而薄。底面平坦，生有许多鳞片型细环肋。螺轴略弯、平滑，轴唇右下端具 1 小突起；外唇薄，有缺刻，内壁光滑有亮泽。脐部略呈弯月形，内凹，内缘滑层光泽强，无脐孔。厣的内层白色透清，为亚旋形，核偏于边缘。

生态生境：暖水性强，生活于热带珊瑚礁海域，从潮间到几十米浅海均有发现，生活区较窄，仅见于热带太平洋。

地理分布：我国南海的西沙群岛、中沙群岛、南沙群岛。法属新喀里多尼亚，斐济群岛，马克萨斯群岛，马绍尔群岛，夏威夷群岛，日本奄美大岛海域。

DNA 条形码：暂无。

保护等级：Least Concern（无危）。

物种图片：

中腹足目 Mesogastropoda

紫眼球贝 *Erosaria poraria*

宝贝科 Cypraeidae；眼球贝属 *Erosaria*

形态特征：贝壳较小，呈卵圆形，两端微显凸出，背部隆起，两端略显压缩，前端较瘦，壳面光滑有瓷光，背线可见，微向右侧弓曲。壳面为黄褐色，中央部分色较淡。其表面布有较密集的而分布不均匀的白色斑点，并布有稀疏的紫色斑点。壳的右侧缘稍加厚，并略向上翻卷，其上具小的坑洼。基部平，呈紫罗兰色，壳口两缘色较淡，近灰白色。轴沟平，前渠的前部微中凹。两唇的齿强，白色，外唇的齿，约16枚，前、后端的齿向基部延伸。轴唇的齿约13枚，短些。动物的外套膜薄，光滑，呈紫褐色。乳突起间距较近，基部红紫色，尖端粉红色到浅玫瑰色。触角棒状，紫色，尖端肉色。水管紫褐色，末端具短的缨须。足部亦紫褐色，基部从褐色至灰色。

生态生境：生活在暖海区，常在潮间带中、低潮区，死珊瑚块的下面或珊瑚礁间。

地理分布：我国台湾、海南岛、西沙群岛、中沙群岛和南沙群岛；印度洋—太平洋区暖水区，如北自日本经菲律宾，印度尼西亚至澳大利亚北部，东自土阿莫土群岛经所罗门群岛至印度洋科科斯群岛，斯里兰卡，印度到东非沿岸的桑给巴尔和马达加斯加岛等地都有分布。

DNA 条形码：暂无。

保护等级：Least Concern(无危)。

物种图片：

10 mm

鼹贝 *Talparia talpa*

宝贝科 Cypraeidae；鼹贝属 *Talparia*

形态特征：贝壳呈桶状或长卵圆形，壳质结实，背部膨圆，两端凸出，壳顶部位通常向内凹陷呈浅坑状，背线不显，两侧缘比较厚。壳面光滑，富瓷光，黄褐色，无花纹和斑点，具有3条较宽的黄白色色带，两侧缘和基部呈发亮的黑褐色，或完全呈黑漆色。基部近平，壳口窄长，前端部分稍宽，轴沟微凹，前渠凹。两唇的齿较细密而短，不向基部延伸，齿褐色，齿间颜色较淡，轴唇的齿为42~48枚，外唇的齿为44~55枚。壳内面为灰白色。动物的外套膜为黑蓝色或黑绿色，可以覆盖贝壳，其上面具有稠密且很小的白色斑点；乳突起大，其上具白色小斑点，顶端钝。水管上的斑点同外套膜，边缘光滑。触角钝，黑色。足部为黑色，具较密集的白色小斑点。

生态生境：生活在暖海区，栖息于潮间带低潮线附近或稍深的浅海。潮水退后，常隐藏在礁石块的下面。

地理分布：我国台湾、海南岛、西沙群岛、中沙群岛、南沙群岛；日本向南经菲律宾，印度尼西亚至澳大利亚；东自中美洲西海岸的巴拿马科科岛，向西经太平洋诸岛至印度洋诸岛达东非沿岸(北自阿曼湾向南至南非)都有分布。

DNA 条形码：暂无。

保护等级：Least Concern(无危)。

物种图片：

葡萄贝 *Staphylaea staphylaea*

宝贝科 Cypraeidae；葡萄贝属 *Staphylaea*

形态特征：贝壳较小，卵圆形，两端略显凸出。背线偏向右侧，浅沟状。贝壳表面布满大小不等颗粒状突起，壳色紫褐，接近基部呈灰白色，壳两端凸出部分呈紫红色。两侧缘稍微加厚，右侧缘加厚上面有 1 列小的洼坑。基部呈淡褐色，中部微显隆起，两端略向上翘。壳口窄长，近直，两端微曲。壳轴沟和前渠略显中凹。两唇的齿发达，均向外延伸至壳的基部，外唇的齿 25~30 枚，轴唇的齿 21~27 枚。齿均为黄褐色，在每条齿的外缘具有纤细橘黄色的镶边。齿延伸到基部时，常派生一条间齿（或肋）。动物体由紫褐色至黑色，外套膜两侧遇合的边缘呈紫色。外套膜上有许多乳突起，不分叉，另外在两侧有 3 个一簇的乳突起。触角尖长，黑灰色。水管灰色，镶以黑色的边缘，在一个长 12 mm 的贝壳，其水管可伸长达 7 mm。足部灰褐色，底部灰色。

生态生境：为暖水种，生活在潮间带低潮区，礁石块的下面，或稍深的珊瑚礁间，不太常见。

地理分布：我国广东、海南岛、台湾沿海、西沙群岛、中沙群岛、南沙群岛；印度洋—太平洋区暖水区。

DNA 条形码：暂无。

保护等级：Least Concern（无危）。

物种图片：

枣红眼球贝 *Erosaria helvola*

宝贝科 Cypraeidae；眼球贝属 *Erosaria*

形态特征：贝壳较小，卵圆形，基部有的略显扩张，壳质厚，结实。壳背部中央隆起，前后端及两侧比较压缩，前端较瘦。背线明显，偏向右方，微弓曲。壳面光滑，有瓷光，呈淡灰绿色，其上具有比较密集的白色斑点和较大、分布不均匀而较稀疏的枣红色斑点，两侧缘枣红色，无斑点，前后端呈紫罗兰色。两侧缘厚，全部或部分向上翻卷，其上出现小的坑凹。贝壳基部黄褐色，中部稍隆起，壳口窄，两唇的齿稀而粗壮，轴唇后部、外唇的齿向基部延伸，轴唇的齿 12~14 枚，外唇的齿约 17 枚。轴沟及前渠近平。贝壳内面为淡紫色。动物的外套膜上有紫褐色斑点，并具有短而稠密褐色的乳突起，侧部的乳突起较长并分枝。触角尖细，洋红色。水管光滑，末端具橘黄色缨须。足部紫褐色，底面为黄褐色。

生态生境：暖海海区生活，栖息在潮间带低潮至 20 m 水深的海底。潮水退后，常隐藏在礁石块的下面或礁石的缝隙间，为常见种。

地理分布：分布较广，在我国广东、台湾、海南岛、西沙群岛、中沙群岛及南沙群岛均有发现。印度洋—太平洋区水域也广有分布。

DNA 条形码：暂无。

保护等级：Least Concern（无危）。

物种图片：

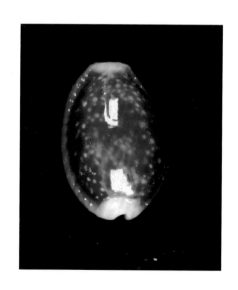

石纹紫端宝螺 *Purpuradusta fimbriata*

宝螺科 **Cypraeidae**；紫端贝属 *Purpuradusta*

形态特征：贝壳呈长卵形或是圆筒状，螺层内卷。壳口狭长，外唇和内唇有细齿，齿舌纽舌形。外套膜薄、二叶型，活体几乎完全覆盖贝壳。螺旋部至成体时几乎消失，成体无厣。壳面平滑而富有光泽，为浅灰蓝色及 3 条模糊的褐色带，并散布着许多密集的黄褐色小斑点，腹部两端具紫斑。

生态生境：生活于热带和亚热带暖海区，从潮间带至较深的岩礁、珊瑚礁或泥沙海底均有其踪迹。主要以藻类或珊瑚动物等为食，属于暖水种。

地理分布：分布范围北起日本以南，经菲律宾、印度尼西亚至澳大利亚，东自夏威夷群岛、土阿莫土群岛，向西经太平洋至印度洋诸岛、红海、东非沿岸、桑给巴尔，也见于我国台湾岛、海南岛、西沙群岛、中沙群岛、南沙群岛等地。

DNA 条形码：暂无。

保护等级：不详。

物种图片：

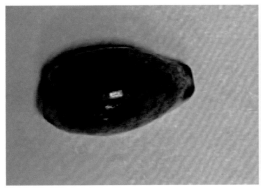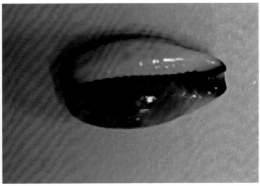

金口嵌线螺 *Cymatium nicobaricum*

嵌线螺科 Cymatiidae；嵌线螺属 *Cymatium*

形态特征：贝壳呈长纺锤形。壳高 54.0 mm，壳宽 27.0 mm。螺层约 9 层。螺旋部高起，缝合线浅。壳面金黄色。壳表密布串珠状的螺肋，肋间呈紫褐色，在各螺层尚具有发达的纵肿肋，肋上有白色色带。体螺层背部较隆起，上部具 1 强的瘤状突起，色彩较深。壳口橄榄形，内黄白色。外唇厚，内缘具有齿 7 枚；内唇具褶状齿。前沟向背方稍弯曲。

生态生境：栖息于浅海岩礁沙泥质海底。

地理分布：分布于我国台湾、西沙群岛、中沙群岛、南沙群岛；日本，菲律宾，社会群岛，法属新喀里多尼亚，澳大利亚；印度洋的红海，塞舌尔群岛，坦桑尼亚，科科斯群岛，留尼汪岛，南非的德班至莫桑比克，佛罗里达东南至巴西，大西洋的加那利群岛等地。

DNA 条形码：暂无。

保护等级：Least Concern（无危）。

物种图片：

蝎尾蜘蛛螺 *Lambis scorpius*

凤螺科 Strombidae；蜘蛛螺属 *Lambis*

形态特征：壳为纺锤形。螺塔高度适中，其各层为弱龙骨状。体螺层布有螺线，肩部具有大瘤，中央则具两条小瘤状螺列。轴唇及壳口具有许多强烈的细褶襞。外唇边缘齿状，具有 7 条长且具有瘤的指状棘（包含前水管沟在内），前部的棘呈钩状，最后的棘左侧具有 1 个明显的耳状叶，其中前四只较短且反曲。最后一只瘤较少，且其基部有小叶突起，前水管沟细长且强烈弯曲。壳底色为奶油白或淡黄褐色，有或多或少的褐色条纹及斑。壳口边缘为黄橙色或黄褐色，内部为紫色掺杂着黑色和白色，齿状襞为白色。轴唇为橙色，且在白色的齿状襞间为紫色。

生态生境：热带海域和亚热带海域，喜欢在温暖的水域中和浅海泥质或砾质海底活动，从潮间带至浅海沙、泥沙和珊瑚礁环境中均有栖息。一般栖息在浅水礁及海草区域。

地理分布：我国台湾、西沙群岛、中沙群岛；日本以南的西太平洋及大洋洲。

DNA 条形码：暂无。

保护等级：Least Concern（无危）。

物种图片：

枸橼蟹守螺 *Cerithium citrinum*（Sowerby，1855）

蟹守螺科 Cerithiidae；蟹守螺属 *Cerithium*

形态特征：壳结实，壳高 38.5 mm，壳宽 15.7 mm，螺层约 12 层。螺旋部尖塔形，壳顶光滑。缝合线浅，各层具细而密的螺肋和粗细不均匀的纵肋，在体螺层除腹面具 1 较强的纵肿脉外，其他部位的纵肋减弱或消失。壳面黄白色或白色，有棕色斑纹。壳口卵圆形，内黄白色。内唇反折贴于壳轴上；外唇薄，具缺刻状，有前沟。

生态生境：热带和亚热带潮间带或浅水区域，吃食藻类或碎屑，有群居习性。

地理分布：分布于我国台湾、西沙群岛、中沙群岛、南沙群岛。日本，菲律宾，社会群岛，法属新喀里多尼亚，澳大利亚；印度洋的红海，塞舌尔群岛，坦桑尼亚，科科斯群岛，留尼汪岛，南非的德班至莫桑比克，佛罗里达东南至巴西，大西洋的加那利群岛等地。

DNA 条形码：暂无。

保护等级：Least Concern（无危）。

物种图片：

岛栖蟹守螺 *Cerithium nesioticum*

蟹守螺科 Cerithiidae；蟹守螺属 *Cerithium*

形态特征：贝壳较小，长纺锤形。缝合线明显凹入。外唇光滑或弱的细齿状，边缘厚。壳面奶油色，具螺肋和细小的橘色-黄褐色斑点和斑块。体螺层基部收缩。壳口小，卵圆形；外唇简单；轴唇凹，滑层明显，在上方具有 1 明显的齿。前水管沟宽短，呈缺刻状；后沟明显。

生态生境：栖息于潮间带低潮线至潮下带浅水区的岩石礁或者砂石间。

地理分布：我国台湾，南海；西太平洋。

DNA 条形码：暂无。

保护等级：Least Concern（无危）。

物种图片：

血斑蛙螺 *Bursa cruentata*

蛙螺科 Bursidae；蛙螺属 Bursa

形态特征：贝壳小型，壳长 35 mm，壳质厚而坚硬。螺旋部低，体螺层膨大。各螺层上具发达的结节状突起以及呈念珠状的螺肋。结节状突起和纵肿肋上常有褐色斑点或斑块。壳宽呈卵圆形，内部呈白色，具发达的齿列，内唇上部具 4~5 个血红色的斑点。前水管沟短，呈半管状。

生态生境：栖息于潮间带或浅海的岩礁或珊瑚礁间。

地理分布：印度洋—西太平洋暖水种，我国见于台湾和南海。

DNA 条形码：暂无。

保护等级：Least Concern（无危）。

物种图片：

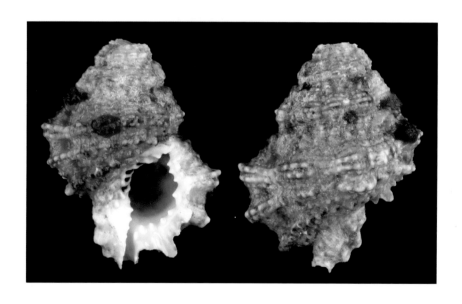

黑革螺 *Coriocella nigra*

片螺科 **Lamellariidae**；*革螺属* *Coriocella*

形态特征：贝壳中等大小，呈耳形；壳质薄而易碎，半透明。螺层约3层，其中胚壳约1层，光滑无肋；螺旋部小，稍凸出；体螺层宽大，几乎占贝壳的全部。壳面呈淡黄色，光滑，仅具细弱的生长纹。壳口宽大，长而宽。动物生活时肉体呈黑色，背部具发达的瘤状突起；外套膜发达可将贝壳完全覆盖。

生态生境：栖息于潮下带珊瑚礁间。

地理分布：印度洋—西太平洋广布种，模式标本产地为毛里求斯，西太平洋见于日本，菲律宾，澳大利亚等海域，我国见于南海。

DNA 条形码：暂无。

保护等级：Least Concern（无危）。

物种图片：

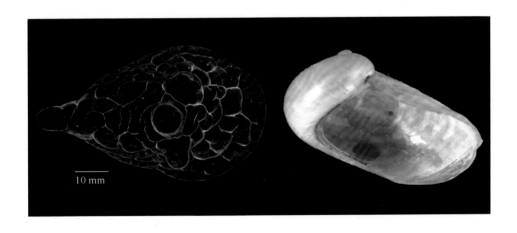

10 mm

新腹足目 Neogastropoda

球核果螺 *Drupa rubusidaeus*

骨螺科 Muricidae；核果螺属 *Drupa*

形态特征：贝壳近球形。螺旋部低，体螺层膨圆。壳表具发达的半管状棘刺。壳面黄白色。壳口半卵圆形，周缘呈玫瑰红色，外唇内缘具 1 列肋状齿；内唇轴下方具 3~4 枚褶襞。

生态生境：暖水性较强的种类。生活于浅海珊瑚礁间或石块下。

地理分布：我国见于台湾、海南岛、西沙群岛、中沙群岛。此外，日本、菲律宾、斐济群岛和澳大利亚等地也有分布；西太平洋。

DNA 条形码：暂无。

保护等级：Least Concern（无危）。

物种图片：

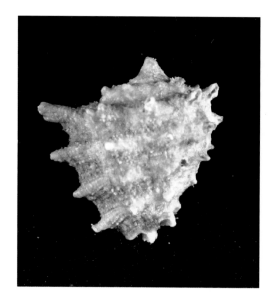

角小核果螺 *Drupella cornus*

骨螺科 Muricidae；**小核果螺属 *Drupella***

形态特征：贝壳呈纺锤形。螺旋部高起。壳表具有粗而微斜的纵肋，每一螺层有 2 条，体螺层上有 4 条结节突起。壳面为白色。壳口内唇轴上有 3~4 个肋状齿。

生态生境：暖水性较强的种类。通常生活在低潮线附近至浅海珊瑚礁海底。

地理分布：广泛分布于热带西太平洋海域。见于我国台湾和海南沿海、中沙群岛海域。

DNA 条形码：暂无。

保护等级：Least Concern（无危）。

物种图片：

紫栖珊瑚螺 *Coralliophila neritoidea*

珊瑚螺科 Coralliophilidae；珊瑚螺属 *Coralliophila*

形态特征：贝壳卵圆形或者橄榄形，个体小，壳质结实，壳表面浅紫色，常覆盖一层厚的石灰质而呈白色，具有细密的生长线和螺肋。壳口大，呈紫色，内面光滑，有排列整齐的肋纹，前沟短小，水管不明显。

生态生境：热带和亚热带暖水区，常栖息于低潮线至浅海珊瑚礁间。

地理分布：我国台湾、海南岛、南海；印度洋—西太平洋。

DNA 条形码：暂无。

保护等级：Least Concern（无危）。

物种图片：

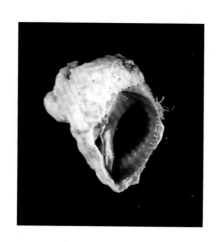

斑鸠牙螺 *Euplica turturina*

核螺科 Columbellidae；牙螺属 *Euplica*

形态特征：贝壳小，陀螺形，有光泽，外唇肥厚，内缘中凸，具 6~7 枚小齿；轴唇上具数枚小齿，往内还有 2 枚小齿；前沟缺刻状。背部有黄色的螺纹。

生态生境：栖息于浅海珊瑚礁底。

地理分布：我国台湾、南海；印度洋—西太平洋。

DNA 条形码：暂无。

保护等级：Least Concern（无危）。

物种图片：

鸽螺 *Peristernia nassatula*

细带螺科 Fasciolariidae；鸽螺属 *Peristernia*

形态特征：贝壳中等大小，长约 30 mm，壳质厚，坚硬。螺层约 8 层，其中胚壳约 2 层。螺旋部尖，约占整个壳长的 1/3，体螺层膨大。壳面粗糙，具发达的纵肋以及粗细不等的螺肋，纵肋在各螺层中部呈瘤状突起。壳面橘黄色，瘤状突起呈灰白色，壳口内部呈紫色。外唇内部具齿列，轴唇上具 2~3 个弱的褶襞状突起；前水管沟呈短的半管状。

生态生境：栖息于浅海珊瑚礁间。

地理分布：印度洋—西太平洋暖水种，我国见于台湾和南海。

DNA 条形码：暂无。

保护等级：Least Concern（无危）。

物种图片：

鼠芋螺 *Conus rattus*

芋螺科 Conidae；芋螺属 *Conus*

形态特征：贝壳坚固，通常呈倒圆锥形体，螺层为橄榄色、褐色–橘褐色，体螺层中央及肩部具有断续的白色螺带。壳底和壳口内面为紫色。壳皮为黄褐色–橄榄色，厚度及透明度有差异，布有丛状突起。壳的边缘直，壳阶很大，渐窄，螺塔低，螺口窄，开于第一壳阶。倾斜的角度很大从而在壳阶的顶上形成一基台。螺塔呈阶梯状并有凹陷，还有1突出的中间壳顶。与身体平行的薄唇形成一贯穿壳阶全长的笔直而狭窄的孔眼。右侧裂有长沟，是它的壳口，壳口狭长，前沟宽短。厣角质小，齿片大。没有颚片。吻和水管发达，在食道部位有腺体。

生态生境：热带地区的贝类，喜欢生活在温暖的水域中，栖息的环境在沙岸、泥岸、岩礁岸均有。

地理分布：我国台湾、海南岛、中沙群岛；印度洋—西太平洋。

DNA 条形码：暂无。

保护等级：Least Concern（无危）。

物种图片：

咖啡芋螺 *Conus coffeae*

芋螺科 Conidae；芋螺属 *Conus*

形态特征：咖啡芋螺长 40~50 mm，贝壳坚固，体螺层轮廓凸出，表面布有细密的颗粒状螺肋；肩部圆丰；螺塔轮廓凸出，壳顶尖。以白色为底，通常带有紫色。体螺层布有两条的褐色螺带，并有一些间歇的纵向褐色条纹，基部为淡紫色；螺塔上有深褐色的斑；壳口为淡紫色，中间部位有微弱的白色带。壳皮为黄色-黄褐色，透明度适中，平滑或具有簇状突起。螺塔呈阶梯状并有凹陷，还有 1 突出的中间壳顶。与身体平行的薄唇形成一贯穿壳阶全长的笔直而狭窄的孔眼。右侧裂有长沟，是它的壳口，壳口狭长，前沟宽短。厣角质小，齿片大，没有颚片。吻和水管发达，在食道部位有腺体。平常昼伏夜出，行动缓慢，多以肉食为主，摄食其他软体动物、蠕虫及小鱼。芋螺体内的毒囊，经由输毒管的传送，传送毒液至化成箭状的齿舌。当猎物靠近时，它会将吻端伸出，将充满毒液的齿舌刺入猎物体中。芋螺的齿舌每使用一次，就会断一次，须经一段时间才会再长出来。壳口狭窄的芋螺毒性较低，而壳口越宽广，毒性也就越强。

生态生境：属热带地区的贝类，喜欢生活在温暖的水域中，栖息于水深 2~30 m 的砂底和珊瑚礁。

地理分布：日本以南至热带西太平洋，我国中沙群岛等地。

DNA 条形码：暂无。

保护等级：Least Concern（无危）。

物种图片：

头楯目 Cephalaspidae

疑带枣螺 *Bulla difficilis*

枣螺科 Bullidae；枣螺属 *Bulla*

形态特征：贝壳小型，壳长 9 mm，壳宽 5.5 mm，呈长卵圆形，壳质较薄，坚硬。螺旋部小，卷入体螺层内，壳顶中央有 1 圆形凹穴。贝壳表面颜色为淡褐色，其上密布有不规则排列的白色斑点或斑块。壳口长，上部窄，下部扩张，内为白色，内唇上具 1 层薄的石灰质滑层。

生态生境：栖息于潮间带岩礁间。

地理分布：印度洋—西太平洋暖水种，我国见于台湾和南海；国外见于日本。

DNA 条形码：暂无。

保护等级：Least Concern(无危)。

物种图片：

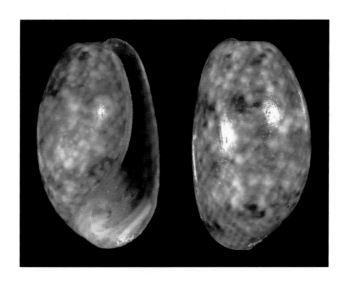

裸鳃目 Nudibranchia

伊力多彩海牛 *Chromodoris elisabethina*

多彩海牛科 Chromodorididae；多彩海牛属 *Chromodoris*

形态特征：动物中小型，呈扁平状，长 10~30 mm。外套比足稍宽，前端呈圆形，后端钝尖。嗅角呈棒状，可伸缩，具短的柄部，其上部具褶叶。鳃单羽状，位于外套背中部的近后方，围绕肛门排列略呈圆形。足狭，前梢圆，后端尖细。背部中央有 2~4 条连续或不连续的深蓝色纵条纹。外套边缘有白色窄边，向内为一条较宽的橘黄色带。嗅角和鳃叶呈橘红色。足部背面色与体背相同。

生态生境：栖息于浅海岩礁质海底。

地理分布：印度洋—西太平洋热带海域；我国见于东海、南海和台湾。

DNA 条形码：暂无。

保护等级：Least Concern（无危）。

物种图片：

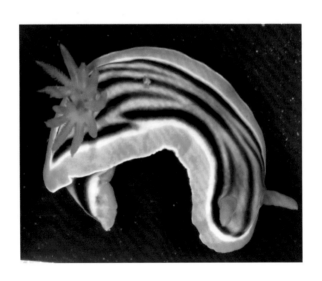

丘凸叶海牛 *Phyllidia pustulosa*

叶海牛科 Phyllidiidae；叶海牛属 *Phyllidia*

形态特征：动物中型，长 20~30 mm，呈扁平状，两端呈钝圆形。背部具大小不一的瘤状突起。嗅角呈棒状，可伸缩，具褶叶。次生鳃位于外套膜与足部之间。肛门小，位于身体背部后方。背部颜色为黑色，瘤状突起呈粉白色至深粉色，外套边缘具 1 黑色狭边；嗅角呈黑色。

生态生境：栖息于潮间带或浅海岩礁质海底。

地理分布：印度洋—西太平洋热带海域；我国见于东海和南海。

DNA 条形码：暂无。

保护等级：Least Concern（无危）。

物种图片：

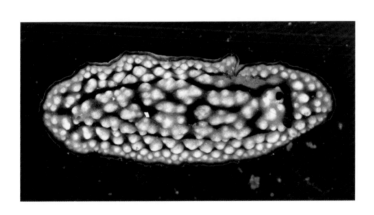

威廉多彩海牛 *Chromodoris willani*

多彩海牛科 Chromodorididae；多彩海牛属 *Chromodoris*

形态特征：身体扁平，呈长卵圆形，柔软光滑，体长一般 2~5 cm。前段圆形，后端微尖。嗅角小，棒状，边缘完整。鳃单羽状，位于外套膜背部的后方。体表有纵向的黑色条纹。

生态生境：暖水性种类常生活于低潮线以下的礁石或海草上，以刮食藻类为生。

地理分布：广泛分布于从热带到温带的浅海海域。我国见于中沙群岛。

DNA 条形码：暂无。

保护等级：Least Concern(无危)。

物种图片：

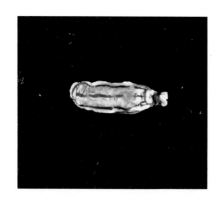

蚶目 Arcoida

褶白蚶 *Acar plicata*

蚶亚科 Arcinae；白蚶属 *Acar*

形态特征：壳长方形，壳质坚厚；壳顶宽而低，位于前端 1/4 处；壳表面自壳顶到腹缘有 1 微下陷的缢沟；放射肋和同心肋均很强壮，两者相交处形成结节；在自壳顶到后腹角的放射脊之后的后背区刻纹更强些；壳的前缘圆，后缘斜截形，腹缘中部内陷形成足丝孔；两个闭壳肌痕较大，都呈圆形。

生态生境：暖水种，栖息于潮间带和珊瑚礁。

地理分布：我国福建、广东、香港、广西、海南、西沙群岛和中沙群岛。

DNA 条形码：暂无。

保护等级：Least Concern（无危）。

物种图片：

六、苔藓虫

苔藓动物又称外肛动物，是一类以群体为生存单位的水生无脊椎动物。每一群体都是由几个至几千个甚至几百万个称之为个虫（zooids）的个体结构组成。每一个个虫由虫体和外骨骼组成。虫体主要由触手冠和消化管组成。外骨骼为角质、胶质或钙质，是个虫体壁的主要构成部分。群体中大多数个虫具有摄食、呼吸、消化和生殖等功能，称之为自个虫。每一群体中的自个虫在形态和功能上不尽相同。某些群体常出现形态或功能特化的个虫，它们通常没有摄食能力，而能执行特殊功能，如生殖、支持、保护或清洁等，称之为多形。个虫一般较小，长度通常 0.5~1.0 mm。群体一般肉眼可见，大小从几毫米至数米。群体形态多样，皮壳状、树丛状、叶状、花状、鹿角状、锥形颗粒状或扇形片状等等，群体生长方式直立、被覆、被覆–直立或呈间隙自由生活。

世界上已报道的苔藓动物有 20 000 多种，其中约 15 000 种为化石种类，只有约 5 000 种为现生种类，现生种类中 100 种左右为淡水被唇类。据最新估计，中国海洋苔藓动物现生种类约 1 500 种，其中唇口目有囊亚目约 1 100 种，无囊亚目 300 种，栉口目和管孔目约 100 种。

唇口目 Cheilostomata

独角粗胞苔虫 *Scrupocellaria unicornis*

环管苔虫科 Candidae；粗胞苔虫属 *Scrupocellaria*

形态特征：群体直立，较纤细，双分歧树枝状，分枝不繁茂。分枝由两列个虫交互排列而成，借枝背面振鞭体上的根室分出的附根附着在基质上。个虫细长形，前膜中等大小，卵圆形，约占个虫前区 1/2 左右。口盖端位，半圆形，宽大于长。隐壁细狭，仅呈位于始端边缘的半圆形狭条，表面光滑，内缘无锯齿。盖刺团扇形，着生于前膜内侧中部偏始端的裸壁上。通常分枝始端的盖刺较大，末端个虫的盖刺较小。端刺较粗壮，非受孕个虫端刺 6 根：中央顶刺 1 根，外刺 3 根，内刺 2 根；受孕个虫无中央顶刺。3 根外刺中最靠近始端的一根均成鹿角状。前鸟头体中等大小，附于个虫始端裸壁紧贴相邻个虫前膜区内缘的地方，吻和颚骨均呈三角形，大多数个虫无前鸟头体，但位于分枝分歧处的轴个虫均有前鸟头体。无侧鸟头体。振鞭体中等大小，隐藏于个虫基面。根室大小不均，附根粗细不一。轴振鞭体单一。卵胞口上型，球状，前表面鼓凸，具许多小孔和放射线。几丁质关节横切分枝处个虫的始端裸壁和前膜的始端部分。有性繁殖和无性出芽繁殖共存。

生态生境：附着在珊瑚等基质上，属于护礁生物。

地理分布：日本和我国，在我国分布于南海。

DNA 条形码：暂无。

保护等级：Least Concern（无危）。

物种图片：

（标尺每格 1 mm）

哈氏艳苔虫 *Puellina* (*Cribrilaria*) *harmeri*

筛壁苔虫科 Cribrilinidae；艳苔虫属 *Puellina*；仿筛壁苔虫亚属 *Cribrilaria*

形态特征：群体被覆单层，颜色灰白色或淡黄色，在基质上形成亚圆形或不规则形状的皮壳。个虫长椭圆形或类六角形，放射状排列，个虫界限清楚。肋盔凸，由15~17根肋刺愈合而成。肋刺粗壮，肋间孔5~6个。末端第一对肋刺愈合形成室口底边并在中线处形成横椭圆形的口下裂孔。室口半圆形，宽大于长。普通个虫口刺7根，具关节，列生于室口末端和两侧；受孕个虫口刺4根，每侧各2根。代位鸟头体小型，其鸟头体室长椭圆形，吻隆起，长三角形，通常指向末端，吻两侧缘常呈锯齿形，颚骨常长于吻。口上卵胞球形，长大于宽，表面光滑，有时在前表面有1锥形疣突。初虫答答型，卵圆形，前膜区隆起；始端裸壁发达，约占前区长度的1/2，两侧裸壁较宽，末端裸壁细狭；前膜为末端很狭、两侧较宽的卵圆形，具12根直立的边缘刺。有性繁殖和无性出芽繁殖共存。

生态生境：附着在珊瑚、藻类等基质上。增加珊瑚礁区的生物多样性，也常是重要的造礁生物组成，属于护礁生物。

地理分布：菲律宾群岛和我国，在我国主要分布于东海和南海。

DNA 条形码：暂无。

保护等级：Least Concern（无危）。

物种图片：

（标尺每格 1 mm）

粒壁托孔苔虫 *Thalamoporella granulate*

托孔苔虫科 Thalamoporellidae；托孔苔虫属 *Thalamoporella*

形态特征：群体单层，被覆，常形成不规则形状的皮壳。自个虫类长方形，以室间浅沟间隔，界限清楚。裸壁退化，仅在室口末端边缘可见，有时在室口两侧与隐壁相接处形成小的结节。隐壁扁平，表面细颗粒状，从始端直达室口始端至侧齿处，表面有不规则分布的圆孔穿刺；始端和两侧具狭窄的、隆起的、念珠状的墙缘。隐壁孔不规则卵圆形，大小不等。室口圆形，长稍大于宽，末端稍隆起，前叶比后叶深 2 倍，小的三角形侧齿位于隐壁边缘。代位鸟头体普遍存在，长于自个虫，吻是整个鸟头体长的 2/3，末端不对称圆形，歪向一侧的后续个虫；颚骨不对称，类匙形；隐壁无穿孔，表面细颗粒状，具单一圆形宽大的中央膜下孔，在末端裸壁和始端隐壁的连接处具 2 个尖的侧齿。受孕个虫与普通自个虫相似，卵胞双瓣型、球状，表面光滑，壁薄，具明显的中缝和 1 个三角形胞口。

生态生境：附着于藻类等基质上。增加珊瑚礁区的生物多样性，也常是重要的造礁生物组成，属于护礁生物。

地理分布：分布于印度洋—西太平洋，在我国分布于中沙群岛和南沙群岛等海域。

DNA 条形码：暂无。

保护等级：Least Concern（无危）。

物种图片：

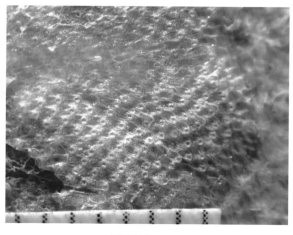

（标尺每格 1 mm）

七、棘皮类

　　棘皮动物是一个特殊而又古老的类群。从多孔动物到软体动物，可以看到一定的进化路径，但棘皮动物却很难与其他门类看出关联。不管是运动系统、循环系统，还是呼吸系统，它们都统统没有。而作为替代品，棘皮动物则进化出了一套"水管系统"，实现了上述所有功能。棘皮动物的化石记录可追溯至5亿多年前的古生代寒武纪。总共有物种2万种左右，其中现生种约7 500种，是继脊索动物(包括脊椎动物，如鸟类、鱼类、哺乳动物和爬行动物)之后的第二大后口动物(一个超门)。

　　棘皮动物是后口动物中仅次于脊索动物的存在，它们甚至比后者更早演化出内骨骼。棘皮动物骨骼很发达，由许多分开的碳酸钙骨板构成，各板均由一单晶的方解石组成。骨骼外包表皮，皮上一般带棘。海胆和海星有不同的叉棘。海胆骨骼最为发达，骨板密切愈合成壳。海星、蛇尾和海百合的腕骨板成椎骨状。海参骨骼最不发达，变为微小的分散骨针或骨片。这些坚硬的结构在地层中留下了丰富的化石记录。

　　棘皮动物是海洋生境中所特有的无脊椎动物重要类群，通常分5个纲：海星纲、蛇尾纲、海胆纲、海参纲和海百合纲。棘皮动物的分布范围很广，从潮间带到数千米水深的深海，从赤道到极地均有分布，是大型底栖动物的重要组成类群和组成部分，在海洋生态系统的结构和功能中发挥着重要作用。

真蛇尾目 Ophiurida

画栉蛇尾 *Ophiocoma pica*

栉蛇尾科 Ophiocomidae；栉蛇尾属 *Ophiocoma*

形态特征：中心盘的直径一般为 15 mm 上下。腕粗短，长不超过盘直径的 4 倍。盘上所附的颗粒比黑栉蛇尾的小，比花栉蛇尾的大，每平方毫米约为 49~64 个。口面间辐部仅有少数颗粒。背腕板较小，为三角形，稍宽。腕基部的腹腕板为五角形，宽大于长，侧缘凹进。侧腕板大，大部分占据在腕背面，腕腹面的部分不显著。口盾为卵圆形，长为宽的 2 倍。侧口板为三角形，彼此不相接。口棘少，仅 3~4 个，外侧的稍大。齿棘 25~30 个，排列密集。腕基部的腕棘为 5~6 个，远端的为 4 个；背面第一个最大。触手鳞 2 个，很大。体色很特别：底子为黑褐色，盘上有许多金黄色条纹；各背腕板的侧角和侧腕板上，也带金黄色；口盾外边和侧口板附近为黄色，腹腕板的边缘也带黄色。

生态生境：多生活在珊瑚礁的活珊瑚间。

地理分布：广泛分布于印度洋和太平洋热带、亚热带海域的珊瑚礁中。

DNA 条形码：KU895184.1。

保护等级：Least Concern(无危)。

物种图片：

黑栉蛇尾 *Ophiocoma erinaceus*

栉蛇尾科 Ophiocomidae；栉蛇尾属 *Ophiocoma*

形态特征：个体大，盘直径 20~25 mm，腕短。盘上密布颗粒。口棘 4 个，相连成行。齿棘很多，排列成 3 行。腕棘通常为 4 个，以背面第一棘最为粗壮，常成雪茄状。触手鳞 2 个。全体呈黑色，管足黑色或红色。雌雄异体，生殖腺在盘内间辐部，开口于生殖囊。性细胞通过生殖裂口排到海水中，体外受精。

生态生境：生活于珊瑚礁的鹿角珊瑚 *Acropora* 的枝间，活动能力较强，当珊瑚被翻开后，能很快找隐藏处隐藏起来。主要从悬浮物或沉积物中捕捉微小颗粒为食，是珊瑚礁生态系统中重要的一类分解者。

地理分布：广泛分布于印度洋—西太平洋海域，我国西沙群岛、中沙群岛、海南岛南部和台湾都有分布。

DNA 条形码：暂无。

保护等级：Least Concern（无危）。

物种图片：

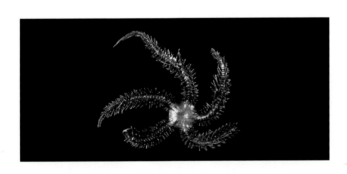

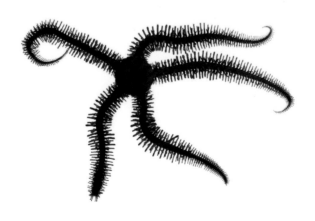

短腕栉蛇尾 *Ophiocoma brevipes*

栉蛇尾科 Ophiocomidae；栉蛇尾属 *Ophiocoma*

形态特征：盘直径 7～10 mm，盘上盖密集的一层小圆颗粒，辐盾亦被颗粒掩盖。腹面间辐部全部盖有颗粒。口盾大，长卵形。口棘 5 个，相连成行，在颚顶和齿棘相遇。腕棘在基部起首 5 节为 5 个，以后的 30 节均为 4 个。盘色浅淡，常混以黄色或绿色，但无明显的花样；腕色也浅淡，但常有不很明显的横带。雌雄异体，生殖腺在盘内间辐部，开口于生殖囊。性细胞通过生殖裂口排到海水中，体外受精。

生态生境：生活于珊瑚礁，很少裸露，多生活于波浪较大的区域，多钻在翻不动的死珊瑚下面或缝隙内。主要从悬浮物或沉积物中捕捉微小颗粒为食。

地理分布：广泛分布于印度洋—西太平洋海域，我国西沙群岛、中沙群岛、海南岛南部和台湾都有分布。

DNA 条形码：暂无。

保护等级：Least Concern(无危)。

物种图片：

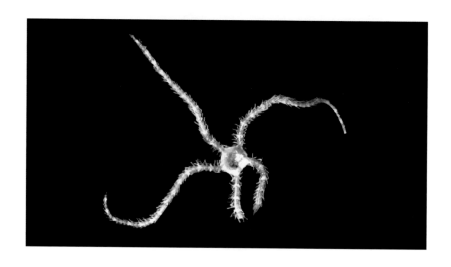

蜈蚣栉蛇尾 *Ophiocoma scolopendrina*

栉蛇尾科 Ophiocomidae；栉蛇尾属 *Ophiocoma*

形态特征：盘圆，直径为 25 ~ 30 mm，腕长约为盘直径的 5 ~ 7.5 倍。盘背面生有大而稀疏的颗粒，辐盾也被颗粒所掩盖，看不清楚。腹面板仅中央和边缘上有颗粒，口盾及生殖裂口附近都裸出。口盾变化很大，通常带方形，外半部略宽。侧口板小，位于口盾的旁侧，彼此不相接。口棘 4 ~ 5 个。齿 1 排，排列成方形。背腕板的轮廓和大小变化都很大，后缘和各角也不平整，但宽度一定大于长度；普通是一个小卵圆形的随着 1 个大三角形的相间排列。腹腕板呈方形，略宽。腕棘一般是 4 个，背面的比腹面的粗大，并且背面第一棘末端膨大成棒状。触手鳞数目不定，为一两个。体色变化很大，盘背面有黑褐、灰褐和黄褐等色，并常有黑或白色斑纹；背腕板外缘常有白斑；腕棘上也有斑纹；腹面偶然也有黑斑。退潮时仅露出其腕的末梢；涨潮时则把 3 个腕伸在水中频频摆动。腕足再生速度约为每天 0.4 mm，如果 5 个腕足同时被切除，各个腕足生成速度一样，如果是 3 个连续的腕足断掉，中间的一个再生速度较快。具有一定的攻击性；寿命约为 5 年。

生态生境：多生活在坡度较小、高潮线附近的岩石和珊瑚礁洞内或缝隙间。

地理分布：广泛分布于印度洋和太平洋热带、亚热带海域的潮间带、珊瑚礁中。

DNA 条形码：KC759903.1。

保护等级：Least Concern(无危)。

物种图片：

小栉蛇尾 *Ophiocomella sexradia*

栉蛇尾科 Ophiocomidae；小栉蛇尾属 *Ophiocomella*

形态特征：个体小，盘直径很少会大于 5 mm，腕 5~7 个（常为 6 个）。常因裂体繁殖，3 个腕长，3 个腕短。盘背面盖有很细的鳞片，鳞片上生有稀疏的颗粒。辐盾小，不明显。口棘 2~4 个，齿棘 3~5 个。腕棘一般为 4 个，末端截形。第一节常有 2 个触手鳞，其余各节均为 1 个。动物体色带绿色，腕常有横带。能用裂体法进行无性繁殖。

生态生境：生活于珊瑚礁内，常躲在海绵或珊瑚缝隙内，主要从悬浮物或沉积物中捕捉微小颗粒为食。

地理分布：广泛分布于印度洋—西太平洋海域，我国西沙群岛、中沙群岛和海南岛南部都有分布。

DNA 条形码：暂无。

保护等级：Least Concern（无危）。

物种图片：

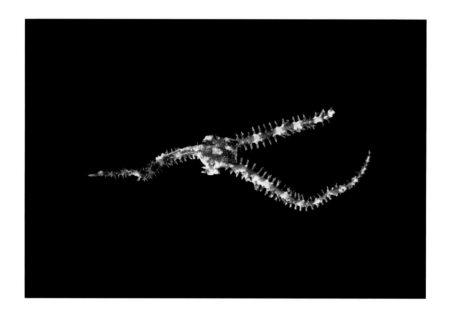

鳄蛇尾目 Ophiotrichidae

三带刺蛇尾 *Ophiothrix trilineata*

刺蛇尾科 Ophiotrichidae；刺蛇尾属 *Ophiothrix*

形态特征：盘呈五叶状，辐部略凹进。盘背面盖有许多小鳞片，鳞片上生有分散的细棘。辐盾大，三角形。背腕板扇形，宽略大于长。腹腕板长方形，触手鳞 1 个。腕棘半透明带刺，6~7 个。颚顶结构特殊，有 1 行垂直排列的宽长方形齿，齿在表面形成密集的一簇小的圆形齿棘。颜色很特别：腕上有 2 条黑线组成的 3 条浅色纵带从腕基部伸及腕的末端。雌雄异体，生殖腺在盘内间辐部，开口于生殖囊。性细胞通过生殖裂口排到海水中，体外受精。

生态生境：生活于珊瑚礁，常和海绵、柳珊瑚共栖，从底质或悬浮物中捕捉微小颗粒为食。

地理分布：广泛分布于印度洋—西太平洋海域，我国仅见于西沙群岛和中沙群岛。

DNA 条形码：暂无。

保护等级：Least Concern(无危)。

物种图片：

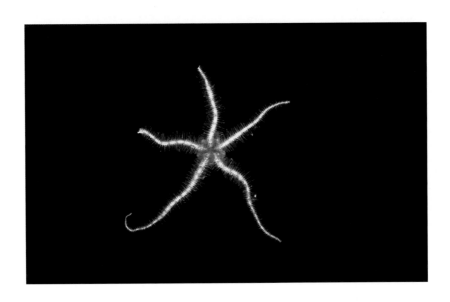

蜓蛇尾 *Ophionereis dubia*

蜓蛇尾科 Ophionereididae；蜓蛇尾属 *Ophionereis*

形态特征：盘成五角形，直径一般为 5~7 mm，腕细长约为盘直径的 7~8 倍。盘背面密布覆瓦状排列的细小鳞片。辐盾小，分隔甚远。口棘 4~5 个，厚而短。各背腕板两侧有 1 发达的半圆形的副背腕板。腕棘 3 个，短而扁钝。触手鳞 1 个，大而圆。酒精标本黄褐色，盘上有深色的网状纹，腕上有深浅不同的横带。雌雄异体，生殖腺在盘内间辐部，开口于生殖囊。性细胞通过生殖裂口排到海水中，体外受精。

生态生境：生活于潮间带岩石底到水深 230 m 的砂底，从悬浮物或沉积物中捕捉微小颗粒为食。

地理分布：分布于印度洋—西太平洋海域，我国分布于从西沙群岛到东海海域。

DNA 条形码：暂无。

保护等级：Least Concern(无危)。

物种图片：

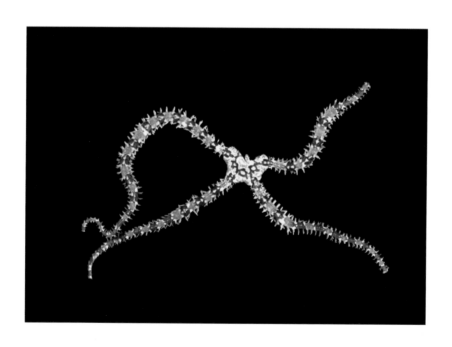

辐蛇尾 *Ophiactis savignyi*

辐蛇尾科 Ophiactidae；辐蛇尾属 *Ophiactis*

形态特征：盘直径通常为 3 mm，腕长约 10 mm。幼小时具 6 腕，成体为 5 腕。常因裂体繁殖，有的个体 3 腕大，3 腕小，或仅有半个盘的个体。盘上生有稀疏的小棘，辐盾大，近半月形。口棘 2 个，薄片状。齿为方形。背腕板大，宽大于长，表面具细小的颗粒状突起。腕棘 5~7 个，短而钝。触手鳞 1 个。生活时背面为灰绿色，腕上有深色横带，酒精标本为黄褐或草黄色。能用裂体法进行无性繁殖。有性繁殖也会发生。

生态生境：生活于潮间带到水深 100 m 的硬底，常见于珊瑚的分枝间、藻叶间和海绵的孔隙内，主要从悬浮物中捕捉微小颗粒为食。

地理分布：广泛分布于印度洋—西太平洋海域，我国西沙群岛、中沙群岛、南沙群岛、海南岛、广东到福建都有分布。

DNA 条形码：暂无。

保护等级：Least Concern（无危）。

物种图片：

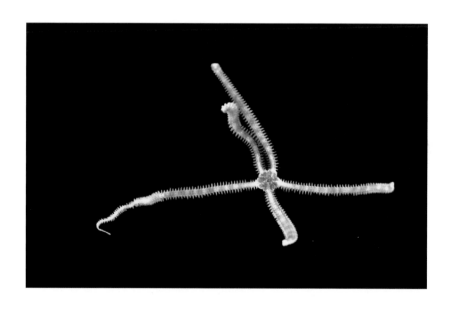

有棘目 Spinulosida

吕宋棘海星 *Echinaster luzonicus*

棘海星科 Echinasteridae；棘海星属 *Echinaster*

形态特征：盘小，腕细呈指状，数目为 5~7 个，长短不一致。身体被有 1 层皮膜，盘和腕上布满小钝棘，棘也包括在皮膜之内。皮鳃散生在短棘之间。生活时体色差异较大，有红色、暗红色、橙红色或深褐色，腕末端略深。再生能力强，常以断裂的方式进行无性生殖。

生态生境：多栖息在珊瑚礁内，觅食藻类和沉积物中的微小颗粒，是珊瑚礁生态系统中重要的一类消费者和分解者。

地理分布：广泛分布于印度洋—西太平洋海域，我国台湾、海南岛南部、西沙群岛、中沙群岛和南沙群岛都有分布。

DNA 条形码：暂无。

保护等级：Least Concern(无危)。

物种图片：

有瓣目 Valvatida

长棘海星 *Acanthaster planci*

长棘海星科 Acanthasteridae；长棘海星属 *Acanthaster*

形态特征：个体较大，成体为 25~35 cm，最大超过 70 cm。盘大而平，腕数在9~20 个之间。反口面骨板呈十字形，间隔很宽，各板上有 1 长棘，长度达 2 cm 以上。腕外端的棘较长和粗壮，长可达 4~5 cm。生活时全体为红色，或背面为青灰色，皮鳃区为红色；大棘的顶端为红色或橙色。雌雄异体，体外受精繁殖，在夏季产卵且可多次产卵。

生态生境：多栖息在热带珊瑚礁附近的砂上。这是一种吃珊瑚的海星，有"珊瑚杀手"之称。长棘海星的主要食物为造礁石珊瑚，且食量惊人，如果大规模繁殖，珊瑚礁将遭到严重破坏，进而会改变珊瑚礁结构和生态平衡。20 世纪 70 年代和 90 年代初，世界上最大的珊瑚礁澳大利亚大堡礁曾发生过大量长棘海星对珊瑚礁的毁坏情况。

地理分布：广泛分布于印度洋—西太平洋，我国台湾、海南岛南部、西沙群岛和中沙群岛都有分布。

DNA 条形码：暂无。

保护等级：Least Concern（无危）。

物种图片：

面包海星 *Culcita novaeguineae*

瘤海星科 Oreasteridae；面包海星属 *Culcita*

形态特征：大型海星。成体和幼体的外形区别较大：成体为圆五角形，腕短和体盘没有明显的区分，身体背面膨胀呈馒头状，又称馒头海星。幼体呈扁的五角形，上下缘板明显。背板上密生颗粒体及稀疏的短粗棘，皮鳃区成圆形，成群出现。体色变异很大，生活时背面有深浅不同的灰、褐或红色斑纹，并常杂有黑色、蓝色、青色、黄色等颜色；颗粒为红色、黄色或蓝褐色；口面为绿色、橙色、黄褐色和红色。雌雄异体，体外受精。

生态生境：生活在水深10 m以内的岩礁海岸，幼体以岩礁上的藻类为食，成体主要以珊瑚虫为食。

地理分布：分布于印度洋—太平洋，我国台湾、海南岛南部、西沙群岛和中沙群岛都有分布。

DNA条形码：暂无。

保护等级：Endangered(濒危)。

物种图片：

珠链单鳃海星 *Fromia monilis*

角海星科 Goniasteridae；**单鳃海星属** *Fromia*

形态特征：个体小，体盘扁平，腕 5 个，腕基部宽，横截面略呈长方形。反口面骨板近圆形，排列紧密，骨板上密布不规则的颗粒。皮鳃单个出现在骨板边缘，反口面和口面都具皮鳃，口面皮鳃较少。上下缘板明显，上缘板大且微隆起，略成圆形。上下缘板表面均密布颗粒，无棘刺。侧步带棘 2 行。生活时体盘中央及腕的末端为红色，腕的前半段为粉红色到粉紫色。雌雄异体，体外受精。

生态生境：生活在水深 5~15 m 的珊瑚礁海域。觅食珊瑚礁中死亡动物的碎屑及小型无脊椎动物等，是珊瑚礁生态系统中重要的一类消费者和分解者。

地理分布：分布于印度洋—太平洋海域，我国台湾、西沙群岛、中沙群岛和南沙群岛都有分布。

DNA 条形码：暂无。

保护等级：Least Concern（无危）。

物种图片：

费氏纳多海星 *Nardoa frianti*

蛇海星科 Ophidiasteridae；纳多海星属 *Nardoa*

形态特征：体盘小，腕 5 个，细长呈圆筒状。腕的反口面骨板不规则排列，缘板不明显。体表密布颗粒，盘和腕上密布大小不同，近半球状的瘤，瘤表面的颗粒体较大。反口面、口面均有皮鳃分布。体呈橙红色，腕上有较深的橙红色斑块。雌雄异体，体外受精。

生态生境：生活在水深 5~10 m 的珊瑚礁区。多为夜行性，白天会躲在岩石下方。以岩礁上的小型无脊椎动物为食，是珊瑚礁生态系统中重要的一类消费者和分解者。

地理分布：分布于印度洋—西太平洋，我国台湾、西沙群岛和中沙群岛都有分布。

DNA 条形码：暂无。

保护等级：Least Concern（无危）。

物种图片：

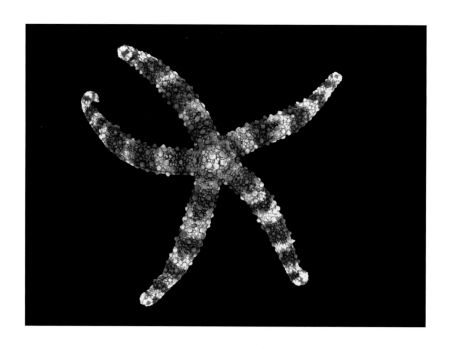

颗粒蛇海星 *Ophidiaster granifer*

蛇海星科 Ophidiasteridae；蛇海星属 *Ophidiaster*

形态特征：小型种。体盘小，腕 5 个，呈指状。腕的反口面骨板排列规则，所有骨板覆盖颗粒，腕末端有 1 个大的端板。缘板和背侧板上没有明显的棘。筛板 1 个，大而明显。皮鳃区 8 列，每侧下缘板下仅有 1 列皮鳃。灰黄色，带褐红色斑块。雌雄异体，体外受精。

生态生境：生活在水深 1~3 m 的珊瑚礁区石块下。多为夜行性，白天吸附于石块下方。觅食珊瑚礁中死亡动物的碎屑和小型无脊椎动物等，是珊瑚礁生态系统中重要的一类消费者和分解者。

地理分布：分布于印度洋—西太平洋，我国台湾、海南岛南部、西沙群岛和中沙群岛都有分布。

DNA 条形码：暂无。

保护等级：Least Concern（无危）。

物种图片：

八、浮游植物

　　海洋浮游植物(Phytoplankton)是一类生活于自然水体中营浮游生活或附着生活的单细胞低等自养生物,具有物种和数量繁多、生长迅速、生命周期短、分布地域广等特点。浮游植物的细胞直径变化范围 0.2~200 μm,细胞体积差异可以超过 9 个数量级。浮游植物虽然不像陆地植物那样肉眼可见,但是它们细胞内也含有叶绿体,可以利用光能驱动光合作用,将无机碳转化为有机碳并释放氧气。因此,虽然浮游植物仅能在极小的海洋空间内(水深 200 m 以内水层)生存,但是它们对海洋生态系统的贡献却极为巨大:一方面,它们可以为海洋食物网的上层消费者提供食物和氧气,启动了海洋生态系统中的食物网;另一方面,它们还可以通过光合作用固定无机碳,驱动海洋对大气二氧化碳的持续吸收,缓解当前日益加剧的温室效应。据估计,海洋浮游植物生物量不足全球光合自养生物总量的 1%,但是其总生产力可达 51.0 Gt,贡献着全球约 50% 的初级生产力。此外,浮游植物在生长过程中会从海洋水体中吸收碳氮磷和硅等营养元素,以建成自身细胞所需要的物质,它们在被捕食或死亡过程中会通过食物链传递至上一营养级或通过沉降作用沉积至海底,因此,浮游植物在海洋元素的生物地球化学循环中也发挥着无可替代的作用。

　　全球的藻类植物有 40 000 多种。根据浮游植物的形态结构和遗传特性,现行的分类系统将它们划分为 12~16 个门,其中硅藻门、甲藻门和蓝藻门等是最主要的类群。硅藻是浮游植物中数量最多、多样性最高的类群,它们可以贡献全球约 20% 的初级生产力;在自然环境中下,硅藻通常由几个或很多细胞个体连结成各式各样的群体。硅藻具有独特的硅质细胞壁,而且细胞壁纹理和形态各异,但多呈对称排列。这种排列方式可作为其分类命名的依据。硅藻的硅质细胞壁会提高其比重,进而提高它们在海洋中的沉降速率;据估测,通过硅藻的沉降作用向深海输送有机碳的量占输送至深层海洋的总有机碳量的 50%。甲藻是在种类上仅次于硅藻的浮游植物类群。甲藻,又称"双鞭甲藻",是一类单细胞具有双鞭毛的集合群,形状有球状、丝状不定形和变形虫状等。多数甲藻种类的两条鞭毛顶生或侧生(一条茸鞭型,另一条尾鞭型),不等长、排列不相称;极少数种类无鞭毛,仅能作变形虫状运动或不能运动。甲藻的分布范围很广,在全球的热带和亚热带海域均是常见的优势种,其营养模式主要包括光合自养、异养和混合营养 3 种类型。甲藻不仅浮游生活于水体,也能附着于浅层海底的大型植物、死珊瑚、礁石或沉积物而营底栖或附着生活，称之为底栖甲藻。许多底栖甲藻为有毒有害种类，能产生毒素或具有潜在毒性。此外，底栖甲藻在一定条件下大量繁殖形成有害底栖甲藻藻华。硅藻和甲藻均是光学显微镜下较容易辨识的常见海洋浮游植物类群，因此，本部分主要展示了中沙大环礁区利用水采或现场分离培养方法获取的优势硅藻和甲藻种类。

甲藻目 Dinophysiales

大鸟尾藻 *Ornithocercus magnificus*

鳍藻科 Dinophysaceae；鸟尾藻属 *Ornithocercus*

形态特征：藻体细胞侧面观近圆形，腹部观宽椭圆形，长 32~36 μm，背腹宽 33~37 μm。上壳约为下壳长的 1/3，平或略凸。横沟稍凹，最宽处在背部。横沟上边翅具有不分枝的主肋，在主肋间还有两三条小肋；在成熟个体中，主肋与小肋可联成网状。藻体横沟下边翅仅有主肋，而且主肋间距离比上边翅窄。纵沟右边翅较窄小，左边翅较宽大。纵沟左边翅下缘与右下体边翅相连，右下体边翅发达，呈倒"山"形，具 3 个耳垂状网结，即下腹结、底结及下背结。右下体边翅由五六条主肋支撑，主肋末端与边缘肋相连，并与网结汇合。右下体边翅背侧上缘与背附边翅相连，背附边翅可达下壳背部中下方。壳面的眼纹清晰，而且眼纹内具孔。

生态生境：大洋性种，广泛分布于暖温带至热带海域，主要栖息于沿岸底层中。

地理分布：分布于日本以及我国东海和中沙群岛等地。

DNA 条形码：EU780652.1。

物种图片：

双甲藻目 Prorocentrales

凹面原甲藻 *Prorocentrum concavum*

原甲藻科 Prorocentraceae；原甲藻属 *Prorocentrum*

形态特征：细胞长 43.77~49.29 μm，宽 35.80~44.70 μm，长宽比为 1.04~1.27。细胞呈椭圆形，前端鞭毛区成"V"形。细胞中间具 1 个大而明显的圆形蛋白核，色素体呈黄绿色或褐绿色。壳面表面光滑，具深浅不一的凹陷，凹陷内具有小孔。壳面中央无孔排列，中央壳面向内凹陷。左右甲片连接处通常光滑无突出。鞭毛区成"V"形，鞭毛区有大小两个孔，鞭毛孔和附属孔，鞭毛孔稍大于附属孔，由 9 块板片组成。

生态生境：生活环境为海水，主要附着生长在大型海藻、大型海草等有机质表面，以及珊瑚礁、砂石等基底表面。

地理分布：广泛分布于热带及亚热带海域。在中沙大环礁中的大型海藻、珊瑚礁、砂石基底等表面均有发现。

DNA 条形码：MZ049632。

物种图片：

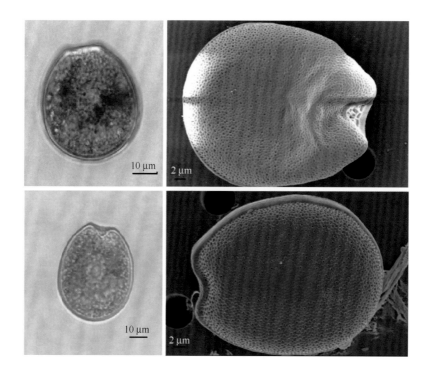

Prorocentrum emarginatum

原甲藻科 Prorocentraceae；原甲藻属 *Prorocentrum*

形态特征：细胞长 28.56~40.56 μm，宽 20.67~33.77 μm，长宽比为 1.07~1.73。细胞呈卵圆形，不对称。色素体呈褐绿色。细胞表面光滑，壳面具有两种大小不同的孔，每个孔都位于凹陷之中，孔周围围绕一圈隆起的结构。壳面的大小孔分布呈辐射状壳面中央无孔排列，称为无孔区。壳面边缘具围绕一圈整齐排列的小孔。左右甲片连接处通常光滑无突出。鞭毛区"V"形，由 9 个板片组成，其中光镜下可见板片延伸出一个大而明显的翅膀状结构。

生态生境：生活环境为海水，主要附着生长在大型海藻、大型海草等有机质表面，以及珊瑚礁、砂石等基底表面。

地理分布：广泛分布于热带及亚热带海域。在中沙大环礁中的大型海藻、大型海草、珊瑚礁、砂石基底等表面均有发现。

DNA 条形码：MZ049621。

物种图片：

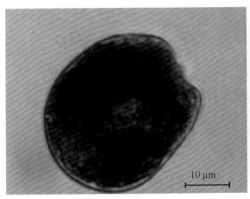 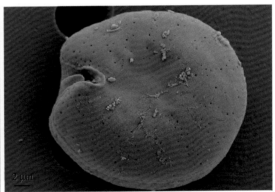

Prorocentrum hoffmannianum

原甲藻科 Prorocentraceae；原甲藻属 *Prorocentrum*

形态特征：细胞长 46.81~53.91 μm，宽 40.05~51.60μm，长宽比为 0.98~1.27。细胞呈椭圆形，前端鞭毛区向内凹陷明显。细胞中间具 1 个大而明显的圆形蛋白核，色素体呈黄绿色。细胞表面光滑，分散排列着肾形小孔，每个甲片孔数 142~148 个。壳面中央无孔排列，称为无孔区。壳面边缘具围绕一圈整齐的肾形孔，孔数 86~91 个。壳面分散排列着较浅的凹陷。鞭毛区呈深"V"形，鞭毛区"V"形下端围绕着若干个大孔。

生态生境：生活环境为海水，主要附着生长在大型海藻、大型海草等有机质表面，以及珊瑚礁、砂石等基底表面。

地理分布：广泛分布于热带及亚热带海域。在中沙大环礁中的大型海藻、大型海草、珊瑚礁、砂石基底等表面均有发现。

DNA 条形码：MZ049635。

物种图片：

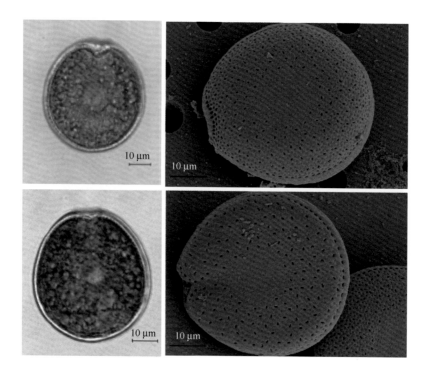

利马原甲藻 *Prorocentrum lima*

原甲藻科 Prorocentraceae；原甲藻属 *Prorocentrum*

形态特征：细胞长 34.39~41.17 μm，宽 21.36~29.65μm，长宽比为 1.34~1.68。细胞呈卵圆形，前端尖，后端宽。细胞中间有 1 个大而明显的圆形蛋白核，色素体呈黄绿色。细胞表面光滑，具分散排列的圆形或肾形孔，每个甲片孔数 56~71 个。壳面中央无孔排列，称为无孔区。壳面边缘具围绕一圈整齐的圆形孔，孔数 46~58 个。左右甲片连接处通常光滑无突出。前端鞭毛区向内凹陷成浅"V"形，鞭毛区有鞭毛孔和附属孔 2 个孔，鞭毛孔大于附属孔，由 8 块板片组成。

生态生境：生活环境为海水，主要附着生长在大型海藻、大型海草等有机质表面，以及珊瑚礁、砂石等基底表面。

地理分布：广泛分布于热带及亚热带海域。在中沙大环礁中的大型海藻、珊瑚礁、砂石基底等表面均有发现。

DNA 条形码：MW970107。

物种图片：

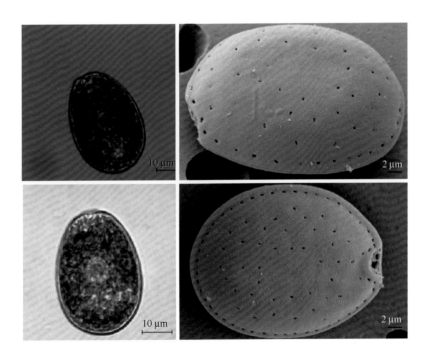

慢原甲藻 *Prorocentrum rhathymum*

原甲藻科 Prorocentraceae；原甲藻属 *Prorocentrum*

形态特征：细胞长 27.79~36.86 μm，宽 19.22~26.43 μm，长宽比为 1.25~1.73。细胞呈卵圆形，细胞不对称。色素呈黄绿色。细胞前端可见延伸出突出结构，电镜下为翅状结构。壳面具有两种大小不同的孔，每个孔都位于凹陷之中，孔周围围绕一圈隆起的结构。壳面的大孔壳面中央无孔排列，称为无孔区。鞭毛区呈"V"形，鞭毛区具 2 个孔，鞭毛孔和附属孔，鞭毛孔稍大于附属孔，由 8 块板片组成。

生态生境：生活环境为海水，主要附着生长在大型海藻、大型海草等有机质表面，以及珊瑚礁、砂石等基底表面。

地理分布：广泛分布于热带及亚热带海域。在中沙大环礁中的大型海藻、珊瑚礁、砂石基底等表面均有发现。

DNA 条形码：MW970111。

物种图片：

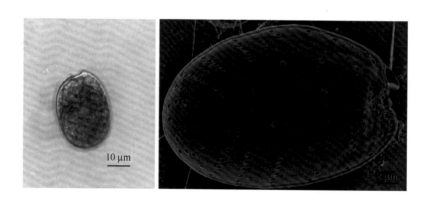

多甲藻目 Peridiniales

叉角藻 *Ceratium furca*

角藻科 Geratocaoryaceae；角藻属 *Ceratium*

形态特征：壳面有明显的纵纹和小孔。通常为单细胞，有时几个细胞连成链状。具甲类，细胞小型到大型，长可达 1 mm 以上。细胞上体部呈三角形，有 2~4 个中空的角，角的顶端开口或封闭。顶角(前/上角)1 个，且均匀地逐渐变细形成顶角，有时长，有时短。底角(后角)两三个，平行或略分歧，右角较粗壮，长度一般为左角的 2 倍，末端尖。

细胞背腹略扁。横沟在细胞体部中央、环状、略微倾斜。细胞腹面中央为一斜方形的透明区，由数块薄片组成。纵沟在此区的左方，透明区的右侧，有 1 个锥形的槽，用以容纳另一个体的前角以连成链状群体。无间插板，其中顶板联合形成顶角，底板组成一个左底角，沟后板组成另一个右底角。壳面有孔纹，少数有纵列隆起线或网状纹。色素体呈多个小颗粒状，顶角和底角内也有色素体。细胞中部有 1 个细胞核。

生态生境：生活环境为海水，栖息于温带和热带沿岸海域，但在大洋也有记录。在富营养的近岸海域容易形成赤潮。

地理分布：分布于地中海、北海、日本以及我国海域包括中沙群岛等地。

DNA 条形码：AJ276700.1。

物种图片：

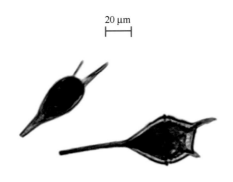

三角角藻 *Ceratium tripos*

角藻科 Geratocaoryaceae；角藻属 *Ceratium*

形态特征：细胞个体较大，体部长、宽相等，上体部相当短，常只有体宽的1/2。左侧边少许凸出，右侧边凸出明显，下体部与上体部等长或略长些，其右侧边一般凹入。3 个角均较粗壮，顶角基部较后角为宽，一般右后角明显的比左后角细弱，后角尖端与顶角叉分，但也有时两后角与顶角平行，或有时相交。壳面较厚，有不规则的纵纹和小孔。

生态生境：生活环境为淡水或海水，主要栖息于温带、亚热带海域。

地理分布：广泛分布于大西洋、印度洋、太平洋海域，在地中海、北海、日本以及我国沿海包括海南、中沙群岛等海域均有记录。

DNA 条形码：AF260389.1。

物种图片：

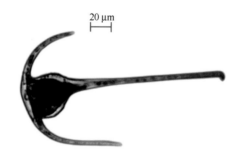

刺尖甲藻 *Oxytoxum scolopax*

尖甲藻科 Oxytoxaceae；尖甲藻属 *Oxytoxum*

形态特征：具甲类，藻体多为单细胞。藻体细胞长刺状，顶刺长且直，下壳末端呈囊状，底刺稍弯，壳面具有许多脊状纵条纹。

生态生境：生活环境为海水，主要栖息于沿岸底层中。

地理分布：分布于日本、印度洋、澳大利亚东南部海域以及我国中沙群岛等地。

DNA 条形码：暂无。

物种图片：

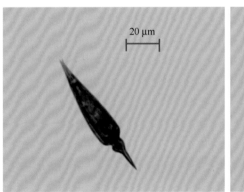 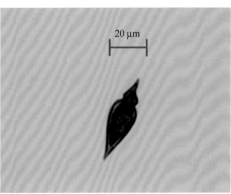

膝沟藻目 Gonyaulacales

Coolia canariensis

梨甲蕞科 Pyrocystaceae；库利亚藻属 *Coolia*

形态特征：细胞长 25.28~36.34 μm，宽 23.53~33.53 μm，长宽比为 1.24~1.60。细胞球形，由上下锥部组成。色素体呈黄棕色。光镜下能明显看见横沟。电镜下上下锥部由数块板片组成，表面有凹陷，壳面分散排列着小孔。上锥部由 7 块沟前板、3 块顶板和 1 块顶孔板组成。顶孔板在沟前板和顶板之间，呈椭圆形。顶孔呈狭长形，顶孔下侧有 1 排凹陷，凹陷下端是一排圆孔。横纵沟较深，靠近横纵沟的板片边缘围绕着一圈圆形孔。

生态生境：生活环境为海水，主要附着生长在大型海藻、大型海草等有机质表面，以及珊瑚礁、砂石等基底表面。

地理分布：广泛分布于热带及亚热带海域。在中沙大环礁中的大型海藻、珊瑚礁、砂石基底等表面均有发现。

DNA 条形码：MZ098219。

物种图片：

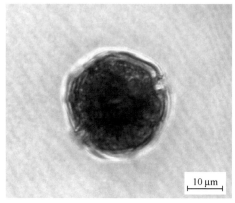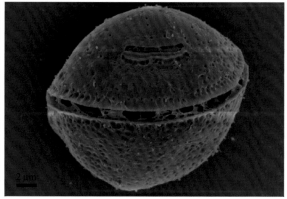

马来西亚库里亚藻 *Coolia malayensis*

蛎甲藻科 Pyrocystaceae；蛎甲藻属 *Coolia*

形态特征：细胞长 20. 21~33. 79 μm，宽 17. 47~26. 90 μm，长宽比为 1. 01~1. 30。细胞球形或椭圆形，由上下锥部组成。色素体呈黄绿色。光镜下能明显看见横沟。电镜下上下锥部由数块板片组成，壳面分散排列着圆孔。上锥部由 7 块沟前板、3 块顶板和 1 块顶孔板组成。顶孔板在沟前板和顶板之间，呈椭圆形。顶孔呈狭长形，顶孔下端是一排圆孔。横纵沟较深。

生态生境：生活环境为海水，主要附着生长在大型海藻、大型海草等有机质表面，以及珊瑚礁、砂石等基底表面。

地理分布：广泛分布于热带及亚热带海域。在中沙大环礁中的大型海藻、珊瑚礁、砂石基底等表面均有发现。

DNA 条形码：MW995473。

物种图片：

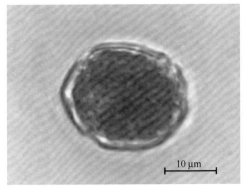 

Coolia palmyrensis

蛎甲藻科 Pyrocystaceae；蛎甲藻属 *Coolia*

形态特征：细胞背腹轴长 21.01~25.97 μm，宽 17.43~24.04 μm，长宽比为 1.01~ 1.22。细胞球形或椭圆形，由上下锥部组成。色素体呈黄棕色。光镜下能明显看见横沟。电镜下上下锥部由数块板片组成，壳面分散排列着圆孔。上锥部由 7 块沟前板、3 块顶板和 1 块顶孔板组成。顶孔板在沟前板和顶板之间，呈椭圆形，顶孔呈狭长形。横纵沟较深。

生态生境：生活环境为海水，主要附着生长在大型海藻、大型海草等有机质表面，以及珊瑚礁、砂石等基底表面。

地理分布：广泛分布于热带及亚热带海域。在中沙大环礁中的大型海藻、珊瑚礁、砂石基底等表面均有发现。

DNA 条形码：MW995471。

物种图片：

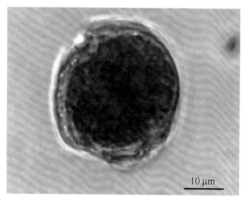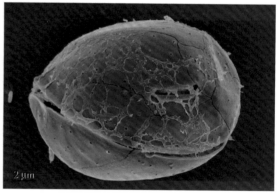

热带库里亚藻 *Coolia tropicalis*

蛎甲藻科 Pyrocystaceae；蛎甲藻属 *Coolia*

形态特征：细胞长 28.74~40.84 μm，宽 25.34~35.71 μm，长宽比为 1.02~1.19。细胞球形或椭圆形，由上下锥部组成。色素体呈黄棕色。光镜下能明显看见横沟。电镜下上下锥部由数块板片组成，壳面分散排列着圆孔。上锥部由 7 块沟前板、3 块顶板和 1 块顶孔板组成。顶孔板在沟前板和顶板之间，呈椭圆形，顶孔呈狭长形，下端有 1 排圆孔。

生态生境：生活环境为海水，主要附着生长在大型海藻、大型海草等有机质表面，以及珊瑚礁、砂石等基底表面。

地理分布：广泛分布于热带及亚热带海域。在中沙大环礁中的大型海藻、珊瑚礁、砂石基底等表面均有发现。

DNA 条形码：MW995472。

物种图片：

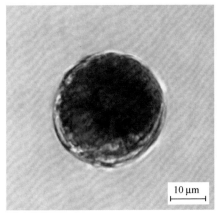
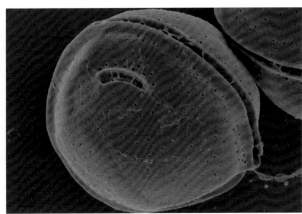

太平洋冈比藻 *Gambierdiscus pacificus*

冈比藻科 **Pyrocystaceae**；冈比藻属 *Gambierdiscus*

形态特征：细胞长 52.95~75.58 μm，宽 48.61~63.67 μm，长宽比为 0.98~1.33。细胞呈圆形，由上下锥部组成。色素体呈黄绿色或褐绿色。电镜下可见上下锥部由若干个小板片组成，板片上具分散排列的凹陷，有些凹陷内有小孔。上锥部的中央位置具有 1 个椭圆形顶孔板。板片中央具逗号状顶孔，板片边缘由一圈圆孔围绕，孔数19~22 个。顶孔板、顶孔及顶孔周围的孔合称为顶孔复合体。

生态生境：生活环境为海水，主要附着生长在大型海藻、大型海草等有机质表面，以及珊瑚礁、砂石等基底表面。

地理分布：广泛分布于热带及亚热带海域。在中沙大环礁中的大型海藻、珊瑚礁、砂石基底等表面均有发现。

DNA 条形码：MZ166572。

物种图片：

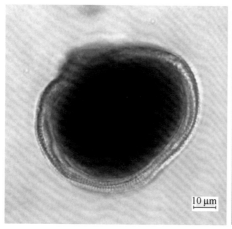
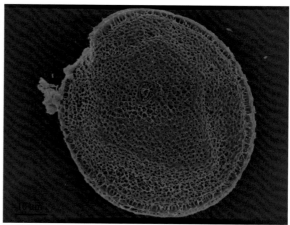

Gambierdiscus polynesiensis

冈比亚藻科 Amphidiniaceae；冈比亚藻属 *Gambierdiscus*

形态特征：细胞长 40.61~59.22 μm，宽 41.25~59.56 μm，长宽比为 0.95~1.08。细胞呈圆形，由上下锥部组成。色素体呈黄绿色或褐绿色。细胞前端向内凹陷成浅"V"形。电镜下可见上下锥部由若干个小板片组成，板片上具分散排列的凹陷，有些凹陷内有小孔。上锥部的中央位置具有 1 个椭圆形顶孔板。板片中央具逗号状顶孔，板片边缘由一圈圆孔围绕，孔数 20~23 个。顶孔板、顶孔及顶孔周围的孔合称为顶孔复合体。

生态生境：生活环境为海水，主要附着生长在大型海藻、大型海草等有机质表面，以及珊瑚礁、砂石等基底表面。

地理分布：广泛分布于热带及亚热带海域。在中沙大环礁中的大型海藻、大型海草、珊瑚礁、砂石基底等表面均有发现。

DNA 条形码：MZ050656。

物种图片：

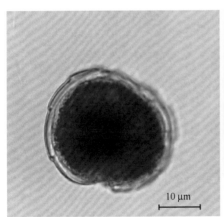 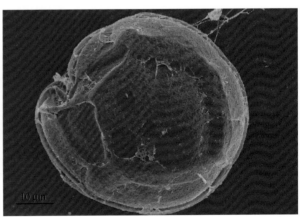

卵圆蛎甲藻 *Ostreopsis ovata*

蛎甲藻科 Pyrocystaceae；蛎甲藻属 *Ostreopsis*

形态特征：细胞长 32.55~42.87 μm，宽 22.30~32.95 μm，长宽比为 1.24~1.60。细胞呈卵圆形或水滴形，细胞前端无色素体，略尖，光镜下呈无色透明。电镜下细胞由上下两锥部组成，由上下若干个小板片组成，板片上具分散排列的小孔。顶孔板在上锥部，靠近上下锥部连接处。顶孔板呈狭长形，板片边缘由一圈圆孔围绕。顶孔板、顶孔及顶孔周围的孔合称为顶孔复合体。

生态生境：生活环境为海水，主要附着生长在大型海藻、大型海草等有机质表面，以及珊瑚礁、砂石等基底表面。

地理分布：广泛分布于热带及亚热带海域。在中沙大环礁中的大型海藻、珊瑚礁、砂石基底等表面均有发现。

DNA 条形码：MZ050657。

物种图片：

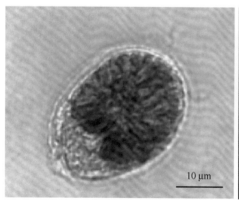 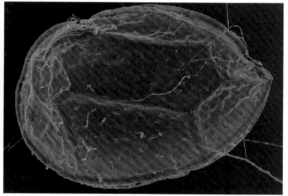

裸甲藻目 Gymnodiniales

强壮前沟藻 *Amphidinium carterae*

前沟藻科 **Amphidiniaceae**；前沟藻属 *Amphidinium*

形态特征：细胞多数呈椭圆形，细胞不对称，形状变化较大。色素体呈黄绿色。上锥部尖端较细长，呈月牙形，向左弯曲。尖端上侧圆滑，下侧小而尖。光镜下可见一圆形蛋白核，位于细胞左侧。细胞右侧呈圆润形，呈弧形，左侧近似垂直。

生态生境：生活环境为海水，主要附着生长在大型海藻、大型海草等有机质表面，以及珊瑚礁、砂石等基底表面。

地理分布：广泛分布于热带及亚热带海域。在中沙大环礁中的大型海藻、珊瑚礁、砂石基底等表面均有发现。

DNA 条形码：MW947138。

物种图片：

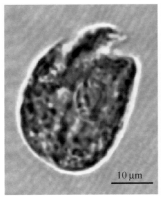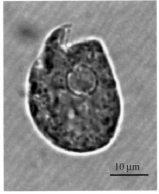

玛氏前沟藻 *Amphidinium massartii*

前沟藻科 Amphidiniaceae；前沟藻属 *Amphidinium*

形态特征：细胞长 16.44~21.92 μm，宽 10.31~18.08 μm，长宽比为 1.59~1.21。细胞呈椭圆形或卵圆形，细胞不对称，比其他种类较小。色素体呈黄绿色。上锥部尖端较细长，呈月牙形，向右弯曲。尖端上侧圆滑，下侧小而尖。细胞后端圆润无突起。电镜下细胞表面由鳞片状小板块组成。

生态生境：生活环境为海水，主要附着生长在大型海藻、大型海草等有机质表面，以及珊瑚礁、砂石等基底表面。

地理分布：广泛分布于热带及亚热带海域。在中沙大环礁中的大型海藻、珊瑚礁、砂石基底等表面均有发现。

DNA 条形码：MZ049613。

物种图片：

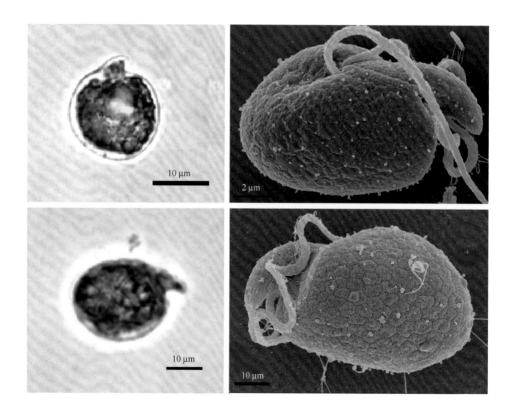

具盖前沟藻 *Amphidinium operculatum*

前沟藻科 Amphidiniaceae；前沟藻属 Amphidinium

形态特征：细胞长 27.57~37.95 μm，宽 20.04~29.70 μm，长宽比为 1.24~1.63。细胞呈椭圆形或卵圆形，细胞不对称，比其他种类较大。色素体呈黄绿色，光镜下可见色素体呈块状分布。上锥部尖端呈近似三角形，向右弯曲。尖端上侧圆滑，下侧小而尖。细胞后端圆润无突起。电镜下细胞表面由鳞片状小板块组成。表面有点状凸起，凸起中央有圆形孔。

生态生境：生活环境为海水，主要附着生长在大型海藻、大型海草等有机质表面，以及珊瑚礁、砂石等基底表面。

地理分布：广泛分布于热带及亚热带海域。在中沙大环礁中的大型海藻、珊瑚礁、砂石基底等表面均有发现。

DNA 条形码：MZ079602。

物种图片：

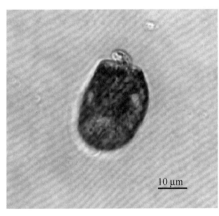 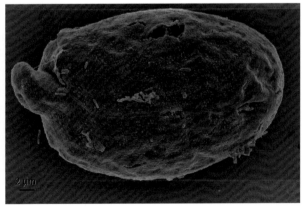

Amphidinium theodori

前沟藻科 Amphidiniaceae；前沟藻属 *Amphidinium*

形态特征：细胞长 26.94~38.10 μm，宽 20.04~29.70 μm，长宽比为 1.03~1.67。细胞呈卵圆形，细胞后端较圆润，细胞前端的上锥部向右延伸出近似三角形结构，其外侧圆滑。细胞左后端较为圆滑，右侧近乎垂直。色素体呈黄绿色，光镜下可见色素体呈块状分布。

生态生境：生活环境为海水，主要附着生长在大型海藻、大型海草等有机质表面，以及珊瑚礁、砂石等基底表面。

地理分布：广泛分布于热带及亚热带海域。在中沙大环礁中的大型海藻、珊瑚礁、砂石基底等表面均有发现。

DNA 条形码：MW969674。

物种图片：

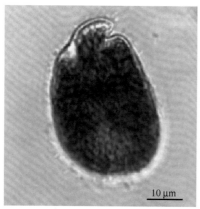
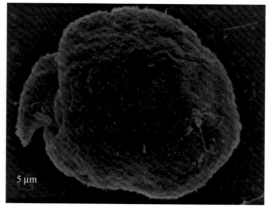

海线藻目 Thalassionematales

长海毛藻 *Thalassiothrix longissima*

海线藻科 Thalassionemaceae；海毛藻属 *Thalassiothrix*

形态特征：单细胞或呈放射状群体。细胞非常细长，直或轻微弯曲。长 647 ~ 1 080 μm，亦有达 4 000 μm 的，宽 6~8 μm。单独生活。壳面狭披针形，两端略异形，一端较宽，另一端较狭。壳面中部和近缘端或多或少膨大，线区宽，有时在端部变窄。边缘处有 1 圈垂直于壳缘的眼纹，眼纹外孔加长，在光镜下为短的缘条纹。

生态生境：本种是大洋浮游性种，分布很广，为常见的世界种。

地理分布：分布于我国东海和中沙群岛等地。

DNA 条形码：AB430731.1。

物种图片：

菱形海线藻 *Thalassionema nitzschioides*

海线藻科 Thalassionemaceae；海线藻属 *Thalassionema*

形态特征：细胞两段同型或异型，环面观呈长方形。边缘有 1 圈垂直于壳缘的眼纹，圆形，内有小孔。细胞以胶质相连成星状或锯齿状的群体，壳环面狭棒状，直或略微弯曲。壳面亦呈棒状，但两端圆钝，同形。长 30~116 μm，宽 5~6 μm。缘刺非常细小，每 10 μm 有 8~10 根。壳上两侧有短条纹。色素体颗粒状且多。

生态生境：温带、亚热带物种，常见于上升流海域中。

地理分布：分布于加利福尼亚湾、北欧海域以及我国中沙群岛等地。

DNA 条形码：AB020228.1。

物种图片：

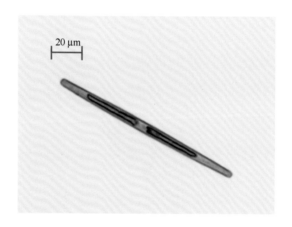

舟形藻目 Naviculales

直舟形藻 *Navicula directa*

舟形藻科 Naviculaceae；舟形藻属 *Navicula*

形态特征：细胞前体壳面有直的壳缝和中央结节，舟形，藻体环面观呈长方形。壳面窄披针形，末端钝。壳缝和中线区不易分辨。点条平行排列，均匀遍布于壳面。每个色素体长度接近于壳面长轴。细胞横条纹线型，与更细的纵条纹交叉。每个细胞有色素体 2 个，分别位于环带的两侧。

生态生境：生活环境为海水，主要栖息于热带沿岸海域。

地理分布：分布于我国东海和中沙群岛等地。

DNA 条形码：暂无。

物种图片：

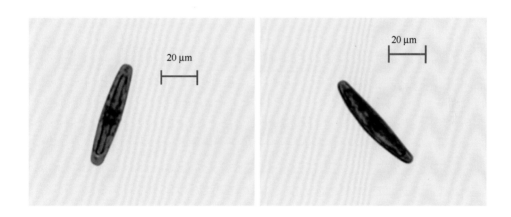

粗纹藻 *Trachyneis aspera*

舟形藻科 Naviculaceae；粗纹藻属 *Trachyneis*

形态特征：壳面长椭圆形，向两端逐渐缩小，末端近圆形，细胞长 68~200 μm，宽 8~10 μm。点条纹射出状排列，外层极细，不易看到，中层网状，内层为粗点纹，易于观察，每 10 μm 有 11 行。点纹粗大明显，呈椭圆形。壳缝略有弯曲。中线无纹区一侧较狭，而另一侧较宽，呈箭形，在壳面前部和后部中央略有扩大。中央结节近圆形。中央孔亦明显。中央无纹区向两侧伸展，呈扇形，两侧直。端节圆形。壳环面近长方形，两端成钝角，中央凹入。

生态生境：生活环境为海水，栖息于温带和热带沿岸海域。

地理分布：分布于北海、地中海以及我国中沙群岛等地。

DNA 条形码：暂无。

物种图片：

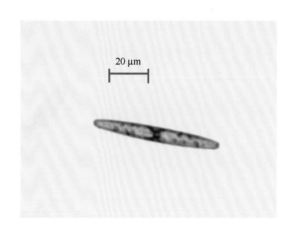

圆筛藻目 Coscinodiscales

丹麦细柱藻 *Leptocylindrus danicus*

细柱藻科 Leptocylindraceae；细柱藻属 *Leptocylindrus*

形态特征：藻体呈细长圆筒状，直径（顶轴长）10 μm 左右，高度（贯壳轴长）为 31~130 μm，为直径的 2~12 倍。细胞壳面圆形，平或略有凹凸，以壳面相接连成细长或略带波状弯曲的细长细胞链。细胞壁薄，在普通显微镜及扫描显微镜下，看不出花纹构造。在透射电镜下，在壳面中心由 10 个左右的小孔组成一中央区，附近常有 1 贯穿细胞壁的小管，中央区周围由放射排列的孔纹伸向壳面边缘；在环面约有 10 个间插带，间插带上有许多小孔。色素体小板状，一般不足 10 个。本种的休眠孢子壁厚，球形，初生壳半球形，次生壳略隆起，初生和次生壳都生有许多小棘。复大细胞直径 7~10.5 μm，是母细胞的 1.5~2.5 倍。

生态生境：主要栖息于沿岸或陆架海域中，极少出现在极地地区。

地理分布：温带、亚热带近海浮游性种，分布广，富营养的内湾中特多。北欧海域及我国各海域等皆有记录。

DNA 条形码：HBMO00000000.1。

物种图片：

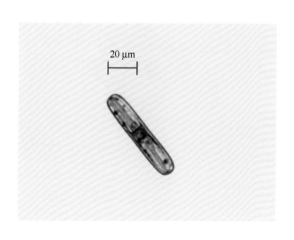

条纹藻目 Striatellales

单点条纹藻 *Striatella unipunctata*

脆杆藻科 Fragilariaceae；条纹藻属 *Striatella*

形态特征：藻体细胞长 25~125 μm。间插带每 10 μm 有 6~10 个，每个斜点条每 10 μm 有 18~25 个点纹。环面观细胞平板状，角隅处平截，相连成带状或锯齿形链状群体。有很多开放式全隔片组成的间插带。色素体颗粒状到椭球状，呈放射排列。扫描电子显微镜下可见具有明显的顶孔区，凹陷或被轮缘所包围，形成了光镜下的角隅平截。两端各有 1 个唇形突。壳眼纹形成 3 个自我交叉的线系，中线区窄。

生态生境：为沿岸底栖附着物种，分布于温带、亚热带海域。

地理分布：沿岸性底栖附着种，尤以温带海域分布广泛，常见于亚热带海域沿岸浮游生物中。我国多分布于南海。在白令海峡也有报道。

DNA 条形码：HBLX00000000.1。

物种图片：

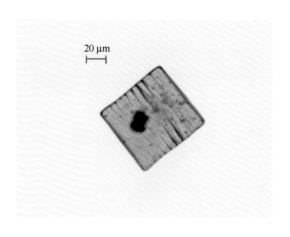

曲壳藻目 Achnanthales

盾形卵形藻 *Cocconeis scutellum*

穹杆藻科 Achnanthaceae；卵形藻属 Cocconeis

形态特征：藻类壳面椭圆形。上、下壳形态不同。下壳有分格的宽缘。点条纹由中央向四周射出，粗大，被纵列的无纹带所隔成小方格，每 10 μm 内只有 4 个。中央有壳缝。上壳中央区很狭，花纹亦显方格形，每 10 μm 内有 4~6 个，边缘每小格又分为两格。细胞小，长 45~60 μm，宽~25 μm。壳面呈箭形或狭长型。

生态生境：生活环境为海水，主要栖息于沿岸底层中。

地理分布：分布于我国山东青岛、东海和中沙群岛等海域。

DNA 条形码：暂无。

物种图片：

硅藻目 Bacillariales

尖刺伪菱形藻 *Pseudo-nitzschia pungens*

棍形藻科 Bacillariaceae；伪菱形藻属 *Pseudo-nitzschia*

形态特征：细胞管壳缝不位于细胞中央，而且细胞显著加长，环面观细胞纺锤形。多细胞群体生活，群体靠两相邻细胞末端重叠相连。群体可运动，壳缝不凸出于壳面，壳面狭披针形（大细胞）或纺锤形（小细胞），末端尖细，细胞中部有大的间隙。横条纹和间点条之间区别明显。细胞间重叠等于或超过细胞长度的1/3。色素体2个，沿环带分布，分布位于中部切面的两侧。硅质化强。水封片看不出点条纹。

生态生境：生活环境为海水，广泛分布在两极、温带、亚热带和热带海域。

地理分布：分布于新西兰、加利福尼亚的蒙特利湾以及我国中沙群岛等地。

DNA 条形码：AH005767.2。

物种图片：

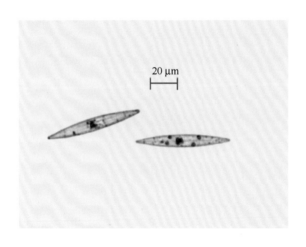

新月柱鞘藻 *Cylindrotheca closterium*

棍形藻科 Bacillariaceae；柱鞘藻属 Cylindrotheca

形态特征：细胞管壳缝不位于细胞中央。细胞长 20~180 μm，宽 1.5~8 μm。每 10 μm 有横纹 12~25 个。细胞中央部分呈纺锤形，不扭曲，两侧细长，沿纵轴轻微扭曲或不扭曲，常朝同一方向弯成弓形。壳面轻微硅质化，基本上无孔，横向有或多或少的硅质加厚。壳缝上具 1 系列横向的肋，这些肋直接与壳面相连。壳缘的一边产生锯齿形裂缝。裂缝在中部中断。细胞内含 2 个大型色素体。

生态生境：生活环境为海水，广泛栖息于沿岸海域。

地理分布：分布于北欧海域以及我国中沙群岛等地。

DNA 条形码：AB020222.1。

物种图片：

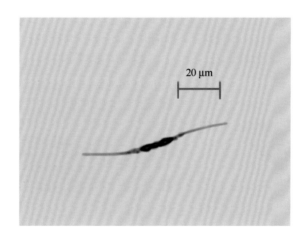

海链藻目 Thalassiosirales

筛链藻 *Coscinosira polychorda*

海链藻科 Thalasssiosiraceae；筛链藻属 *Coscinosira*

形态特征：藻体短圆柱状，壳面圆形，平或略凹，直径 23~52 μm。壳面中央周围生出 4~9 条长胶质丝，胶质丝与贯壳轴平行，更多的是斜向伸展，相邻细胞依此胶质丝相连成群体。壳面饰纹清晰，呈扇形分区排列。环面观长方形，四角圆钝，具环状间插带。色素体小盘状，多数，近壁分布。

生态生境：生活环境为海水，为罕见种。

地理分布：分布于我国山东青岛、中沙群岛等地。

DNA 条形码：暂无。

物种图片：

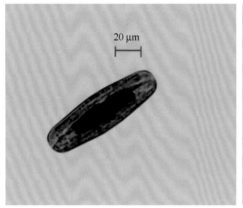 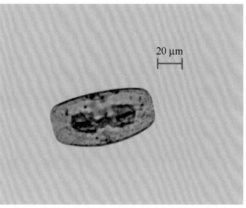

颤藻目 Oscillatoriales

丰裕颤藻 *Oscillatoria limosa*

颤藻科 Oscillatoriaceae；颤藻属 *Oscillatoria*

形态特征：藻体为多细胞单列丝体，无胶质鞘，直形不弯曲，丝体顶端细胞外侧呈弧形凸出或钝圆，末段不渐尖。藻丝体内细胞几乎等大，直径为 11～20 μm，一般为 13～16 μm，细胞长 2～5 μm。相邻细胞的横隔膜处不缢缩或微微缢缩，在横隔膜处有颗粒体。藻体通常是单条丝体混生在其他藻类中，或由多条丝体集聚成薄薄的藻层。藻体有特征性的摆动运动。

生态生境：生活环境为海水，主要栖息于沿岸底层中，与其他蓝藻一起附生在死珊瑚表面或泥沙基质上。

地理分布：我国中沙群岛以及西沙群岛的珊瑚礁湖内的低潮线附近有分布。

DNA 条形码：AF337653.1。

物种图片：

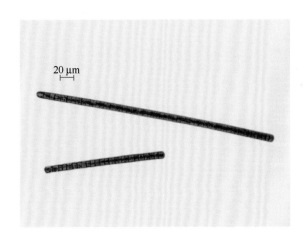

九、微生物

　　全球珊瑚礁总面积约为 $6.2 \times 10^5 \ km^2$，珊瑚占了大约一半的表面面积，另一半由沉积物覆盖。典型的珊瑚礁生态系统沉积物多数是钙质砂，由造礁珊瑚及其他海洋钙质生物碎屑组成，并主要由生物过程形成的一种沉积物，统称珊瑚砂。其特有的多孔性（比表面积大）和高渗透性为微生物提供了适宜的生境和生态位，类似一个多孔性质的生物催化反应器，为颗粒有机物捕获、矿化及营养物质再生提供了一个绝佳的场所。在对中沙大环礁沉积物进行宏基因组学研究之余，我们对沉积物进行了磁收集和观察，以及部分优势菌进行了 16S rRNA 基因的分析。结果发现有两大类有明显优势的细菌存在，一类是趋磁细菌（Magnetotactic Bacteria，MTB）；另一类是聚磷菌（Phosphate Accumulating bacteria，PAB）。

　　趋磁细菌在自然生境中分布广泛，一般在沉积物和化学分层的水团的有氧–无氧过渡区（oxic–anoxic transition zone，OATZ）处具有最高的丰度。研究发现，趋磁细菌可在淡水、含盐的、海洋和超高盐度等的环境中存在，在热泉、海山和珊瑚礁等特殊生境中也有分布。它们是一类微好氧或厌氧的革兰氏阴性菌，其最主要的特征就是胞内能合成独特的纳米磁性颗粒——磁小体（磁铁矿，Fe_3O_4 或胶黄铁矿，Fe_3S_4），并由磁小体感知地磁场或外加磁场，借助鞭毛进行定向运动。自意大利学者 Salvatore Bellini 于 1963 年首次报道及 Richard Blakemore 于 1974 再次发现以来，对趋磁细菌的研究不断发展丰富起来。磁小体作为趋磁细菌特有的细胞器，尺寸一般为 35~120 nm，其生长和矿化受到基因的严格控制，这些基因聚集成簇（磁小体基因簇），包括 *mamAB*、*feoAB*1、*mamGFDC*、*mms*6 和 *mamXY* 操纵子，这就使得趋磁细菌可作为研究生物矿化的模式微生物。此外，磁小体还可以记录其生长时期的磁性强度，其沉积形成的磁小体化石对于古环境的重建研究具有重要意义。值得注意的是，趋磁细菌在 C、N、S、P 和 Fe 的生物地球化学循环中也发挥重要作用。

　　趋磁细菌形态多样，主要有单细胞的杆菌、球菌、弧菌、螺菌等，以及多细胞形式的桑葚状、菠萝状、松球状趋磁原核生物。目前，已发现的趋磁细菌分属于变形菌门的 α~，γ~，δ~，η~变形菌纲，硝化螺旋菌门，浮霉菌门，以及 candidate phylum *Omnitrophica* 和 *Latescibacteria*。磁小体的形态多样，有八面体形、立方八面体形、棱柱形、子弹头形及不规则形等。磁小体链的排列方式也有单链、双链和多链的区别。许多研究发现趋磁细菌磁小体的形态具有种类特异性，与趋磁细菌的遗传分类具有较强的相关性。例如，立方八面体和棱柱形的磁铁矿仅在 $\alpha\sim$，$\gamma\sim$，$\eta\sim$变形菌纲的趋磁细菌体内观察到，而子弹头形的磁铁矿仅在 $\eta\sim$ 变形菌纲，*Omnitrophica* 和 *Latescibacteria* 的趋磁细菌体内合成。

最近，越来越多的感磁原生动物被发现，根据磁小体的来源，它们可分为以下几种：一是通过捕食趋磁细菌，间接获得磁小体；二是通过与失去鞭毛的趋磁细菌共生获得，三是其自身能够合成磁小体。

聚磷菌指能过量吸磷并能储存磷的微生物，它们多数属于不动杆菌属、气单胞菌属、棒杆菌属、微丝菌等。具有厌氧释磷，好氧(或缺氧)超量吸磷的特性。研究发现，磷的积累作用大大超过其正常生长所需的磷量，可达细胞重量的6%~8%，有报道甚至可达10%，多数认为，polyP 是一种能量储存物质。在中沙大环礁沉积物中，我们不仅发现了不同种类的聚磷菌，还发现在此生境中的趋磁细菌都有高度聚磷的特性。其生态学功能有待进一步深入研究。

Bacteroidetes(门)拟杆菌门

黄杆菌 *Uncultured Flavobacterium* sp.

拟杆菌纲 **Bacteroidia**;黄杆菌属 *Flavobacterium*

形态特征:革兰氏阴性细菌。光学显微镜下显示该菌为杆状,两端有黑色颗粒物质,中间有横隔;菌体大小约 14.1×1.8 μm;透射电镜下显示为菌体两端被黑色致密物填满,成分鉴定为多聚磷颗粒(polyP)。

生态生境:广泛分布在土壤和水中。

地理分布:世界各地;本次调查中沙大环礁 ZS112 站位珊瑚砂中有分布。

DNA 条形码:NW929201。

物种图片:

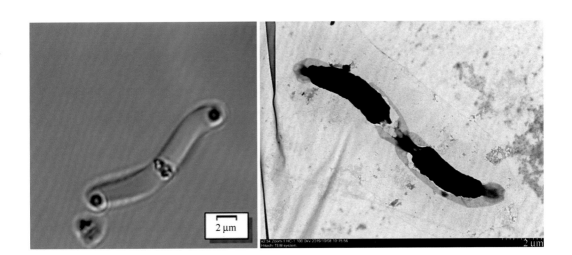

Proteobacteria(门)变形菌门

球形趋磁细菌 *Uncultured magnetotactic cocci*

形态特征：革兰氏阴性细菌。光学显微镜下显示该菌为球形；在磁场下能够沿着磁力线做趋磁运动；透射电镜下显示各菌体内包含不同形态的磁性纳米颗粒（磁小体），多数磁小体呈链状排列，有的 1 条，有的 2 条、4 条或者多条；成分鉴定多为 Fe_3O_4；鞭毛多数着生于菌体一侧，双簇。

生态生境：广泛分布于各水生生境沉积物和具化变层的水体中。

地理分布：世界各地；本次调查在中沙群岛不同站位的珊瑚砂中都能观察到，是环境中最常见也是丰度最高的一类趋磁细菌。

DNA 条形码：暂无。

物种图片：

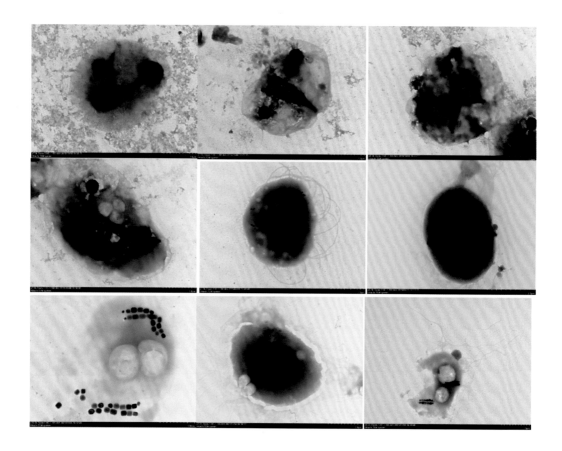

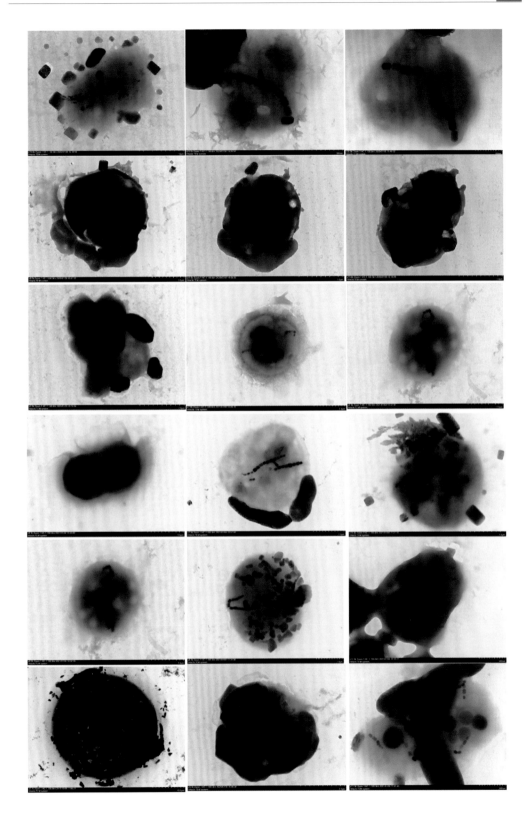

趋磁球菌 *Uncultured magnetotactic coccus*

暂定 η-变形菌纲 CandidatusEtaproteobacteria；趋磁球菌属 *Magnetococcus*

形态特征：革兰氏阴性细菌；光学显微镜下显示该菌为球形，内部有颗粒物质；菌体较大，约为 5 μm；能沿磁力线方向运动，具有趋磁性。

生态生境：广泛分布在水生环境的沉积物和具化变层的水体中。

地理分布：世界各地；本次调查在中沙群岛的一统暗沙珊瑚砂中有发现。

DNA 条形码：NW929200。

物种图片：

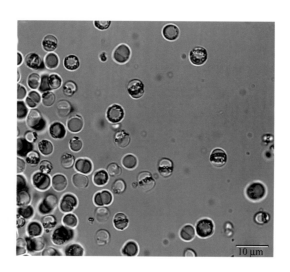

多细胞趋磁原核生物 *Uncultured multicellular magnetotactic prokaryote*

δ–变形菌纲 **deltaproteobacteria**；*Candidatus* **Magnetananas**

形态特征：革兰氏阴性细菌。光学显微镜下显示该菌为椭球形，细胞层状分布；菌体大小约 $7.5 \times 6.3 \ \mu m$；在磁场下能够沿着磁力线做趋磁运动；透射电镜下显示菌体为多细胞结构，每个细胞内都包含子弹头状的磁性纳米颗粒（磁小体），多数磁小体呈链状排列，成分鉴定为 Fe_3O_4；外覆周生鞭毛。

生态生境：广泛分布在海洋沉积物中，目前未在淡水生境中发现。

地理分布：世界各地；本次调查在中沙群岛的一统暗沙珊瑚砂中有发现。

DNA 条形码：NW929199。

物种图片：

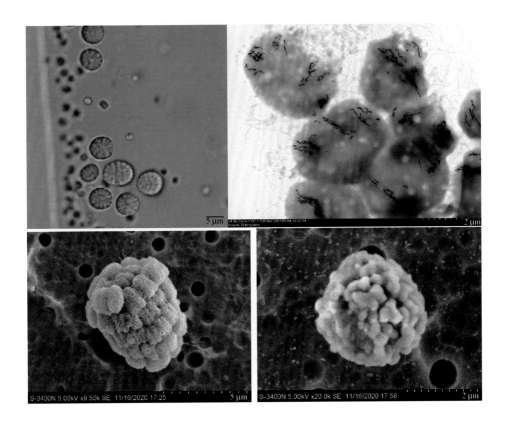

其他微生物(门)

其他形状趋磁细菌 *Uncultured magnetotactic*

形态特征：光学显微镜下表现趋磁运动，透射电镜下菌体形态多样化；有螺旋状、柄状；菌体内分布着不同数目、大小和形态的磁小体颗粒。

生态生境：多分布于水生生境的沉积物和具化变层的水体中。

地理分布：世界各地，本次调查发现于中沙大环礁珊瑚砂中。

DNA 条形码：暂无。

物种图片：